射频指纹精准分析原理与技术

胡 苏 林 迪 马 上 著

科学出版社

北 京

内 容 简 介

　　本书从射频指纹技术的发展趋势及应用特点出发，结合不同实际应用场景，全面展示面向无线通信物理层安全的射频指纹关键技术。全书共 9 章，首先，详细介绍面向无线通信物理层安全的射频指纹背景、主要应用场景及架构；然后，提出基于射频指纹技术的物理层安全构成与当前面临的主要问题。基于这些问题，对无线通信系统中基于射频指纹的机理、信号处理、特征提取、识别认证、算法加速进行研究；同时，针对射频指纹技术在无线网络安全认证领域的应用进行分析；最后，对射频指纹技术的未来发展方向进行展望，力求全方位展现目前面向无线通信物理层安全的关键技术。

　　本书适用于对无线通信、物理层安全感兴趣的研究生和研究人员。

图书在版编目(CIP)数据

射频指纹精准分析原理与技术 / 胡苏, 林迪, 马上著. -- 北京：科学出版社, 2025. 3. -- ISBN 978-7-03-081604-7

Ⅰ. TN911.23

中国国家版本馆 CIP 数据核字第 2025WL5394 号

责任编辑：孟　锐 / 责任校对：彭　映
责任印制：罗　科 / 封面设计：墨创文化

科 学 出 版 社 出版

北京东黄城根北街16 号
邮政编码：100717
http://www.sciencep.com

成都锦瑞印刷有限责任公司 印刷
科学出版社发行　各地新华书店经销

*

2025 年 3 月第 一 版　　开本：787×1092 1/16
2025 年 3 月第一次印刷　　印张：16 1/2
字数：391 000
定价：178.00 元
(如有印装质量问题，我社负责调换)

前　言

　　射频指纹是无线电设备在信号生成、调制和发射过程中，由于硬件电路的制造容差、老化和非线性特性，在信号中留下的可识别且相对稳定的特征。这些特征体现在信号的时域、频域或调制域中，具有唯一性和不可篡改性。通过对这些固有误差的分析和提取，射频指纹可以作为无线通信设备在物理层的特征，具有稳定的持久性和个体的唯一性，恶意用户难以进行假冒和篡改。

　　本书简要总结射频指纹技术在相关领域的应用现状，讲解射频指纹精识别基本原理与理论，同时重点对射频指纹原始数据预处理、复杂环境下射频指纹特征提取、射频指纹小样本识别等方面进行介绍。在充分考虑知识体系的完整性的同时，突出理论联系实际，具有很强的工程实用性，希望能为读者提供较为详细的参考。

　　本书共9章，第1章介绍射频指纹技术的发展历史以及研究现状，指明射频指纹技术未来的发展趋势和面临的技术难点；第2章介绍射频指纹识别的基本流程、射频指纹基本特性和产生机理等；第3章介绍信号采样基本理论、数字化信道化设计等；第4章主要针对多径无线信道传播特点，介绍射频指纹识别消除无线信道的影响；第5章介绍无导频结构、导频结构的稳态信号射频指纹提取；第6章针对基于注意力机制的射频指纹识别问题，介绍基于通道注意力机制的残差网络；第7章重点讨论射频指纹小样本识别方法；第8章讨论资源受限环境下的射频指纹识别问题；第9章介绍实际应用场景中实时射频指纹特征提取和分类器设计工程问题。

　　本书是作者长期从事射频指纹特征提取与识别系统研究的成果提炼。曾经或正在电子科技大学通信抗干扰全国重点实验室学习的博士生吴薇薇、杨钿，硕士生王培、张嘉文、张炳坤、牛立欣、邹存祝、王亚涛、刘丰、程飞、杜钊楠、肖子谦、朱必新、李浩、王浩等同学所取得的有关成果对本书的完成起到了重要作用，在此一并向他们表示感谢！

　　本书获得了国家自然科学基金（62471090、62301113）、四川省自然科学基金（23NSFSC0422）、中国博士后科学基金资助项目(2023M730508)、中央高校基本业务费项目(ZYGX2020ZB045、ZYGX2024Z016、ZYGX2022J033)的资助。

　　由于时间仓促和个人水平所限，书中难免存在不足和疏漏之处，恳请读者批评指正。

作者

2024 年 9 月

目　　录

第1章 绪 论

随着三大运营商第五代移动通信技术(5th generation mobile communication technology systems，5G)的商业化应用，大规模机器类通信(massive machine-type communications，mMTC)作为5G应用的三大场景之一受到广泛关注[1]，在车联网、智能家居、智慧城市及智慧交通等领域伴随着大量的终端接入。针对5G网络大容量多设备的应用场景，势必存在多终端接入的安全问题，目前的安全认证主要存在于网络结构上层，这些技术通常采用媒体访问控制地址(MAC 地址)/互联网协议地址(IP 地址)作为身份，容易被篡改或被攻击，同时也依赖于复杂的数学运算，对计算复杂度极其敏感，一旦出现问题则难以恢复。

此外，随着万物互联的泛在网络迅猛发展，在线的移动设备以及传感器部署量爆炸式增长，根据国务院最新信息，2025 年物联网设备数量预计接近 1000 亿个[1]。同时，短距离无线通信和无线保真(wireless fidelity，Wi-Fi)等新兴无线通信技术的普及使得用户可以在无线空间与他人共享信息。无线空间上的万物互联在改变彼此沟通方式的同时，也带来了巨大的网络安全隐患，如在物联网中利用伪造身份节点进行的 Sybil 攻击[2]。由于物联网的节点中大部分都是简单的传感器，而传统身份认证技术往往是依靠运算复杂的加密算法，如公开密钥密码体制(RSA 密码体制)、椭圆曲线密码体制(elliptic curve cryptosystem，ECC)等非对称加密算法[3]，轻量级设备的算力无法满足可用安全性要求。

物联网的传感器由于存在计算和存储能力的瓶颈，往往需要集中向云计算平台传输数据进行处理和分析。在这个过程中，因为存在设备量大、网络抖动延迟等问题，MAC/IP 地址等身份标识和时间戳等身份验证机制往往容易失效，遭受仿冒攻击、中间人攻击、重放攻击等网络安全威胁[4-6]，所以，伴随着物联网应用领域的延展，人们需要寻找一种新的、更加稳定和安全的无线用频设备识别方法。

为了从根本上解决复杂环境下多设备接入认证的问题，亟需找到一种身份识别不可被复制且短时间内不易更改的接入认证方法。在这个背景下，研究人员将目光聚焦在网络的物理层，提出了利用移动无线设备中射频信号差异进行无线设备身份识别认证，射频指纹(radio frequency fingerprinting，RFF)识别技术应运而生[7]。其概念和人类的指纹相似，正如人类的指纹与生俱来且各不相同，射频指纹也随着硬件设备的出厂便被固定，同时具有唯一性和短时不变性。射频指纹的概念一经提出便迅速成为网络信息安全的研究热点，如何提取出稳定、有效的射频指纹也一直是研究重点[8-11]。作为网络态势的外延，如何进行电磁态势空间管控已经成为影响国家和社会安全的重要课题，而空间中各类电磁用频设备的指纹识别也成为电磁态势感知研究的核心组成部分[12,13]。

1.1　射频指纹的产生与作用

设备射频指纹是为了克服射频元件存在的固有缺陷，包括射频功放器的非线性误差、直流偏置、调制器幅度和相位误差、载波信号的频偏相偏以及射频电路时钟脉冲偏差等[14]。通过对这些固有误差的分析和提取，可以形成移动设备独一无二的特征作为认证的身份凭证。射频指纹可以作为移动设备在物理层的特征，具有稳定的持久性和个体的唯一性，恶意用户难以进行假冒和篡改。

射频指纹识别技术源于军用技术，最早通过对比波形形状从而侦察识别敌我雷达[15-18]，依靠技术人员的经验来进行判断。随着科学技术的进步，通信设备的数量大大增加，其波形也变得极为复杂，传统通过对比波形来识别设备的方式已经变得不切实际。

早在 1995 年，Choe 等[19]提出利用通信信号进行设备识别，直到 2003 年，无线电设备 RFF 的概念正式被提出[20]。就像人的指纹一样，每个设备的射频指纹都是独一无二的，不同的无线通信设备由于硬件差异，其发出的信号会有所不同。通过分析射频信号的微小差异，提取出的硬件特征就是该设备的射频指纹，而利用射频指纹对不同的无线通信设备进行识别的方法则被称为"射频指纹识别"。由于射频指纹识别工作存在于物理层，无线通信设备在不借助网络的情况下，也可以进行安全可靠的身份认证，这有效提高了其安全性能。

如今，按照指纹特征的提取方式不同，射频指纹识别的主要技术方法可以分为两种：基于先验知识的传统机器学习识别方法[21]和基于深度学习的射频指纹识别方法[22]。对无线通信设备大量的原始同相/正交(in-phase/quadrature，I/Q)信号数据集进行训练，提取信号特征即射频指纹，训练得到一个分类器，使用该分类器即可确认无线通信设备的身份。但在有些情况下，如果无法从真实环境中获取大量的 I/Q 信号样本，只能采集到少量的数据。例如，用于视距范围内战术通信的超短波通信设备，舰艇上用于近距离战术通信或远距离通信的短波通信设备，用于潜艇水下接收岸站所发信息的甚长波通信设备等。为保证能隐蔽、安全、可靠地进行无线电通信，这些无线电通信设备装有升降天线、环形天线、拖曳天线等特殊的天线、馈线装置，用来进行隐蔽的瞬时短波发信、卫星通信和水下收信。这些设备发射的信号微弱、发射周期长、所处环境比较隐蔽不易于接收器采集，不能大量获取数据，从而导致信号样本数据量不足。传统的机器学习和深度学习方法也不再适用，因为它们针对的都是数据密集型应用，在面临小数据集时，训练样本太少容易出现算法准确度变低、过拟合等问题。

近几年提出了一种机器学习方法——小样本学习(few-shot learning，FSL)[23]。通过已有的先验知识，小样本学习能够快速泛化到仅有少量有监督样本的新任务中，帮助解决机器学习在面临小样本数据集时出现的问题。因此，本书主要研究在无线通信设备的 I/Q 信号样本数据量不足的情况下，如何将 FSL 应用到射频指纹小样本识别中，以快速帮助确认无线通信设备的身份。这为无线网络与网络攻防下的无线通信设备的身份认证与授权提供了更高的安全机制，具有重要研究意义[24]。

此外,现有的射频指纹识别模型大多在实验室环境下进行设备的分类识别,设备量和训练样本的数量相对比较少,服务器的计算和存储资源相对充足,不用考虑资源受限的情况,可以通过使用复杂度较高的模型对无线接入设备进行很好的分类识别。但是在实际的应用中,处在无线网络接入端的设备并没有足够的计算和存储能力,在某些情况下还面临着通信受限的情况,因此寻找一种可以在资源受限情况下应用的射频指纹识别方法变得尤为重要。

深度学习是一种非常强大的表示学习方法,能够高效处理类似射频信号的时序数据,为本书的射频指纹识别模型提供了强大支撑[25]。传统的射频指纹识别方法需要大量的先验知识,使用不同的特征提取方法完成从原始信号中提取特征的工作。深度学习可以在不具备大量领域知识的前提下完成对无线接入端设备的分类工作,同时,深度学习中的一些优化训练方法[26-28]可以简化模型的训练,为资源受限环境下的射频指纹识别提供新的解决方案。随着深度学习在许多领域取得了可观的效果,射频指纹识别的研究工作也逐渐转向基于深度网络的识别方法。与机器学习相比,在射频指纹识别领域,深度学习不需要专家知识的特征工程,原始数据经过处理后,可以直接进行特征抽象和识别。

在实际的射频指纹识别应用场景中,在监测的同一频段上往往存在多种不同辐射源、不同应用协议的信号,诸如在工业、科学和医疗频带(industrial scientific and medical band,ISM)中的 2.4GHz 频段存在着无线局域网(IEEE 802.11b/IEEE 802.11g)、蓝牙、ZigBee 等无线网络协议,再如太空电磁空间中的卫星频段,不仅有地面和天基雷达信号,还有全球定位卫星系统、格洛纳斯卫星导航系统、伽利略卫星系统以及北斗卫星导航系统等大量的卫星导航信号,以及各种商业化太空探索公司发射的通信互联网卫星投入使用,卫星频段上的射频信号越来越密集[29]。所以,通过全频段频谱快照采集的射频数据量急剧膨胀,这些数据往往存在大量的冗余,需要经过清洗、标注处理后才能进行下一步识别模型的训练。但是海量数据的存储、传输和处理往往需要耗费大量的存储空间以及计算开销,不仅使得工程应用的成本变得高昂,而且系统的实时性也难以保证。同时,真实的电磁环境中存在各种噪声和干扰,如多用户的同频干扰以及多径衰落等。在低信噪比的环境下噪声和信号的衰变会掩盖设备之间的微小差异,造成设备指纹的识别率大幅下降。

如图 1-1 所示,传统机器学习的射频指纹技术首先对采集到的信号进行预处理,包括功率归一化、降噪、信号重构等[30];然后,通过不同的特征算法从预处理后的信号数据中提取不同指纹特征,并将标记好的特征放入指纹库;最后,通过分类器将提取的射频

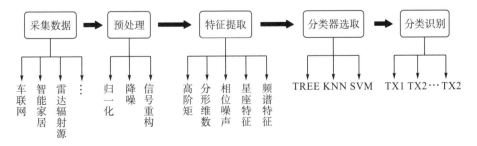

图 1-1　传统机器学习射频指纹识别框架

指纹特征和指纹库比对分类达到识别效果。受发射机硬件特征的影响，接收信号包含了各种射频指纹特征，信号特征和分类器的选取是影响传统机器学习射频指纹识别率的重要因素。

如图 1-2 所示，相比于传统机器学习，基于深度学习的射频指纹识别技术不需要单独进行特征提取，在预处理过程后直接在深度神经网络(deep neural network，DNN)中将预测标签与指纹库中注册的标签进行对比来识别不同的通信设备。深度学习依赖于大量的数据集训练出来的已有指纹的模型。

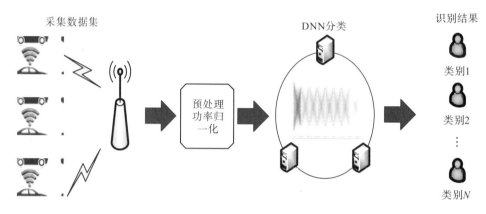

图 1-2　深度学习射频指纹识别框架

1.2　国内外研究现状

1.2.1　射频指纹识别技术分析对象

射频指纹识别技术按照识别信号可以分为基于瞬态信号的射频指纹识别技术和基于稳态信号的射频指纹识别技术。

1. 基于瞬态信号的射频指纹识别技术

基于瞬态信号的射频指纹识别技术主要研究开启或关闭通信过程时的瞬态信号。瞬态信号是指发射机在非稳定工作状态下的信号，包括开机、关机瞬间的部分信号，此时发射机功率从零达到额定功率。这一部分信号仅仅反映了发射机硬件特性，并且不承载任何数据信息，具有非常好的数据独立性，因此是射频指纹识别最常研究的信号。

瞬态信号由于持续时间非常短暂，为了尽可能完整地获取其有效信息，需要对接收信号判断其瞬态信号的起始点位置。常见的检测起始点的方法依靠信号瞬态部分和噪声比较来进行检测，包括信号的幅度门限检测法、贝叶斯阶跃起点检测法、贝叶斯升变点检测算法以及方差估计检测法等。

(1)小波变换。Choe 等[19]通过分析发射设备产生的瞬态信号，针对接收机截获的非合作无线辐射源信号，于 1995 年提出了利用小波变换特征以及神经网络的信号自识别方法。Hippenstiel 和 Payal[31]提出了将通信辐射源个体通过小波分解后的信号得到的时间频率信息，对不同辐射源个体进行识别，但该算法所需求的信噪比极高，在实际环境中不可用。Toonstra 和 Kinsner[32]通过对信号进行多尺度和多分辨率分析，在时频域有较好的分辨率，实现了较好的分类效果。小波分析通过增加分解层数使通信辐射源个体特征体现出来，但也增加了提取特征时的信号冗余度和计算量。

(2) 分形理论。分形几何是近现代新兴的几何理论，针对复杂图形。2000 年，Serinken 和 Üreten[33]首次提取了通信信号中的信息维和相关维作为指纹信息，对不同发射机设备进行识别，并取得了一定的识别效果。分形特征缺乏对暂态信号时变特征的描述，即时变特征明显不同的信号可能具有相同的分形复杂度，这对于指纹识别来说，会出现部分误判的现象，降低识别率，同时不同分形维数计算方法的不同，导致其识别率也不一致。Üreten 和 Serinken[34]讨论了多种分形维数作为特征向量时的识别效果，试验结果表明，相关维数的识别效果最佳。分形特征不仅能对混沌信号进行描述，同样也能对频谱等其他域信号进行分形，因此除了瞬态信号，稳态信号中也有不少关于分形理论的研究。

(3) 时频分析。瞬态信号时频域分析中，希尔伯特(Hilbert)变换常用来提取信号的瞬时幅度和相位。Liu 和 Krzymien[35]对瞬态信号收发的整个模型进行非线性描述，并采用信号的幅度和相位畸变等特征来识别不同发射机，但在实际应用中，其过程复杂度极高，难以用非线性模型建立。Gillespie 和 Atlas[36]构造了最佳核函数，使类间距最大化，成功将时频分析运用到个体识别中，取得了不错的识别效果，但其自适应能力极差。

值得注意的是，基于瞬态信号的射频指纹识别技术对识别仪器的精度要求极高，其接收信号能量弱，从接收信号中截取瞬态信号也是瞬态信号识别技术的难点。常见瞬态信号的射频指纹还包括信号持续时间、瞬态谱等。瞬态信号持续时间极短，此外，信道环境(如噪声、温度等)对瞬态信号的影响极大，因此对实际研究造成极大的干扰。

2. 基于稳态信号的射频指纹识别技术

通信信号除了极少部分的瞬态信号，还包含了大量的稳态信号。在稳态信号部分，整个通信过程发射机基本稳定，信号与数据信息相互交织，易于从接收信号中分离。因此，射频指纹识别技术的重心逐渐转向基于稳态信号的射频指纹技术。

(1) 基于高阶矩和高阶谱的研究。蔡忠伟[37]提出了一种基于包络 J 特征的高阶矩特征识别方法，但其识别率不能达到实际的需求。徐书华[38]提出将前导序列的功率谱密度作为特征向量对不同发射机进行识别。然而常规的二阶累积量默认信号服从高斯分布，在实际应用中往往受到限制。吴启军[39]通过计算信号的矩形积分双谱取得了良好的识别效果。蔡忠伟和李建东[40]提出了利用高阶谱特征解决非线性非高斯信号的射频指纹提取，并取得了很好的效果。

(2) 非线性。由于功率放大器等非线性器件的大量存在，非线性特征也被学者作为射频指纹识别的一个研究方向。Carroll[41]提出了采用非线性动力学的方法，对接收信号进行空间重构，结果表明，空间重构对于弱非线性器件具有很好的识别效果。张旻等[42]也提出了利用分形几何对稳态信号的非线性进行描述，结果表明，不同的发射电台，其分形特征均不相同。

(3) I/Q 不平衡。陈金等[43]利用频率估计的方法以瞬时频率作为特征参数对不同发射机进行识别。Brik 等[44]、Shi 和 Jensen[45]进一步提取了信号的频偏、相偏、I/Q 偏移以及前导相关的调制误差对不同发射机进行识别,试验结果表明,该方法具有很好的抗噪声能力并具有非常好的稳健性。Hao 等[46]则利用 I/Q 不平衡对中继系统进行识别,其结果也表明,该方法对识别性能有很大的提升。

总之,基于稳态信号的射频指纹识别技术反映出比瞬态信号更多的射频信息,且对设备的要求不高,易于展开研究。现有的研究主要反映了射频指纹识别技术在特定环境下的识别性能,而本书主要研究在无导频结构下稳态信号的分形、高阶矩以及相位噪声谱等指纹特征,在此基础上又研究基于导频结构的载频相位精估、星座图以及功率谱差值等指纹特征。

1.2.2 射频指纹识别技术研究现状

如今无线电信号射频指纹识别技术已取得了不少进展,按照分类识别方法可分为两种——基于传统机器学习的方法和基于深度学习的方法。国内外大部分研究通过对各种算法模型的优化与比较,分析了其在射频指纹识别领域的应用前景。

1. 基于传统机器学习的方法

如图 1-1 所示,使用传统机器学习的射频指纹识别方法主要包含四个步骤:采集数据、预处理、特征提取、分类识别。首先对采集的各种信号数据进行降噪、信号重构、归一化等一系列预处理操作;然后提取各种指纹特征,并与设备标签相关联;最后,将筛选出的射频指纹特征作为输入,选取合适的分类器,如决策树、支持向量机(support vector machine,SVM)、朴素贝叶斯等算法,识别射频指纹。

早在 20 世纪末,Toonstra 和 Kinsner[47]就已利用小波系数来刻画信号特征,并作为发射机的特有属性,通过人工神经网络和遗传算法对设备进行分类。2008 年,Brik 等[48]利用硬件容差引起的调制误差,选取了其中五个特征,即频偏、I/Q 偏移、前导相关、相位误差以及幅度误差作为设备射频指纹,其使用的分类器是 k 最近邻算法和支持向量机,准确率分别为 97%和 99.66%。此外,该研究提出的指纹特征以及识别方法对相位噪声、天线间距及设备老化等情况具有稳健性[48]。

2015 年,Lukacs 等[49]提出了利用射频固有属性(radio frequency distinct native attribute,RF-DNA),从射频信号中提取特征。通过利用这些特征,可以将发出信号的设备与类似的设备区分开来。利用 RF-DNA 指纹识别超宽带噪声波形,分别提取时域、频域、联合时频域下的特征集,讨论了多元判别分析/最大似然(multiple discriminant analysis/maximum likelihood,MDA/ML)和基于人工神经网络(artificial neural network,ANN)的广义相关学习向量量化改进(generalized relevance learning vector quantisation-improved,GRLVQI)分类方法对不同终端无衰减信号以及相同终端不同衰减程度信号的分类准确度。同年,Reising 等[50]使用 MDA/ML 分类器成功证明了提取不同设备 RF-DNA 的可行性,并使用基于 Gabor 的方法执行了一对多设备分类和一对一设备 ID 验证任务,证明了使用降维分析可以减少所需要指纹特征的数量,同时保持一致的识别效果。

2020 年，Hu 等[51]在通用软件无线电外设(universal software radio peripheral，USRP)软件定义的无线电(software defined radio，SDR)平台上，提取发射信息中的信息维数、星座特征、相位噪声谱等参数特征，作为设备射频指纹。在实验中发现，采用传统的支持向量机分类器对多种射频指纹组合特征进行分类识别，准确率可达到 85%以上，而使用袋装树分类器和自适应加权算法加权 k 最近邻算法，在不同信噪比下均能取得更好的分类效果，准确率在 97%以上。

以上射频指纹识别方法都是预先进行特征提取，再将大量各种特征集作为设备射频指纹输入到传统的机器学习算法分类器中进行识别，虽然能够得到较好的分类效果，但当面临未处理的原始 I/Q 信号以及在数据量较少情况时很难有发挥空间。

2. 基于深度学习的方法

与传统机器学习方法最大的区别在于，深度学习不需要对信号单独进行特征提取，甚至可以直接使用原始 I/Q 信号作为输入，经过深度学习模型自主学习射频信号特征后，对设备射频指纹进行识别分类。如图 1-3 所示，只需对采集的数据进行预处理，便可直接输入到深度神经网络中进行训练分类。但该种方法需要在大量的数据集的支撑下，分类模型才能有较好的识别效果。近几年来，基于深度学习的相关研究也越来越多。

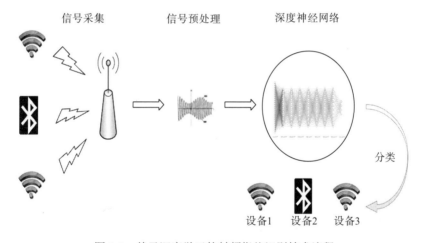

图 1-3　基于深度学习的射频指纹识别技术流程

2018 年 2 月，Merchant 等[52]使用深度学习卷积神经网络(convolutional neural network，CNN)来侦测认知无线电设备识别的物理层属性。他们首先在符合同一标准的无线发射机之间制造可变性，创建独特的、可重复的签名；然后用作设备识别和迁移的指纹，并开发了一个使用时域复杂基带错误信号训练卷积神经网络的框架，在 7 台 2.4GHz 商用 ZigBee 设备上演示了 92.29%的识别准确度；最后演示了在大范围的信噪比下该 CNN 框架的鲁棒性。

2018 年 9 月，Riyaz 等[53]描述了一种方法，通过结合 SDR 感知能力和在 AlexNet 基础上进行变形的 CNN，在相似的设备之间唯一地识别特定的无线电射频。这种方法的主要优点是 CNN 学习框架对原始 I/Q 信号样本进行操作，并且仅使用作为特定设备的唯一签名的发送器硬件诱导信号模型对设备进行区分，不需要更高层次的解码、有限元工程或协议知识，进一步减轻 ID 欺骗和共享频谱中多个协议共存的风险。

2018 年 11 月，Wu 等[54]提出了一种基于长短期记忆(long short-term memory，LSTM)的递归神经网络，用于硬件特征的自动识别和递归器的分类。该方法不需要人工干预来定义射频指纹过程中应该使用哪些特征，LSTM 会自动捕获长期的特征类型，如频率漂移，以及短期的特征类型，如初始序列中的上升趋势。使用相同射频发射机的实验研究表明，该方案具有很高的检测精度和有效性。

2018 年 12 月，Youssef 等[55]采用四种不同的机器学习方法，即支持向量机、传统深度神经网络、卷积神经网络和经过多阶段训练(multi-stage training，MST)的深度神经网络，进行了射频正交频分复用包在时域中的分类和识别。实验结果表明，MST 深度神经网络实现了 12 个发送器的 100%分类精度，并显示出对大型发送器群体显著的可伸缩性潜力。

2019 年，Mendis 等[56]提出了一种直接映射到二值逻辑电路的无乘法低复杂度的深度置信网络(deep belief network，DBN)，该网络基于谱相关函数(spectral correlation function，SCF)的特征提取。SCF 具有抗噪声能力，能有效地体现相关的二周期平稳特性。DBN 分类器根据 SCF 模式签名实现对接收到的射频信号进行分类，不但使识别率与检测率均达到了 90%以上，而且降低了计算复杂度。

2020 年，Jian 等[57]针对设备指纹识别，设计了一个改进型的残差网络(residual network，ResNet)模型，使用了 1 万个设备产生的信号数据，其中分为 Wi-Fi 数据和 ADS-B 数据，共 400G 的数据，探讨了信道、信噪比、设备数量以及训练数据集的大小对结果的影响，并与 AlexNet 模型进行了对比实验，得出运行速度与信息量以及切片长度线性相关的结论。

基于传统机器学习的方法与基于深度学习的方法都是基于大量数据训练模型，取得了较好的结果，但在小样本数据情况下，可能会因为数据量的不足而出现过拟合，识别效果不佳。因此，本书选择小样本学习来解决射频指纹小样本识别所面临的问题。

1.2.3 射频指纹识别联邦学习研究现状

联邦学习将训练所用到的数据保存在边缘端设备上，避免了数据上传所造成的通信压力，同时也保护了用户的隐私安全。但是通信问题仍然是影响联邦学习效率的主要因素。联邦学习需要进行多个轮次的训练，需要较多的通信时间和成本，此外，联邦学习的不同学习阶段也在影响着模型的训练效率，如在聚合阶段，联邦学习需要控制聚合的内容以及聚合的频率来提高模型的效果以及加快模型的收敛速度。现有的研究方法主要从通信、训练等方面来进行优化。

为了缓解因为多轮通信所带来的通信压力，McMahan 等[58]提出通过增加设备上的计算量来减少通信压力，主要分为以下两种方式。

(1)增加任务的并行性。在每一轮次通过一定的策略选择更多的设备参与到模型的训练中，从而减少训练的轮次。

(2)增加设备端的计算量。在参数服务器聚合之前，增加在每个设备中的训练任务数量。同时，McMahan 等[58]还提出了一种基于平均迭代思路的 FedAvg 算法，该算法考虑了不同模型的数据集和体系结构，并进行了大量的实验评估，表现出十分优秀的效果。但是该算法对于 non-IID 类型的数据集效果不明显，甚至带来了更多的通信轮次和资源消耗。文献[59]吸取文献[58]的思想，为了增加边缘参与训练设备的计算量，Yao 等[59]提出了最大平均偏差的双流联邦学习模型。相对于 FedAvg 算法，该算法使每一轮参与训练的设备在本地保存全局参数作为参考，通过最小化本地模型与全局模型的损失来保证本地模型可以学习到其他边缘设备所学习到的特征，进而加快模型的收敛速度。

目前联邦学习基本采用服务器和边缘设备之间的两层结构，这给长距离的通信带来了较高的通信代价，因此将参数服务器放置在边缘服务器上成为一种可行的解决方案。Wang 等[60]将联邦学习与移动边缘系统进行结合，为了更好地利用边缘节点和设备之间的协作交流、加快模型推理和模型训练，设计了一个 "In-Edge-AI" 框架，进而实现动态的增强和效果的优化，同时通过尽可能地减少不必要的通信来减轻网络负载。Liu 等[61]认为联邦学习的反复训练给网络通信带来了巨大的压力，故同样基于边缘智能的思想，引入了移动边缘计算（mobile edge computing，MEC）平台作为边缘设备和参数服务器之间的中间层，提出了一种分层的联邦学习来缓解服务器与边缘设备的通信压力，同时对 FedAvg 算法进行优化，提出了 HierFAVG 分层平均联邦学习算法，在联邦学习进行全局聚合之前，先利用边缘层节点的计算能力，聚合多个设备的本地模型，以减少通信的轮次。Mills 等[62]通过对 FedAvg 算法进行调整，结合分布式的 Adam 优化算法和新型的压缩技术，提出了 CE-FedAvg 算法，解决了传输复杂模型带来的过多的通信消耗问题。同时，通过结合指数量化和均匀量化两种方法，进而减少通信轮次以及每轮次上传的总数据量，结果表明，当 CE-FedAvg 算法通信轮次为 FedAvg 算法的 1/6 时，就可以达到模型的收敛。此外，Molchanov 等[63]提出了一种将联邦学习与模型剪枝相结合的方法，通过缩减模型的规模来达到降低通信时传输成本的目的，其模型剪枝分为两个部分，即在设备上对本地模型的剪枝以及在服务器上对初始模型的剪枝，其他部分与传统的联邦学习模型的学习过程基本一致。作者通过大量的对比实验以及复杂性分析，论证了该方法在不同的优化算法上对联邦学习剪枝的影响，最终证明了该方法可以大大降低计算和通信的负载。

1.2.4　射频指纹小样本学习研究现状

小样本学习（FSL）是近几年提出的一种解决数据量少以及数据不平衡问题的机器学习方法，它利用先验知识，能够快速泛化至仅包含少量具有监督信息的样本的新任务中，还可以帮助缓解收集大规模监督数据的负担。迁移学习（transfer learning）[64,65]、元学习（meta-learning）[66]在 FSL 中被广泛使用，先验知识从源任务转移到小样本的新任务中。Wang 等[67]提出 FSL 的核心问题是经验风险最小化不可靠，根据先验知识的利用方式可以将 FSL 分为三大类：数据、模型和算法。

1. 数据：利用先验知识增强监督信息少的数据

如图 1-4 所示，利用已知的小样本数据集，先通过各种方式将数据集扩增到足够量，再使用已有的机器学习或深度学习框架进行训练分类，从数据层面解决小样本问题。

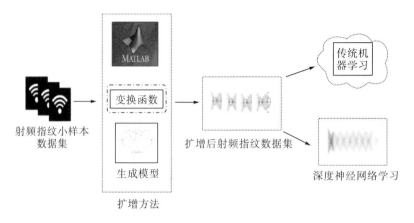

图 1-4 小样本数据扩增及分类过程

表 1-1 总结了现阶段常用的增强数据样本的三种方法。其中，x 代表信号；y 代表样本类别；$I(x, y)$ 代表输入；$O(x', y')$ 代表输出；f 代表仿真函数；t 模型变换函数；g 代表模型生成函数。

表 1-1 样本的数据增强方法

方法	输入 $I(x,y)$	转换函数	输出 $O(x', y')$
人工扩增	仿真数据 $I(x, y)$	仿真函数 f	$O(f(x), y)$
变换模型	原始数据 $I(x, y)$	变换函数 t	$O(t(x), y)$
生成模型	伪造数据 $I(x, y)$	生成函数 g	$O(g(x), g(y))$

数据增强最直接的方式是人工扩增，如将已有的图像通过翻转、平移、缩放、旋转等方法对数据进行扩展，但该方式需要昂贵的劳动力成本，并严重依赖于相关领域知识。

早期的关于 FSL 的论文通过迭代将每个样本与其他样本对齐，从类似的类别学习一组几何变换，对每一个样本进行学习变换，形成一个大数据集，然后通过标准的机器学习方法进行学习。Hariharan 和 Girshick[68]通过假设所有类别在样本之间共享某种可转换的变异，学习一个单一的变换函数，将从其他类别学习到的样本对之间的变异转移到样本对 (x, y)。Kwitt 等[69]没有枚举成对的变量，而是使用从大量场景图像中学习的一组独立属性强度回归器将每个输入转换为几个样本，并将原始输入的标签赋给这些新样本。Wu 等[70]使用一种渐进策略来选择信息性未标记的样本，然后为选定的样本分配伪标签，并用于更新 CNN 模型。

此外，可以使用生成对抗网络(generative adversarial network, GAN)仿真小样本数据，以弥补 GAN 训练中样本的不足[71]。GAN 可将小样本的类别映射到大规模类别，也可将大规模类别的样本映射到小样本类别。本质上，生成模型是一种极大似然估计，用于生成指定分布数据的模型，而现有的方法主要是针对图像设计的，生成的图像很容易被人直观地评价。相比之下，每个设备的射频指纹差异微小，很难生成分布均衡的数据。

2. 模型：利用先验知识缩小假设空间的大小

在文献[72]和文献[73]中，多任务学习(multi-task learning)对于存在多个相关任务且某些任务是小样本的情况，可以通过利用任务的一般信息和特定信息来同时学习这些任务，通过参数共享或者参数绑定，约束假设空间大小。Zhang 等[74]提出两个任务网络共享通用参数的前几层，并学习不同的最终层来处理不同的输出。但是当一个新的小样本任务到达时，整个多任务模型必须再次训练，这可能导致整个训练过程缓慢且代价高。

嵌入学习(embedding learning)将样本投影到较小的嵌入空间中，在该空间中不相似的样本可以很容易地区分，从而需要更少的训练样本[75]。嵌入函数主要从先验知识中学习，嵌入函数可以是 CNN、LSTM 等，相似性度量则可以采用余弦相似性、高斯相似、距离加权、距离平方等。然而，当小样本任务与其他大量任务没有紧密联系时，它们可能不能很好地工作。

外部存储学习(learning with external memory)使用存储在内存中的键值对样本进行细化，从而缩小假设空间，它可以通过在存储之上训练一个简单的模型(如分类器)从而很容易地用于 FSL[76]。通过使用精心设计的更新规则，可以选择性地保护内存插槽。这种策略的缺点是需要额外的空间和计算成本，这些成本会随着内存大小的增加而增加。

在需要进行生成和重构等任务时，可以使用生成模型。先从其他数据集学习先验概率，这将原假设空间降低到一个更小的假设空间[77]。学习到的生成模型也可以用来生成样本，以增加数据。然而生成建模方法具有较高的推理成本，并且比确定性模型更难得到。

3. 算法：利用先验知识更改给定假设空间中对最优假设的搜索

根据先验知识学习并提供一个好的初始化参数，模型无关元学习(model-agnostic meta-learning，MAML)就是这类方法的范例之一[78]。MAML 算法与模型无关，也就是说可以用于任何模型，唯一的要求就是模型是使用梯度下降的方式来训练的。它的思想是学习一个初始化参数，这个初始化参数在遇到新的任务时，只需要使用少量样本进行几步梯度下降就可以取得很好的效果。

直接学习一个优化器来输出搜索步骤。Ravi 和 Larochelle[79]提出了一个基于 LSTM 的元学习器(meta learner)模型来学习优化算法，用于训练在小样本情况下的另一个学习器(learner)神经网络分类器。模型为学习器网络，也就是分类器网络学习了一个通用的初始化，这个初始化可以帮助学习器神经网络在训练的时候快速收敛。

综上所述，在射频指纹小样本识别过程中，小样本学习能够为解决数据量不足、过拟合问题，提高模型泛化能力提供新思路。

参 考 文 献

[1] Li S, Xu L D, Zhao S. 5G Internet of things: a survey[J]. Journal of Industrial Information Integration, 2018, 10: 1-9.

[2] Zhang K, Liang X, Lu R, et al. Sybil attacks and their defenses in the internet of things[J]. IEEE Internet of Things Journal, 2014, 1(5): 372-383.

[3] He D, Zeadally S. An analysis of RFID authentication schemes for internet of things in healthcare environment using elliptic curve cryptography[J]. IEEE Internet of Things Journal, 2015, 2(1): 72-83.

[4] Rango F, Potrino G, Tropea M, et al. Energy-aware dynamic internet of things security system based on elliptic curve cryptography and message queue telemetry transport protocol for mitigating replay attacks[J]. Pervasive and Mobile Computing, 2020, 61: 101105.

[5] Peris-Lopez P, Hernandez-Castro J C, Estevez-Tapiador J M, et al. Solving the simultaneous scanning problem anonymously: clumping proofs for RFID tags[C]//IEEE Third International Workshop on Security, Privacy and Trust in Pervasive and UbI/Quitous Computing(SecPerU 2007), 2007: 55-60.

[6] Zhao F, Jin Y. An Optimized radio frequency fingerprint extraction method applied to low-end receivers[C]//2019 IEEE 11th International Conference on Communication Software and Networks(ICCSN), 2019, 753-757.

[7] Bihl T J, Bauer K W, Temple M A. Feature selection for RF fingerprinting with multiple discriminant analysis and using ZigBee device emissions[J]. IEEE Transactions on Information Forensics and Security, 2016, 11(8): 1862-1874.

[8] Zhuo F, Huang Y, Chen J. Radio frequency fingerprint extraction of radio emitter based on I/Q imbalance[J]. Procedia Computer Science, 2017, 107: 472-477.

[9] Li Y S, Xie F Y, Chen S L, et al. Feature extraction and recognition of radio frequency fingerprint signal suitable for terminal[J]. Communications Technology, 2018, 251(001): 63-66.

[10] Soltanieh N, Norouzi Y, Yang Y, et al. A review of radio frequency fingerprinting techniques[J]. IEEE Journal of Radio Frequency Identification, 2020, 4(3): 222-233.

[11] Ding G, Huang Z, X. Wang. Radio frequency fingerprint extraction based on singular values and singular vectors of time-frequency spectrum[J]. International Conference on Signal Processing, 2018: 1-6.

[12] 李泓余, 韩路, 李婕, 等. 电磁空间态势研究现状综述[J]. 太赫兹科学与电子信息学报, 2021, 19(4): 549-555.

[13] 廖晓阳, 陈徐飞, 于鑫刚, 等. 赛博空间技术的军事应用研究及对策[J]. 电子科技, 2011, 24(11): 147-149.

[14] 俞佳宝, 胡爱群, 朱长明, 等. 无线通信设备的射频指纹提取与识别方法[J]. 密码学报, 2016, 3(5): 433-446.

[15] Dudczyk J, Matuszewski J, Wnuk M. Applying the radiated emission to the specific emitter identification[C]//International Conterence on Microwayes, Radar & Wireless Communications, Warsaw, 2004: 431-434.

[16] Xiao Z, Yan Z. Radar emitter identification based on feedforward neural networks[C]//Electronic and Automation Control Conference, Chongqing, 2020, 555-558.

[17] Sedyshev Y N, Sedyshev P Y, Rodenko S N. Focusing of the spatially separated adaptive antenna arrays on multiple radiation sources by method of correlation identification of the bearings[C]//The 4th International Conference on Antenna Theory and TechnI/Ques, Sevastopol, 2003, 42-46.

[18] Stec B, Chudy Z, Kachel L. System for bearing and identification of radiation sources[C]//International Conterence on Microwayes, Radar & Wireless Communications, Warsaw, 2004: 147-150.

[19] Choe H C, Poole C E, Yu A M, et al. Novel identification of intercepted signals from unknown radio transmitters[C]//International Society for Optics and Photonics, 1995.

[20] Hall J, Barbeau M, Kranakis E. Detection of transient in radio frequency fingerprinting using signal phase[J]. Wireless and optical communications, 2003, 1(1): 13-18.

[21] 陈涛, 姚文杨, 林金秋, 等. 雷达辐射源个体特征的提取与识别[J]. 应用科学学报, 2013, 31(4): 368-374.

[22] 张国柱, 姜文利, 周一宇. 基于神经网络的辐射源识别系统设计[J]. 系统工程与电子技术, 2004, (2): 126-130.

[23] Peng K C, Wu Z, Ernst J. Zero-shot deep domain adaptation[C]//Proceedings of the European Conference on Computer Vision(ECCV), 2018: 764-781.

[24] Pal A, Balasubramanian V N. Zero-shot task transfer[C]//Proceedings of the IEEE/CVF Conference on Computer Vision and Pattern Recognition, 2019: 2189-2198.

[25] LeCun Y, Bengio Y, Hinton G. Deep learning[J]. Nature, 2015, 521(7553): 436-444.

[26] Sun R Y. Optimization for deep learning: an overview[J]. Journal of the Operations Research Society of China, 2020, 8(2): 249-294.

[27] Chen C Y, Choi J, Gopalakrishnan K, et al. Exploiting approximate computing for deep learning acceleration[C]//2018 Design, Automation & Test in Europe Conference & Exhibition(DATE). IEEE, 2018: 821-826.

[28] Sharify S, Lascorz A D, Mahmoud M, et al. Laconic deep learning inference acceleration[C]//2019 ACM/IEEE 46th Annual International Symposium on Computer Architecture(ISCA). IEEE, 2019: 304-317.

[29] 崔天舒. 面向天基电磁信号识别的深度学习方法[D]. 北京: 中国科学院大学, 2021.

[30] 袁红林, 胡爱群. 射频指纹的产生机理与惟一性[J]. 东南大学学报, 2009(2): 46-49.

[31] Hippenstiel R D, Payal Y. Wavelet based transmitter identification[C]//Signal Processing and Its Applications, ISSPA, 1996.

[32] Toonstra J, Kinsner W. Transient analysis and genetic algorithms for classification[C]//Wescanex 95 Communications, Power, 1995.

[33] Serinken N, Üreten O. Generalised dimension characterisation of radio transmitter turn-on transients[J]. Electronics Letters, 2000, 36(12): 1064-1066.

[34] Üreten O, Serinken N. Bayesian detection of Wi-Fi transmitter RF fingerprints[J]. Electronics Letters, 2005, 41(6): 373-374.

[35] Liu J, Krzymien W A. A novel nonlinear joint transmitter-receiver processing algorithm for the downlink of multiuser MIMO Systems[J]. IEEE Transactions on Vehicular Technology, 2008, 57(4): 2189-2204.

[36] Gillespie B W, Atlas L E. Optimizing time-frequency kernels for classification[J]. IEEE Transactions on Signal Processing, 2001, 49(3): 485-496.

[37] 蔡忠伟. 通信信号指纹识别技术研究[J]. 无线电工程, 2004(01): 52-55.

[38] 徐书华. 基于信号指纹的通信辐射源个体识别技术研究[D]. 武汉: 华中科技大学, 2007, 90-113.

[39] 吴启军. 电台指纹识别算法研究[D]. 西安: 西安电子科技大学, 2010: 33-45.

[40] 蔡忠伟, 李建东. 基于双谱的通信辐射源个体识别[J]. 通信学报, 2007, 28(2): 75-79.

[41] Carroll T L. A nonlinear dynamics method for signal identification[J]. Chaos An Interdisciplinary Journal of Nonlinear Science, 2007, 17(2): 023109.

[42] 张旻, 钟子发, 王若冰. 通信电台个体识别技术研究[J]. 电子学报, 2009, 37(10): 2125-2129.

[43] 陈金, 倪为民, 钱祖平, 等. 电台识别的云模型算法研究[J]. 信号处理, 2012, (11): 41-46.

[44] Brik V, Banerjee S, Gruteser M, et al. Wireless device identification with radiometric signatures[C]//Proceedings of the 14th Annual International Conference on Mobile Computing and Networking, San Francisco, 2008, 116-127.

[45] Shi Y, Jensen M A. Improved radiometric identification of wireless devices using MIMO transmission[J]. IEEE Transactions on Information Forensics and Security, 2011, 6(4): 1346-1354.

[46] Hao P, Wang X B, Behnad A. Relay authentication by exploiting I/Q imbalance in amplify-and-forward system[C]//IEEE Global Communications Conference, 2014, 613-618.

[47] Toonstra J, Kinsner W. Transient analysis and genetic algorithms for classification[C]//IEEE Conference Proceedings of WESCANEX Communications, Power, and Computing. 1995, 2: 432-437.

[48] Brik V, Banerjee S, Gruteser M, et al. Wireless device identification with radiometric signatures[C]//Proceedings of the 14th ACM International Conference on Mobile Computing and Networking, 2008: 116-127.

[49] Lukacs M, Collins P, Temple M. Classification performance using 'RF-DNA' fingerprinting of ultra-wideband noise waveforms[J]. Electronics Letters, 2015, 51(10): 787-789.

[50] Reising D R, Temple M A, Jackson J A. Authorized and rogue device discrimination using dimensionally reduced RF-DNA fingerprints[J]. IEEE Transactions on Information Forensics and Security, 2015, 10(6): 1180-1192.

[51] Hu S, Wang P, Peng Y, et al. Machine learning for RF fingerprinting extraction and identification of soft-defined radio devices[M]. Artificial Intelligence in China. Singapore: Springer, 2020: 189-204.

[52] Merchant K, Revay S, Stantchev G, et al. Deep learning for RF device fingerprinting in cognitive communication networks[J]. IEEE Journal of Selected Topics in Signal Processing, 2018, 12(1): 160-167.

[53] Riyaz S, Sankhe K, Ioannidis S, et al. Deep learning convolutional neural networks for radio identification[J]. IEEE Communications Magazine, 2018, 56(9): 146-152.

[54] Wu Q, Feres C, Kuzmenko D, et al. Deep learning based RF fingerprinting for device identification and wireless security[J]. Electronics Letters, 2018, 54(24): 1405-1407.

[55] Youssef K, Bouchard L, Haigh K, et al. Machine learning approach to RF transmitter identification[J]. IEEE Journal of Radio Frequency Identification, 2018, 2(4): 197-205.

[56] Mendis G J, Wei-Kocsis J, Madanayake A. Deep learning based radio-signal identification with hardware design[J]. IEEE Transactions on Aerospace and Electronic Systems, 2019, 55(5): 2516-2531.

[57] Jian T, Rendon B C, Ojuba E, et al. Deep learning for RF fingerprinting: a massive experimental study[J]. IEEE Internet of Things Magazine, 2020, 3(1): 50-57.

[58] McMahan B, Moore E, Ramage D, et al. Communication-efficient learning of deep networks from decentralized data. Artificial intelligence and statistics. PMLR, 2017: 1273-1282.

[59] Yao X, Huang C, Sun L. Two-stream federated learning: reduce the communication costs[C]//2018 IEEE Visual Communications and Image Processing(VCIP), 2018: 1-4.

[60] Wang X, Han Y, Wang C, et al. In-edge AI: intelligentizing mobile edge computing, caching and communication by federated learning[J]. IEEE Network, 2019, 33(5): 156-165.

[61] Liu L, Zhang J, Song S H, et al. Client-edge-cloud hierarchical federated learning[C]//ICC 2020-2020 IEEE international conference on communications(ICC). IEEE, 2020: 1-6.

[62] Mills J, Hu J, Min G. Communication-efficient federated learning for wireless edge intelligence in IoT[J]. IEEE Internet of Things Journal, 2019, 7(7): 5986-5994.

[63] Molchanov P, Tyree S, Karras T, et al. Pruning convolutional neural networks for resource efficient inference[J]. arXiv preprint arXiv: 1611.06440, 2016.

[64] Peng K C, Wu Z, Ernst J. Zero-shot deep domain adaptation[C]//Proceedings of the European Conference on Computer Vision (ECCV), 2018: 764-781.

[65] Pal A, Balasubramanian V N. Zero-shot task transfer[C]//Proceedings of the IEEE/CVF Conference on Computer Vision and Pattern Recognition, 2019: 2189-2198.

[66] Ren M, Triantafillou E, Ravi S, et al. Meta-learning for semi-supervised few-shot classification[EB/OL]. （2018-03-02） [2023-09-01].https://arxiv.org/abs/1803.00676.

[67] Wang Y, Yao Q, Kwok J T, et al. Generalizing from a few examples: a survey on few-shot learning[J]. ACM Computing Surveys （csur）, 2020, 53（3）: 1-34.

[68] Hariharan B, Girshick R. Low-shot visual recognition by shrinking and hallucinating features[C]//Proceedings of the IEEE International Conference on Computer Vision, 2017: 3018-3027.

[69] Kwitt R, Hegenbart S, Niethammer M. One-shot learning of scene locations via feature trajectory transfer[C]//Proceedings of the IEEE Conference on Computer Vision and Pattern Recognition, 2016: 78-86.

[70] Wu Y, Lin Y, Dong X, et al. Exploit the unknown gradually: one-shot video-based person re-identification by stepwise learning[C]//Proceedings of the IEEE conference on computer vision and pattern recognition, 2018: 5177-5186.

[71] Creswell A, White T, Dumoulin V, et al. Generative adversarial networks: an overview[J]. IEEE Signal Processing Magazine, 2018, 35（1）: 53-65.

[72] Zhang Y, Yang Q. An overview of multi-task learning[J]. National Science Review, 2018, 5（1）: 30-43.

[73] 张钰, 刘建伟, 左信. 多任务学习[J]. 计算机学报, 2020, 43（7）: 1340-1378.

[74] Zhang Y, Tang H, Jia K. Fine-grained visual categorization using meta-learning optimization with sample selection of auxiliary data[C]//Proceedings of the european conference on computer vision （ECCV）, 2018: 233-248.

[75] Bertinetto L, HenrI/Ques J F, Valmadre J, et al. Learning feed-forward one-shot learners[J]. Advances in Neural Information Processing Systems, 2016, 29: 523-531.

[76] Miller A, Fisch A, Dodge J, et al. Key-value memory networks for directly reading documents[C]. Conference on Empirical Methods in Natural Language Processing, 2016: 1400－1409.

[77] Rezende D, Danihelka I, Gregor K, et al. One-shot generalization in deep generative models[C]//International Conference on Machine Learning, PMLR, 2016: 1521-1529.

[78] Finn C, Abbeel P, Levine S. Model-agnostic meta-learning for fast adaptation of deep networks[C]//International Conference on Machine Learning, PMLR, 2017: 1126-1135.

[79] Ravi S, Larochelle H. Optimization as a model for few-shot learning[C]//5th International Conference on Learning Representations.Toulon, France, 2017.

第2章　射频指纹识别基本原理与理论

射频指纹是根据无线设备传输的信号分析获得该设备的硬件级电路特征。电子元器件的容差(实际值与标准值之间的差异)是射频指纹产生的主要来源,无论是模拟电路还是集成电路,都是由一系列的电子元器件组成的,因此这些电子元器件的容差最终导致了无线设备之间的差异性,从而可以根据射频指纹识别无线设备。本章介绍射频指纹的产生机理与识别流程,为后文中的算法研究做铺垫。

2.1　射频指纹识别基本流程

相对于传统的基于网络结构上层的安全认证方式,射频指纹具有通用性、短时不变性、唯一性和稳健性的特点[1]。射频指纹将设备的固有特征隐含在通信信号中,而不需要额外的传输资源,并且识别过程均在接收端进行,对终端设备的要求较低。

无线通信设备中的硬件参数存在一些差异,如相位噪声、滤波器失真、振荡器的频率偏移等,都是用于识别无线设备指纹特点的重要参数。除了电路内部的元器件存在的容差,印制电路板的材质、走线等同样是引起射频指纹容差的因素,这些被统称为电路的容差效应。即使是同一厂家同一型号批次的无线发射设备的硬件参数也会存在差异。比如,功放的非线性失真、功率上升(ramp-up)的失真、射频滤波器的失真以及调制器的调制误差等都是产生射频指纹的因素,尽管可以通过提高生产的精度减少设备的硬件容差,但生产成本也会显著上升。另外,常用的通信技术标准,如 IEEE 802.11 和 IEEE 802.15.4 等要求接收设备能够容忍信号较大的波动[2]。

图 2-1 是一种常用的数字无线设备发射机结构示意图。基带信号通过数字信号处理(digital signal processing,DSP)之后,进入模拟电路的部分,这个位置模拟器件的容差是无线设备射频指纹的主要来源。电子器件的容差可以分为漂移容差和制造容差两个部分。其中,漂移容差主要指的是时间的累积所导致的电子元器件参数的老化退化效应,除此之外,还包括了设备工作环境的改变,如湿度、温度等因素的波动导致的设备在工作过程中发生的元器件参数值的变化,而制造容差指的是在元器件生产过程中,由于加工工艺误

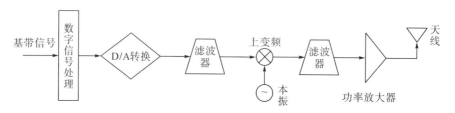

图 2-1　数字无线设备发射机结构示意图

差和器件的材料等原因，导致电子器件参数与标准值之间存在容差，容差越小，电子元器件的生产成本也就越高。

图 2-2 为简单的射频指纹识别基本流程，其指纹提取与识别流程主要包括信号采集、预处理和分类识别三个部分。

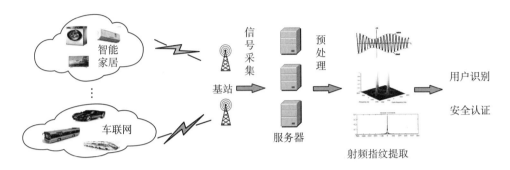

图 2-2　射频指纹识别基本流程

如图 2-3 所示，在数据生成提取模块，信号经调制滤波、模数混频器等器件后通过发射天线传输到接收机。接收机对接收信号做相应的处理得到待识别信号。其过程可以简化，发射机的发射信号 $w(t)$ 经过发射天线后变成：

$$A_{tx} = F_{tx}\left[w(t)\right] \cdot \mathrm{e}^{j(2\pi f_{tx} + \phi_{tx})} \tag{2-1}$$

其中，$F_{tx}(\cdot)$ 为发射机的函数；f_{tx} 和 ϕ_{tx} 分别为其相偏和频偏。之后，发射波形通过无线信道传播并最终到达接收器处的接收天线，此时的信号表示为

$$A_{rx} = A_{tx} \otimes h(t) + n(t) \tag{2-2}$$

其中，$h(t)$ 为信道函数；$n(t)$ 为噪声。从式(2-1)和式(2-2)可以看出，发射机信号的影响主要来自两方面：①发射机自身硬件通道的影响；②无线传播过程中无线信道环境的影响。因此，上述两种效应也分别被称为发射机指纹和无线信道指纹。本书研究的主要是发射机指纹，因此在信号预处理过程中要尽量去除或避免无线信道指纹的影响。

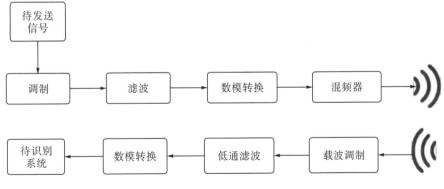

图 2-3　数据生成及采集模块

如图 2-4 所示,射频指纹识别系统需要对采集到的信号进行预处理,如相位补偿、丢弃不合格信号以及能量归一化等,在预处理阶段应该尽可能少引入噪声,减少噪声对射频指纹特征提取过程的影响,然后将预处理后的信号变换成频域、时域等状态进行射频指纹的特征提取。识别模块主要包含训练部分和分类部分。在训练阶段,接收设备对经过预处理以及特征提取之后的特征向量,按照预先设计好的模型进行训练拟合,使模型达到收敛的程度;在分类阶段,接收设备对采集到的信号进行与前一阶段相同的预处理以及特征提取,再将提取到的特征向量输入到已经训练好的模型当中,经过计算之后得到其分类结果。

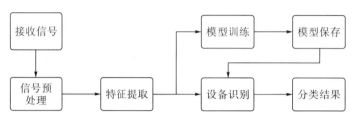

图 2-4   预处理和识别模块

通常射频指纹的识别模式分为两种:一种是 $1:N$ 的识别,也就是判断当前待识别的信号属于指纹库中的哪个设备;另一种是 $1:1$ 的识别,即判断当前待识别的信号是否属于其所声明的那个设备。分类判别的结果一般依托于具体的应用,不同的应用对结果有着不同的要求,但一般判别的结果均是一个确定的结果,即是否通过对当前设备的安全认证,允许设备接入网络。

2.2   射频指纹基本特性和产生机理

2.2.1   射频指纹基本特性

所有的射频发射终端设备,其电路组成工艺无论是集成方式还是非集成方式,其实质都是由电子元件构成的。电子元件中存在的公差会使最终的射频发射终端设备存在一个公差效应,不同设备的误差程度不同,形成发射设备独有的射频指纹特点。电子元件的公差主要有两种,分别是制造公差和漂移公差。其中,制造公差是指电子元件在制造过程中,由于元件材料不同和生产工艺误差等原因带来的成品实际参数与标准值存在的公差,最终导致射频发射终端设备存在公差。标准的公差控制范围往往为 1%~10%,设计电路的公差容忍值越小,其生产要求、材料成本也就越高。漂移公差指的是电子设备由于使用的年限长以及频次多引起的元件老化,元件实际参数发生退化效应。同时,有些设备对环境有敏感性,如温度、湿度等设备工作环境的变化也会导致设备的漂移公差。

除此之外,设备印刷电路板的布线、焊接方式等也会引起发射设备形成独有的射频指纹。即使是相同品牌、相同系列甚至是相同批次的发射设备,射频元件都存在着误差,诸如振荡器转换额定频率时出现的频率偏移、噪声频稳,调制器在调制过程中出现的 I/Q 偏移、幅度不平衡及正交偏差等调制误差,功率放大器出现的非线性失真、功率失真以及滤波器出现的失真，这些部件出现的误差就是产生射频指纹的物质基础。图 2-5 为模拟电路中产生射频指纹的机理。

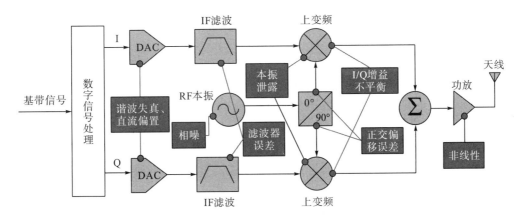

图 2-5　模拟电路中产生射频指纹的机理

基带信号经过数字基带转换后进入到模拟电路部分，而这部分模拟电路元件产生的公差就是发射设备射频指纹的主要来源。为了实现高精度识别，射频指纹需要具有以下特性[3]。

(1) 唯一性。正如不同的人拥有不同的指纹、不同的树叶拥有不同的脉络，无线设备的射频指纹应该具备其独特的特点。需要保证在电子元器件高度集成、信号接收过程中的采样量化阶段存在一定的差异模糊以及噪声、容差的影响下，提取到的设备指纹仍能保证其独特的特性，这样才能对设备进行准确的区分。随着电子器件制造的进步，设备电路的标准化程度越来越高，不同厂家、型号的设备硬件差别也越来越小。如何充分发掘不同设备间的特征差异，保证提取的射频指纹具有唯一性成为当前的关键问题之一。

(2) 通用性。不同类型的无线设备具有的硬件组织形式也大相径庭，即使是相同型号的设备，其组成部件也存在着或多或少的差异，而射频指纹通用性指的是每个无线发射端的射频都应该具有用于识别的特征，通过选择不同的方式抽取具体特征向量，可以识别不同的发射端设备。此外，接收端也应该具有通用性，不同接收设备不会影响发射端的射频指纹。

(3) 稳健性。射频指纹的稳健性指的是无线发射设备在不同的通信环境以及工作环境中均能保持其射频指纹的稳定。文献[4]分析了天线极化方向、电压、功率、多径效应、噪声干扰以及收发机距离对射频指纹稳定性的影响，这些因素的变动会改变无线发射设备的射频指纹，影响最终识别模型的性能。射频指纹应该尽可能地减少由于环境因素改变所造成的影响，稳健的射频指纹能够使射频指纹识别系统更加稳定可靠。

(4) 短时不变性。射频指纹作为能够代表无线设备的特征，应该在相当长的一段时间内保持稳定。不同于人类的生物指纹终生不变，发射设备的部件不可避免地会面临老化，且设备在长期、高频工作下，射频指纹特征可能会发生一定的改变，导致实时获取的指纹与指纹库中存储的指纹不同。不过部件老化的过程相当缓慢，在一定时期内，射频指纹特征是保持相对稳定的，元件老化问题对于射频指纹的影响可以忽略不计。根据文献[5]的仿真实验，在无线网卡高负荷的工作条件下，半年间提取的射频指纹特征的识别率稳定在99%左右。

2.2.2 核心元器件射频指纹产生机理

射频指纹主要包括信道指纹和发射机指纹，发射机指纹主要来自发射机内部器件。由于设备生产厂商制造工艺的问题，不同元器件参数只能接近一个标准值，不能完全相同。即使是同一批次的元器件，其参数也会有所差异。因此，这些射频元器件之间存在制造容差——实际值和标准值之间的差异。这种来自射频元器件的制造容差是产生射频指纹的主要原因，并且由于这种制造容差不可复制，难以克隆，所以通过提取无线发射机的射频指纹可以唯一有效地对不同发射机进行识别。无线通信设备的硬件参数的某些差异，如振荡器的频率偏移、相位噪声、功率放大器的非线性失真以及滤波器的失真等，是用于识别无线发射器指纹特性的重要参数。本节主要从数模转换器、调制器、锁相环频率合成器、功率放大器4个元器件研究核心元器件射频指纹产生机理。

1. 数模转换器

如图 2-5 所示，信号在数模转换器(digital-to-analog converter，DAC)之前为数字电路，其细微的指纹特征比较难以提取。本节引用文献[6]中的 DAC 非线性模型及布朗桥(Brownian bridge)随机过程建模的方法识别不同发射机。DAC 中的误差主要由量化误差和积分非线性(integral nonlinearity，INL)误差组成，文献[7]指出对于一个 M bit 信号表达式为

$$y(n) = \sum_{n=-\infty}^{\infty} \left[x(n) + \Delta_n \right] p(t,n) + \Delta_{\mathrm{INL}} \tag{2-3}$$

其中，$x(n)$ 为输入数字信号；$y(n)$ 为 $x(n)$ 经过数模转换之后的等效输出信号；Δ_n 和 Δ_{INL} 分别为量化误差和 INL 误差。DAC 判决器函数 $p(t,n)$ 常采用矩形窗或者 sinc 函数，可以表示为

$$p(t,n) = \begin{cases} 1, & 0 \leqslant \dfrac{t-nT}{T} \leqslant 1 \\ 0, & \text{其他} \end{cases} \text{或 } p(t,n) = \frac{\sin\left(\pi \left(\dfrac{t-nT}{T} \right) \right)}{\pi \left(\dfrac{t-nT}{T} \right)} \tag{2-4}$$

其中，T 为数模转换器的周期。如果量化周期设为 $[-A, A]$，则最大量化误差可以表示为 $\mathrm{Max}\Delta = A/2^M$。

由文献[6]可知，INL 误差可以表示为

$$\mathrm{INL}(X) = \frac{Y(X) - KX}{K} \tag{2-5}$$

其中，$X = [b_{M-1}, \cdots, b_0]$ 为 DAC 的输入序列；$Y(X)$ 为经过 DAC 的对应输出序列；K 为理想递进系数，即

$$K = \frac{Y(2^M - 1)}{2^M - 1} \tag{2-6}$$

接下来使用 Brownian bridge 随机过程建模,INL(X) 可以表示为

$$\text{INL}\left(X\right) = \sigma\sqrt{2^{M-1}} \cdot \text{BB}\left(\frac{X}{2^{M-1}}\right) \tag{2-7}$$

其中,BB$(\cdot)$ 表示 Brownian bridge 随机过程函数。

从以上推导可以看出,INL 误差反映了信号经过 DAC 后理想值与实际输出值之间的差异,其差分非线性(differential nonlinearity,DNL)误差可以表示为

$$\text{DNL}\left(X\right) = \text{INL}\left(X\right) - \text{INL}\left(X-1\right) \tag{2-8}$$

其中,DNL(X) 表示实际值与理想值的差。

2. 调制器

不同的调制方式下,调制器模型必定不同。即使是相同的调制方式,其调制器硬件的细微差异也会导致调制器模型有所区别。对于正交调制器,往往由于 I/Q 路增益不平衡、相位不平衡、延时不平衡和载波泄露等原因引入非线性畸变[8]。本小节将根据正交调制器模型分析调制器带来的差异。

数字信号经过基带滤波成型后将分成 I/Q 两路序列,分别用 $C_{\text{I}}(t)$ 和 $C_{\text{Q}}(t)$ 表示,其表达式分别为

$$I(t) = \sum_{n=-\infty}^{\infty} C_{\text{I}}(t) g\left(t - kT + \frac{\tau}{2}\right) + I_0 \tag{2-9}$$

$$Q(t) = \sum_{n=-\infty}^{\infty} C_{\text{Q}}(t) g\left(t - kT - \frac{\tau}{2}\right) + Q_0 \tag{2-10}$$

式中,$g(t)$ 表示滤波器函数;τ 表示 I/Q 延时不平衡带来的误差;I_0 和 Q_0 分别表示 I/Q 路的载波泄露。信号经过正交调制后,其输出信号可以表示为

$$x(t) = I(t) G_0\left(1 - \frac{\Delta}{2}\right)\cos\left(\omega_0 t - \frac{\varepsilon}{2}\right) + Q(t) G_0\left(1 + \frac{\Delta}{2}\right)\sin\left(\omega_0 t + \frac{\varepsilon}{2}\right) \tag{2-11}$$

其中,G_0 表示基本增益;Δ 和 ε 分别表示增益不平衡参数和 I/Q 两路相位不平衡参数;ω_0 表示载波频率。调制器的差异反映在星座图上表现为星座点偏离理论值。考虑单边带调制,令 $G_0 = 1$,$I(t) = 2\sin(\omega_0 t)$,$Q(t) = 2\cos(\omega_0 t)$,ω_1 是信号频率,则

$$\begin{aligned} x(t) &= 2\sin(\omega_1 t) \cdot \left(1 - \frac{\Delta}{2}\right)\cos\left(\omega_0 t - \frac{\varepsilon}{2}\right) + 2\cos(\omega_1 t) \cdot \left(1 + \frac{\Delta}{2}\right)\sin\left(\omega_0 t + \frac{\varepsilon}{2}\right) \\ &= A_1 \sin(\omega_2 t + \alpha) + A_2 \sin(\omega_2 t + \beta) \end{aligned} \tag{2-12}$$

其中,$\omega_2 = \omega_0 + \omega_1$,且

$$A_1 = \sqrt{4\cos^2\left(\frac{\varepsilon}{2}\right) + \Delta^2 \sin^2\left(\frac{\varepsilon}{2}\right)} \tag{2-13}$$

$$A_2 = \sqrt{4\sin^2\left(\frac{\varepsilon}{2}\right) + \Delta^2 \cos^2\left(\frac{\varepsilon}{2}\right)} \tag{2-14}$$

$$\alpha = \tan^{-1}\left(\frac{\Delta}{2}\tan\left(\frac{\varepsilon}{2}\right)\right) \tag{2-15}$$

$$\beta = \tan^{-1}\left(\frac{2}{\Delta}\tan\left(\frac{\varepsilon}{2}\right)\right) \tag{2-16}$$

定义功率偏移（power shift，PS）值为偏离中心的信号功率与期望信号功率比：

$$\mathrm{PS}_{\mathrm{(dB)}} = 10\lg\frac{A_2^2}{A_1^2} \tag{2-17}$$

则在理想情况下，PS 对星座图误差矢量幅度（error vector magnitude，EVM）的影响可以定义为

$$\mathrm{EVM_{PS}} = 10^{\frac{\mathrm{PS}}{20}} \tag{2-18}$$

当 Δ（表示增益不平衡）和 ε 都很小时：

$$A_1 \approx 2, A_2 \approx \sqrt{\Delta^2 + \varepsilon^2} \tag{2-19}$$

$$\alpha \approx 0, \beta \approx \tan^{-1}\left(\varepsilon / \Delta\right) \tag{2-20}$$

$$\mathrm{PS}_{\mathrm{(dB)}} \approx 10\lg\frac{\Delta^2 + \varepsilon^2}{4} \tag{2-21}$$

文献[9]和文献[10]提出了根据调制器的差异分别基于幅度误差和相位误差作为射频指纹的识别方法。如图 2-6 所示，EVM 反映了实际解调星座点偏离理想星座点的程度。

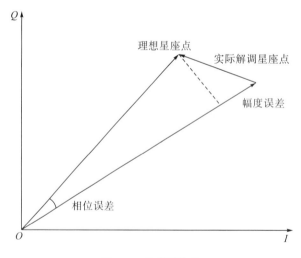

图 2-6　星座图偏移

3. 锁相环频率合成器

锁相环（phase locked loop，PLL）频率合成器一般包括压控振荡器（voltage controlled oscillator，VCO）和鉴相器（phase detector，PD）两个模块。在相位噪声的影响下，PLL 中原本的单一谱线中混入了许多谐波，PLL 的特征常用相位噪声来表示。

假设经 PLL 输出的正弦信号为

$$\text{SBR}_{(\text{dB})} \approx 10 \lg \frac{\Delta^2 + \varepsilon^2}{4} \qquad (2\text{-}22)$$

其中，Δ 和 ε 分别表示幅度误差和相位误差。因为预处理能够进行功率归一化、自动幅度控制等操作，分析 PLL 特征时仅考虑相位波动影响。设相位波动 $\varphi(t) = \Delta\varphi \sin(\omega_s t) + \phi(t)$，其中，$\Delta\varphi \sin(\omega_s t)$ 代表周期相位波动，ω_s 表示相位波动的频率，其频谱在 $\omega = \omega_0 \pm \omega_s$ 处有峰值，若仅考虑周期相位波动，$V(t)$ 可以表示为

$$\begin{aligned} V(t) &= \left[V_0 + v(t) \right] \sin\left(\omega_0 t + \Delta\varphi \sin(\omega_s t) \right) \\ &\approx V_0 \left\{ \sin \omega_0 t \cdot \cos\left(\Delta\varphi \sin(\omega_s t) \right) + \cos \omega_0 t \cdot \sin\left(\Delta\varphi \sin(\omega_s t) \right) \right\} \end{aligned} \qquad (2\text{-}23)$$

由于 $\cos\left(\Delta\varphi \sin(\omega_s t) \right) \approx 1$ 且 $\sin\left(\Delta\varphi \sin(\omega_s t) \right) \approx \Delta\varphi \sin(\omega_s t)$，式 (2-23) 可简化为

$$\begin{aligned} V(t) &\approx V_0 \left[\sin(\omega_0 t) + \cos(\omega_0 t) \cdot \Delta\varphi \sin(\omega_s t) \right] \\ &\approx V_0 \left\{ \sin(\omega_0 t) - \frac{\Delta\varphi}{2} \sin\left((\omega_0 - \omega_s) t \right) + \frac{\Delta\varphi}{2} \sin\left((\omega_0 + \omega_s) t \right) \right\} \end{aligned} \qquad (2\text{-}24)$$

从式 (2-24) 可以看出，在 $\omega = \omega_0 + \omega_s$ 和 $\omega = \omega_0 - \omega_s$ 处会产生两处尖峰，其峰值比载波频率处峰值低 $-20 \lg(\Delta\varphi/2)$ dB。令 $\phi(t)$ 为理想相位 $\varphi(t) = \omega_0 t$ 周围的随机相位波动，其相位波动谱密度为

$$S_\phi(f) = \int E\left[\phi(t) \phi(t - \tau) \right] \mathrm{e}^{-\mathrm{j} 2\pi f \tau} \mathrm{d}\tau \qquad (2\text{-}25)$$

则单边带相位噪声可以定义为

$$L(f_m) = 10 \log \frac{p_{\text{noise}}}{P_{\text{carrier}}} \approx 10 \lg \frac{s_\phi(f_m)}{2} \qquad (2\text{-}26)$$

因此，f_m 处的相噪值近似为 $10 \lg S_\phi(f_m) - 3$。式 (2-25) 可以近似表示为

$$S_\phi(f_m) = \kappa_0 + \frac{\kappa_{-1}}{f} + \frac{\kappa_{-2}}{f^2} + \frac{\kappa_{-3}}{f^3} + \frac{\kappa_{-4}}{f^4} \qquad (2\text{-}27)$$

其中，κ_0 表示白相噪声（white phase noise，WPN）；κ_{-1}/f 表示闪相噪声（flicker phase noise）；κ_{-2}/f^2 表示随机相位游走噪声（random phase walk noise，RPWN）；κ_{-3}/f^3 表示闪频噪声（flicker frequency noise，FFN）；κ_{-4}/f^4 表示随机频率游走相位噪声（random frequency walk noise，RFWN）[3]。

以上分析可以得出，相位噪声是发射机射频指纹产生的原因之一，通过相位噪声也能识别不同的发射机。

4. 功率放大器

功率放大器（power amplifier，PA）是发射机必不可少的器件之一，用于对发射信号进行功率放大，防止由于路径损耗等造成接收机不能准确接收到信号。PA 工作在线性区域时，工作效率往往低于 5%，但是处于工作非线性区域的 PA 又会产生严重的非线性畸变失真，并导致频谱扩展、邻道干扰、互调干扰等。为了减少 PA 对信号的非线性干扰，线性化技术或预失真技术[11]常被用于 PA 设计中。

常见的 PA 建模方法分为无记忆 PA 模型和记忆 PA 模型。无记忆 PA 模型主要是指输入信号为窄带信号，记忆 PA 模型主要是指输入信号为宽带信号。

1) 无记忆 PA 模型

多项式模型、Saleh 模型、Rapp 模型是常见的用于描述 PA 非线性行为的模型。其中 Saleh 模型多用于描述行波管放大器[12]，Rapp 模型往往用于固态功率放大器[13]。

若放大器输入信号为

$$x(t) = r(t)\cos(\omega t + \varphi(t)) \tag{2-28}$$

其中，$r(t)$、$\varphi(t)$ 和 ω 分别为幅度、相位和角频率。经过 PA 后，输出的无记忆信号模型可以表示为

$$y(t) = G[r(t)]\cos\{\omega t + \varphi(t) + \Phi[r(t)]\} \tag{2-29}$$

其中，$G[r(t)]$ 为 PA 的幅度-幅度特性；$\Phi[r(t)]$ 为 PA 的幅度-相位特性。

Saleh 模型特性可用式(2-30)、式(2-31)表示，其中 α、β、θ 和 η 为其模型参数。可以看出 Saleh 模型常用于描述准线性放大器行为。

$$G(r) = \frac{\alpha r}{1 + \beta r^2} \tag{2-30}$$

$$\Phi(r) = \frac{\theta r^2}{1 + \eta r^2} \tag{2-31}$$

Rapp 模型特性可用式(2-32)、式(2-33)表示，其中，p 为模型参数；V 为功放饱和电压。Rapp 模型需要设定较小的相位失真。

$$G(r) = \frac{r}{\left[1 + \left(\frac{r}{V}\right)^{2p}\right]^{\frac{1}{2p}}} \tag{2-32}$$

$$\Phi(r) \approx 0 \tag{2-33}$$

基于多项式的模型特性可用式(2-34)表示，其中，λ_i 为多项式模型参数；M 为多项式阶数。

$$y(t) = \sum_{i=1}^{M} \lambda_i [x(t)]^i \tag{2-34}$$

从以上论述可知，通过对 PA 中输入信号进行建模，分析产生的倍频分量信号，能提取出反映不同 PA 的特征向量，即可以作为识别不同发射机的一种方法。

2) 记忆 PA 模型

在实际应用中，无论是宽带信号还是窄带信号，往往都存在一定的记忆效果，因此记忆 PA 模型的研究尤为重要。记忆 PA 模型在研究中往往分为线性记忆模型和非线性记忆模型。

非线性记忆模型常用沃尔泰拉(Volterra)级数模型[14]来描述，其输入输出可表示为

$$y(t) = \sum_{l=1}^{L} \int \cdots \int h_l(\tau_1, \cdots, \tau_l) \prod_{i=1}^{l} x(t - \tau_i) d\tau_1 \cdots d\tau_l \tag{2-35}$$

其中，L 为非线性记忆模型阶数；$h_l(\tau_1, \cdots, \tau_l)$ 为第 l 阶的核函数；τ_i 为记忆延迟参数。从式(2-35)可以看出，Volterra 级数能反映 PA 的非线性特性。

功放的线性记忆效应一般由维纳(Wiener)模型和哈默斯坦(Hammerstein)模型[15]描述，其均由非线性记忆模块和线性记忆模块构成，图 2-7 中给出了 Wiener 模型的结构。非线性模块由无记忆多项式模型描述；线性记忆模块常用自回归(autoregressive，AR)模型刻画。引入中间变量，线性记忆 PA Wiener 模型可以简化描述为

$$b(t) = \sum_{i=1}^{D} \alpha_i b(t-i) + x(t) \tag{2-36}$$

$$y(t) = \sum_{i=1}^{M} \lambda_i \left[b(t) \right]^i \tag{2-37}$$

其中，D 是 AR 模型阶数；α_i 是 AR 模型参数。

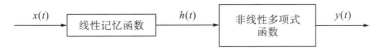

图 2-7　线性记忆 PA Wiener 模型

从上述分析可以看出，由于通信发射机构成复杂，其组成的每一个射频器件都会产生线性或非线性特征，各个器件的特征又互相影响、相互交织，射频指纹技术的关键是如何从射频器件中提取出有效的指纹。

2.3　射频指纹特征提取基本方法

2.3.1　基于瞬态信号的射频指纹提取方法

基于瞬态信号的射频指纹特征提取方法主要是通过分析发射机切换状态(如开机或关机等)时产生的瞬间信号来提取设备的信号特征。由于此时设备功率从零达到额定功率，瞬间信号只与设备的硬件组织结构和生产工艺有关，没有承载任何传输的调制信号内容，具有内容无关性，能够表征发射机射频特征，所以在射频指纹早期的特征提取工程常常使用瞬态信号作为研究对象，以下是主流的瞬态信号射频指纹提取方法。

1. 小波变换

小波变换是一种信号变换分析方法，借鉴了短时傅里叶变换(short-time Fourier transform，STFT)中时频局部变换的思想，但是又不同于 STFT 中固定的窗函数。小波变换在信号高频处以频率分辨率为代价换取时间维度的细分，而对于低频处信号，可以实现时域的高分辨率细分。Choe 等[16]通过分析发射设备产生的瞬态信号，针对接收机截获的非合作无线辐射源信号，于 1995 年提出了利用小波变换特征以及神经网络的信号自识别方法。他们通过 daubechies-4(DB4)小波分析方法来预处理未知发射机产生的瞬态信号，提取有效的信号表征，然后使用已知信号和选定小波变换特征数据集上训练的人工神经网络，对提取的未知信号的特征进行分类和识别。Hippenstiel 和 Payal[17]提出将发射机产生的信号通过小波分解后得到信号能量幅度和小波极值相对位置等特征，可以用于识别发射

机，但该算法对信噪比敏感，在实际电磁环境下难以实现。Toonstra 和 Kinsner[18]通过多分辨率小波分析来表征瞬态信号中包含的特征，然后使用遗传算法提取代表瞬态信号关键特征的小波系数，再利用反向传播神经网络进行分类，实现了较好的识别准确率。小波分析以多尺度分解来表征发射机瞬态信号的特征，在提高识别精度的同时也增加了信号的冗余度和计算复杂度。Serinken 和 Ureten[19]提出利用通信辐射源个体通过小波分解后的信号得到的时间频率信息，对不同辐射源个体进行识别，但该算法所需求的信噪比极高，在实际环境中不可用。Ureten 和 Serinken[20]通过对信号进行多尺度和多分辨分析，在时频域有较好的分辨率，实现了较好的分类效果。小波分析通过增加分解层数使通信辐射源个体特征体现出来，但也增加了提取特征时的信号冗余度和计算量。

2. 时频分析

时频联合域分析是分析时变非平稳信号主要的方法。瞬态信号分析常用谱分析的算法来提取信号的瞬时幅度和相位。Bihl 等[21]使用射频指纹技术识别来自相同制造商相同型号的 10 个特高频(ultra high frequency，UHF)传感器设备。每个设备都有一个指纹特征轮廓，包括瞬态长度、振幅方差、载波信号的峰值数量、瞬态功率的归一化平均值和归一化最大值之间的差值以及离散小波变换(discrete wavelet transformation，DWT)系数。Gillespie 等[22]构造二次时间/频率核函数并成功运用到射频信号特征抽取上。根据模拟研究表明，其算法性能接近贝叶斯最优分类器。对瞬态信号的时频域分析中，Hilbert 变换常用来提取信号的瞬时幅度和相位。此外，Gillespie 构造了最佳核函数，使类间距最大化，成功将时频分析运用到个体识别中，取得了不错的识别效果，但其自适应能力极差。文献[23]对瞬态信号收发的整个模型进行非线性描述，并采用信号的幅度和相位畸变等特征来识别不同发射机，但实际应用中，其过程复杂度极高，难以用非线性模型建立。

3. 分形几何

分形几何以非整数维形式几何形态为研究对象，分形维数可以解释为物体的"弯曲程度"(或粗糙度、破碎度和不规则度)。Sun 等[24]提出使用射频信号的分形维数、信息维数和相关维数作为瞬态信号的指纹特征，实验中使用的瞬态信号属于三种不同的无线电发射机模型，每个模型有 40 个瞬态记录。实验结果表明，多重分形分析通过将原始时间信号转换到分形维数域，提供了良好的表征和特征提取能力。此外，Hall 等[25]讨论了通过射频信号相位方差获取分形维数轨迹作为指纹特征的新算法，同时使用贝叶斯阶跃变化检测器，对信号的幅度特性进行瞬态检测；使用不同设备发出的蓝牙信号进行验证，识别准确率为 85%～90%。分形几何是近现代新兴的几何理论，针对复杂图形。2015 年，Reising 等[26]首次提取了通信信号中的信息维和相关维作为指纹信息，对不同发射机设备进行识别，并取得了一定的识别效果。分形特征缺乏对瞬态信号时变特征的描述，即时变特征明显不同的信号可能具有相同的分形复杂度，这对于指纹识别来说，会出现部分误判的现象，降低识别率。同时不同分形维数计算方法不同，导致其识别率也不一致。分形特征不仅能对混沌信号进行描述，同样也能对频谱等其他域信号进行分形，因此除了瞬态信号，稳态信号中也有不少关于分形理论的研究。

值得注意的是，基于瞬态信号的射频指纹识别技术对识别仪器的精度要求极高，其接收信号能量弱，从接收信号中截取瞬态信号也是瞬态信号识别技术的难点。常见瞬态信号的射频指纹还包括信号持续时间、瞬态谱等。瞬态信号持续时间极短，此外，信道环境(如噪声、温度等)对瞬态信号的影响极大，因此对实际研究造成极大的干扰。基于瞬态的射频指纹提取只有在准确提取瞬态(确切的起点和终点)时才能在识别准确率上表现优异。如果缺乏对瞬态的准确提取，则判别器难以区分同一制造商的设备的特征。再者，良好的瞬态提取需要非常高的采样率，因此需要价格昂贵的接收器设备。由于非平稳特性，分离瞬态信号和检测通道噪声的起点非常困难，所以合格的瞬态信号样本数量往往非常少。

2.3.2　基于稳态信号的射频指纹提取方法

除了起始部分和结束部分少量瞬态信号，射频信号中的主体还是稳态信号。在稳态信号部分，发射机在整个工作过程中基本处于额定电压的稳定状态。稳态信号中包含了前导码和数据信息，这两部分很容易从接收到的信号中分离出来，同时也可以用于设备指纹特征的提取。因此，稳态信号有足够的样点用于指纹特征提取，现在主流的射频指纹提取方法基本转向了稳态信号指纹。以下是主流的稳态信号的射频指纹提取方法。

1. 功放器非线性

由于绝大部分的发射器中都存在功率放大器等非线性器件，所以射频信号中往往会出现非线性特征。这些特征一般具有唯一性，可以作为稳态信号指纹识别的一种研究方向。Carroll[27]提出可以基于非线性动力学思想，对接收信号的相空间进行分析，以此来确定信号中的非线性特征来源于哪一个发射端的 PA 中，相空间重构分析方法可用于区分由相同或相似信号驱动的弱非线性放大器。实验结果表明，随着信号非线性程度的增加，识别不同放大器的能力也随之提高。相位空间差分法的缺点是被比较的信号必须在相位空间中保持接近，因此 PA 必须由相同或相似的信号驱动。

2. 同相/正交(I/Q)不平衡

I/Q 不平衡是直接下变频射频接收机中出现的现象，基带数字信号到射频模拟信号的变换过程中会对射频信号产生特有影响，因而可以基于这些信号特征实现无线设备个体身份识别。Brik 等[28]提出了一种被动辐射测量设备识别系统，该系统使用调制信号的五个特定特征来识别个体设备，这五个特征分别是：频率误差、同步相关、I/Q 偏移以及物理层的幅度和相位误差。试验结果表明，所选取的特征具有非常好的鲁棒性，受环境因素影响较小。Hao 等[29]提出了一种基于设备的 I/Q 不平衡中继系统认证方案，仿真实验结果也显示该方案对系统识别性能有很大的提升。

3. 基于高阶矩和高阶谱

针对雷达辐射源的识别，王宏伟等[30]提出了一种基于信号包络高阶矩的特征提取方法，具体来说就是利用雷达辐射源的脉冲包络前沿波形高阶矩作为稳态信号的特征。该方法有效克服了常规的包络识别方法在实际应用中识别率低的缺陷,具体地说,由于包络高阶矩特征对高斯噪声不敏感,所以该算法可以提高辐射源个体特征参数识别的有效性。Williams 等[31]提出了以振幅、相位和频率为信号特性的统计量,使用相应的特征序列,统计指纹特征生成为特定信号区域内的标准偏差、方差、偏度和峰度,以此获得较好的识别性能。徐书华[32]提出通过正交分量重构直接在时域提取信号包络的算法,在信号包络的基础上计算信号的分形维数和 Lempel-Ziv 等复杂度特征,从而得到稳态信号的包络寄生调制特征,同时,利用个体信号的希尔伯特边缘谱的对称性特征和希尔伯特黄变换的时频分布灰度图提取的特征进行辐射源识别。实验证明,包络寄生调制特征和时频分布灰度图提取特征对发射器个体具有较好的识别性能。

总之,由于稳态信号在发射机中工作持续时间长,产生的数据量大,所以可以获得更多的特征信息。此外,相比于瞬态信号需要高采样率的昂贵设备和苛刻的采集要求,稳态信号更容易展开研究。

2.4 基于机器学习的射频识别算法

除合理地选取射频指纹外,分类识别是射频指纹识别技术的最后一步,合理地选取分类器,能有效地提高分类识别的准确率。2018 年以前,射频指纹识别的研究主要集中在机器学习算法,如朴素贝叶斯、k 最近邻(k-nearest neighbor,KNN)、支持向量机(support vector machine,SVM)和决策树等传统的机器学习算法,通过学习设备已知射频指纹特征来识别每个移动设备的身份标识。随着人工智能的飞速崛起,神经网络也得到越来越多的认可,并在分类中频繁使用。

朴素贝叶斯模型以每一个类别的特征向量服从正态分布为基础,是最简单的监督学习分类器,也被称为概率分类器。假设整个分布函数为一个高斯分布,其中每一类都包含一组对应的系数。训练数据一旦确定,朴素贝叶斯算法就会计算出每一个类别的向量均值和方差矩阵,并根据其均值和方差矩阵进行判定。该模型在数据量少时会比一些复杂的模型获得更好的性能,但特征向量必须服从正态分布。

KNN 算法通过计算每一个样本周围 k 个最近邻的加权和,然后把新样本标记为在 k 近邻点频率最高的类。KNN 算法根据给定的输入搜索最近的特征向量,因此也被称作"基于样本的学习"。KNN 算法能对 k 个对象中占有的类别进行分类判决,不局限于单一对象。

SVM 是一种基于核函数映射向量的算法。首先,通过所选取的核函数将特征向量映射到不同的高维空间;然后,利用函数最优解的方法建立一个高维空间;最后,通过高维空间的最优超平面完成对不同特征向量的识别。其中,最优解是不同待分类的特征中距离分割面最近或者最远的特征向量,也被称为"支持向量"。一般来说,SVM 对于数据集合的大小要求较低,在数据集合比较小的时候反而能体现出比其他分类器更好的分类效果。一些研究使用多核的 SVM 算法来识别移动设备,包括 Platt 的序列最小最优化(sequential minimal optimization,SMO)算法、多核算法、Pearson-Ⅶ通用核(PuK)算法[33]。

通常，PuK 算法在射频指纹识别中更为有效，获得了较高的识别性能，并大大减少了计算时间。

决策树是一个二叉树，从根节点递归构造。当一个节点所代表的属性无法判断时，则将这一节点分成 2 个子节点；选择合适的阈值使得分类错误率最小。当树的深度达到指定值或者训练样本数小于指定值时，算法停止。决策树计算简单，易于理解，适用于不同的数据类型，能处理不相关的特征。然而由于其单一的分类决策模型，忽略了数据间的相关性，容易导致分类规则复杂、局部最优解以及过拟合等问题。

袋装树(Bagged Tree)作为一种增强型的决策树，随机有放回地选择训练数据，是一种基于自助采样的并行式集成学习算法。从 N 个训练集中随机选取 N 次构成一个新的训练集，这样就可以基于一份训练数据形成任意多份新的训练集，每一份训练集也有很高的重复率。袋装树通过这种方式能有效降低基分类器的能力。

神经网络能够通过大量的数据训练出可识别已有指纹的模型，并将预测标签与指纹库对比，对用户进行识别认证。与传统机器学习不同，神经网络减少了人工对数据特征的处理，实现了智能化处理，但依赖于大量的数据。Patel 等[34]将非参数随机森林(random forest，RndF)和多类 AdaBoost(multi-class AdaBoost，MCA)两种稳健的集成学习分类器相结合，使输入数据不需要基于假设或已知的输入数据分布也可以进行射频指纹识别。王培[35]将 KNN 算法用于识别射频指纹特征，表现出了较好的识别能力。在传统的机器学习识别技术中，保证识别准确率的关键是从射频指纹中选择合适的信号特征，这个阶段的研究重点在于信号的专家特征，即如何提取合适的特征作为代表设备的射频指纹。

表 2-1 分别对以上分类器的复杂度、数据敏感度、适用条件和识别率做了简单总结。由于实验环境限制，本书采用了袋装树、KNN 和 SVM 三种不同的分类器。

表 2-1　不同分类器性能总结

分类器	复杂度	数据敏感度	适用条件	识别率
朴素贝叶斯	低	低	先验信息	低
KNN	一般	高	运算复杂	高
SVM	一般	高	运算复杂	高
决策树	低	高	数据不相关	高
神经网络	高	低	大量数据且运算复杂	高

2.5　基于深度学习的射频指纹识别

2018 年以后，在射频指纹识别领域应用深度学习的研究逐渐出现。Sankhe 等[36]建议使用 2 层 CNN 训练来自 16 个 X310 USRP SDRs 的射频指纹数据。Wu 等[37]利用带校正线性单元的 DNN 来运行 12 个 Ettus USRP N210 的射频指纹识别训练模型，同时还提出了一种基于增量学习的神经网络对数据进行多阶段训练，并利用新的数据对学习模型进行修正，以加快训练过程。Yu 等[38]提出了一种多采样卷积神经网络(multi-scale convolutional neural network，MSCNN)，从选定的兴趣区域中提取射频指纹以对 ZigBee

设备进行分类，在预设的实验环境中，分类精度高达 97%。他们同时提出了一种基于通用去噪自动编码器(denoising autoencoder，DAE)的模型来进行射频指纹的识别，同样获得了较好的识别精度[39]。

2.5.1　深度学习相关理论

近年来，除了在模式识别领域的发展，深度学习越来越多地参与到各个领域中，并得到了成功的应用。随着深度学习的发展，射频指纹识别技术也由原先的人工提取特征的方式逐渐演化到使用深度学习来进行射频指纹的自动提取与识别，并取得了不错的效果。本节将简要介绍一些深度学习技术。

DNN 作为深度学习中首先被提出的网络具有很强的代表意义，它可以被认为是有很多隐含层的神经网络。全连接的结构是 DNN 最明显的特征，如图 2-8 所示。

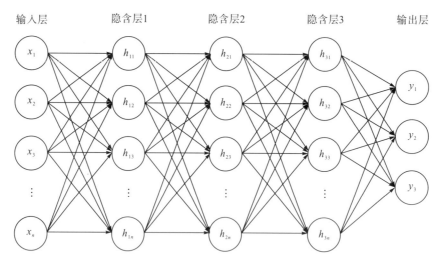

图 2-8　DNN 模型结构示意图

DNN 通过前向反馈算法使用输入向量 X、权重矩阵 W 以及偏置向量 b 来进行每一层中神经元数值的计算。在反向传播算法中，通过损失函数来计算当前权重矩阵 W 以及偏置向量 b 在训练样本 X 上的损失，然后根据损失函数求得最小化的极值，进而更新权重矩阵 W 和偏置向量 b 的数值。这种方法一般是通过梯度下降来达到的，通过逐步优化迭代完成模型的训练。

从数学的角度来看，随着隐含层的增加，会有更多的隐含层节点参与到训练中，进而可以学习到更多的数据特征。但是在实际应用过程中，深度神经网络的各个隐含层之间采用全连接的方式会导致网络的前馈计算耗费大量的时间，浪费一定的计算资源，庞大的权重矩阵和中间结果也会耗费掉大量的内存空间。同时，DNN 的模型结构比较简单，对于数据特征的表征和学习具有一定的局限性，不能很好地应对模型的泛化要求。

2.5.2　卷积神经网络

CNN 是深度学习中极为经典的神经网络，在多个领域得到了广泛的应用与研究[40-42]。如在计算机视觉(computer vision，CV)领域，CNN 在人脸识别、目标检测、图像处理等方向都取得了很大的进展。同时 CNN 也逐渐拓展到了其他领域，在自然语言处理(natural language processing，NLP)、语音识别方向也取得了很好的效果。如图2-9所示，CNN 主要由输入层、卷积层、池化层、全连接层和输出层组成，通过将这些层堆叠起来，就可以构建出不同的卷积神经网络。在实际的应用中，一般将卷积层和整流线性单元(rectified linear unit，ReLU)层共同称为卷积层，因此卷积层在完成卷积操作之后，也要经过激活函数。CNN 的主要思想是通过多层卷积操作，可以得到输入数据的多层表示，进而获得不同层次上的特征信息。

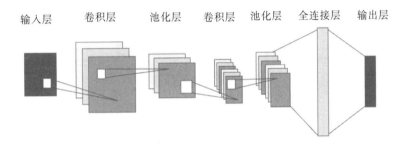

图 2-9　CNN 模型结构示意图

卷积层和池化层是 CNN 结构的核心部分，卷积层作为 CNN 的核心层，产生了网络中大部分的计算量。卷积层的参数是由一些可被学习的滤波器组成的，网络让滤波器学习到某些特别的特征，如在 CV 方向上可能是某些边界，或者某些颜色的斑点甚至鼻子眉毛等图案。其中最重要的两个特点是：局部连接和权值共享。

参考 DNN 来看，让隐含层的每一个神经元与前一层中的所有神经元节点进行全连接是不现实的，CNN 中则通过让隐含层的神经元只与前一层的局部区域进行全连接。这个局部连接的区域被称为神经元的感受野，其大小是一个超参数，在深度方向上，连接的大小与前一层的深度相等。CNN 中一般使用多个滤波器学习到不同类别的特征。采用局部连接的方式可以获得输入数据的局部空间相关性，进而得到数据的局部特征。另外，如果每一个滤波器都采用的是不同的权重值，那么网络中的参数量将是巨大的。权值共享基于一个合理的假设：如果一个特征在某个空间位置上有用，那么其在另一个不同位置上也有用。基于这个假设，可以显著减少参数量。在网络的反向传播阶段，都需要计算每个神经元对其权重的梯度，但是需要把深度切片上所有的神经元对权重的梯度进行累积，这样就可以得到对共享权重的梯度。在二维卷积计算过程中，对卷积核的长度、高度没有加以限制，一般情况下输入数据都是 $M×N$ 的矩阵，其计算公式为

$$a_{i,j} = f\left(\sum_{m=1}^{M} \sum_{n=1}^{N} W_{m,n} x_{i+m,j+n} + W_b \right) \tag{2-38}$$

式中，$a_{i,j}$ 表示经过卷积操作后 (i, j) 位置上的值；f 表示激活函数，一般为 ReLU 函数；$W_{m,n}$ 表示卷积核中的权重矩阵；$x_{i+m,j+n}$ 表示上一层神经元中 (i, j) 位置上的元素；W_b 表示偏置向量。计算过程采用从左至右、从上至下的方式进行求和。在射频指纹处理过程中，一般将射频信号处理成 $M \times 2$ 的矩阵，然后进行卷积运算。此外，一维卷积也是常用的卷积方式，和二维卷积不同的是，卷积核的长度不再随意设置，需要和输入数据的维度保持一致，并且采用从上到下的运算过程，如式(2-39)所示。

$$a_i = f\left(W \cdot x_{i:j+h-1} + W_b\right) \tag{2-39}$$

式中，$x_{i:j+h-1}$ 为 $x_i, x_{i+1}, \cdots, x_{i+h-1}$ 的连接；W 为卷积核矩阵。二维卷积过程和一维卷积过程分别如图 2-10 和图 2-11 所示。

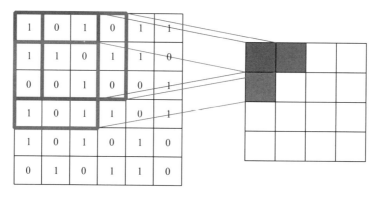

图 2-10   二维卷积过程

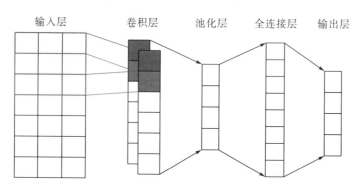

图 2-11   一维卷积过程

2.5.3   注意力机制

注意力(attention)机制是深度学习技术发展的又一个关键性里程碑，已经在 CV、NLP、语音识别等多个领域得到研究与应用，并取得了优异的效果[43]。在注意力机制出现之前，CNN 和 RNN[34]在各个领域得到了充分的研究，并衍生出了一系列新的网络模型，如 ResNet、LSTM[44]等。注意力机制的提出，主要源于两个方面的考虑：一方面，受计算机算力的限制，网络模型若想记住很多的信息，就会变得极为复杂，现在的计算能力难以应对极深的网络模型的计算；另一方面，RNN 类的网络模型，如 LSTM、GRU 等只能在一定程度上缓解 RNN 中的长距离信息消失的问题，且模型对信息的记忆能力并不高。注意力机制参考人类大脑的注意力行为，当信息发生过载时，只将注意力放在主要的信息上。例如，当看到一句话时，大脑也会首先记住重要的词汇，因此注意力机制首先在 NLP 领域得到了广泛的应用。

从本质上看，注意力机制是从大量信息中筛选出部分有用的重要信息，并将模型聚焦到这些重要的信息上，忽略其他不重要的信息。权重代表了信息的重要性，权重越大，模型也将越聚焦于对应的信息上。图 2-12 展示了注意力机制的具体计算过程，可以将其归纳为两个阶段：第一个阶段是通过 Query 和 Key 计算权重系数，先计算 Query 和 Key 之间的相关性，再对计算之后的分值进行归一化处理；第二个阶段是用权重系数对 Value 进行加权求和。

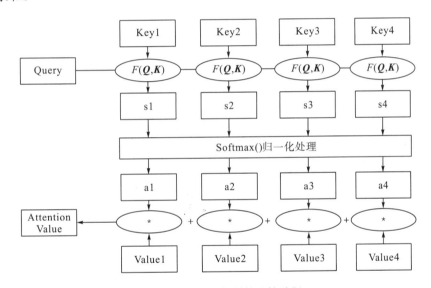

图 2-12　注意力机制的计算过程

自注意力(self-attention)机制是注意力机制中常用的一种模式，其中 Query、Key、Value 三个矩阵均来自同一输入向量。首先会计算 $\boldsymbol{Q}$ 与 $\boldsymbol{K}$ 之间的点积，然后会对结果除以一个标度 $\sqrt{d_k}$ ，其中 $\sqrt{d_k}$ 是一个 Query 和 Key 向量的维度，这个操作的目的在于防止结果扩大；然后对结果利用 Softmax 进行归一化处理；最后乘以 Value 矩阵 $\boldsymbol{V}$ 就可以得到权重求和的结果。计算公式可以表示为

$$\text{Attention}(\boldsymbol{Q},\boldsymbol{K},\boldsymbol{V}) = \text{Softmax}\left(\frac{\boldsymbol{Q} \cdot \boldsymbol{K}^{\text{T}}}{\sqrt{d_k}}\right)\boldsymbol{V} \tag{2-40}$$

自注意力机制可以看作在一个线性空间中寻找输入矩阵 $\boldsymbol{X}$ 中不同向量之间关系的方法，目的是提取更多的交互信息。多头注意力(multi-head attention)机制是对自注意力机制的拓展，对于输入矩阵 $\boldsymbol{X}$，假设使用的"头"(head)的数量为 n，多头注意力机制会将输入矩阵 $\boldsymbol{X}$ 划分为 n 个独立的向量，每个向量都应用自注意力计算注意力权重，完成之后

再进行合并，进而捕捉到多个不同的投影空间中的交互信息。自注意力机制在计算注意力权重时，只依赖了 Query 和 Key 之间的相关性，忽略了输入信息的位置特征，因此在单独使用的时候一般需要加入位置编码对模型进行修正。

2.5.4 模型压缩

随着深度学习的深入研究，出现了越来越多强大的网络模型，通过复杂的网络设计以达到更高的性能和表征能力。复杂的网络模型虽然拥有更高的性能指标，但是也面临着巨大的存储需求以及计算资源消耗，使其难以进行大规模的应用。深度学习中的模型加速与压缩给复杂模型的应用部署提供了可能，通常从加速网络结构设计、量化加速以及模型裁剪与稀疏化三个方向进行研究。

得益于卷积神经网络在众多领域中的出色表现，科研人员对卷积神经网络进行了大理的研究，其中就包括对卷积神经网络的加速设计。加速卷积神经网络计算一般有两种常用的方式，一种是分组卷积，另一种是分解卷积。分组卷积是将上一层输出的特征集合分成不同的组，然后对每个组使用不同的卷积核进行卷积操作，而普通的卷积是对所有的特征集合使用同一个卷积核进行卷积操作。随着分组数量 K 的增加，卷积操作所带米的参数量和计算量也会相应地减少。分组卷积也存在一个问题，其输出的特征集合中只考虑了输入样本的部分特征，减少了不同分组之间特征的交互，因此在使用完分组卷积之后，一般要使用其他策略来完成不同组之间的特征融合。文献[45]和文献[46]提出了一种应用在移动端的深度卷积神经网络 MobileNet，其将具有 N 个通道的特征图输入分成 N 个组，每组使用不同的卷积核进行卷积，然后对分组卷积之后的结果使用一个 1×1 的卷积核实现不同通道之间的特征交互。文献[47]同样针对移动端设计了一个新的卷积神经网络——ShuffleNet，与 MobileNet 不同的是，其并没有在分组卷积后使用 1×1 的卷积核，而是通过对输出的特征图进行混洗组合，从而在输入到下一层时，可以获得不同组之间的交互信息。分解卷积的思想是，将普通的 $k×k$ 卷积分解为 $k×1$ 卷积和 $1×k$ 卷积，以此达到在感受野相同的时候大量减少参数量和计算量，理论上可以通过使用 $2k$ 个参数达到 k^2 个参数参与计算的效果。ShuffleNet 中的分组卷积和通道混洗方式如图 2-13 所示。文献[48]提出的 ERFNet 模型中的无瓶颈(NonBottleNeck)结构就采用了分解卷积替换标准卷积的方式，减少了一定的参数和计算量，加快了网络的计算速度。

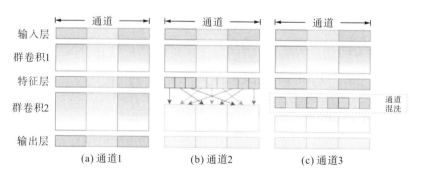

图 2-13 ShuffleNet 中的分解卷积和通道混洗方式[42]

　　结构复杂的神经网络虽然具有较好的性能，但是也存在参数冗余的情况，因此可以将训练好的网络中的一些不重要的参数进行裁剪，以减小模型尺寸。通过剪枝操作可以减少网络中的参数量，使网络变得稀疏。同样地，剪枝操作将不可避免地对网络进行破坏，造成网络性能的下降。在实际应用中，有时会通过调整优化函数，引导网络去尽可能地利用参数，减少接近于 0 的参数量。此外，核的稀疏化也是常用的一种裁剪方式，通过在训练的过程中对权重的更新加以正则项进行引导，使其更加稀疏。文献[49]提出了一种结构化稀疏学习(structured sparsity learning)的方式，能够构建一个稀疏的网络来降低计算量，使其能够有效地在硬件上实现加速的效果。文献[50]提出了一种动态裁剪的方法，首先通过剪枝(pruning)对模型中认为不重要的参数进行裁剪，但是在很多情况下往往无法直接判断哪些参数是重要的，因此其还包含一个剪接(splicing)的过程，将重要的参数进行恢复。通过引入 splicing 操作，避免了因错误剪枝造成的性能损失。

　　模型量化一般是通过将浮点型的运算量化成定点的整数运算来达到加快模型计算的目的。模型量化分为后训练量化和感知训练量化两种方式，区别在于后训练量化是在模型训练完成之后再进行量化，感知训练量化是在模型训练过程中完成模型的量化操作。目前大多主流深度学习训练框架都使用了后训练量化的方式。模型量化主要包括几种分类：二值权重网络、二值神经网络、三值权重网络、量化神经网络等。量化比特位数的下降，也会给模型的精度带来损失，因此寻找压缩比例和模型精度的平衡点也是需要考虑的因素。

2.6　基于联邦学习的射频指纹识别

　　联邦学习的主要思想是在避免数据泄露的前提下，将分布在多个设备上的数据进行协同训练，构建学习模型。联邦学习已经在多个领域进行了丰富的实践与应用，尤其是在金融领域的反欺诈等业务中展现出了出色的效果。本节主要对联邦学习的训练过程、经典算法以及影响联邦学习通信效率的因素进行简要的介绍。

　　联邦学习的参与者都各自拥有一份数据，由于数据不能共享，因此模型的训练过程不在数据中心而是在参与者自己的设备上。联邦学习的协同训练面临着一个训练参数协调的问题，目前主要有两种解决方案：一种方式是引入第三方协调节点，类似客户端-服务器架构，参数协调程序放在服务器端运行，每个参与联邦学习的节点为客户端；另外一种方式是对等网络(peer-to-peer，P2P)架构，这种方式不需要引入第三方的协调节点，各个联邦学习的参与者之间直接进行交互，这种方式规避了第三方的接入，安全性大大提高。但是这种方式需要参与节点执行更多的加解密过程，对参与者的算力有一定的要求，因此相关研究不多。

　　联邦学习训练所使用的数据来自不同的数据持有方，因此其数据的特征分布有可能带有很大的差异。联邦学习根据数据特征的分布特点分为两种：横向联邦和纵向联邦。横向联邦主要来源于数据的"横向划分"，多个参与者之间的数据特征分布极为相似，只是训练样本数据的不同，也称为特征对齐的联邦学习。通过横向联邦可以使数据样本的总数量增加，辅助模型训练更加准确。纵向联邦倾向于各个参与者之间样本识别码(identifier，ID)重叠较多、特征重叠较少的情况。对多个联邦参与者共同样本的不同特征进行联邦学习，使得训练样本的特征维度增多，也称为样本对齐的联邦学习。图 2-14 展示了横向联邦和纵向联邦的区别。

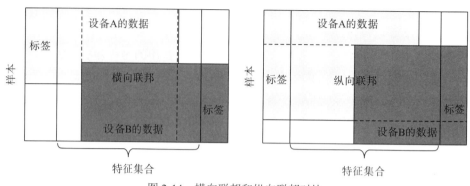

图 2-14　横向联邦和纵向联邦对比

2.6.1　联邦学习的学习过程

目前主流的协调框架大多采用客户端-服务器模式，联邦学习的参与节点在本地使用自己的数据进行模型的训练，每个轮次对权重更新进行加密之后传输到服务器中，服务器根据具体的策略来更新参数，然后将新的参数下发到各个参与节点进行下一轮次的训练，重复此过程，直到模型收敛为止。这种架构的参与方分为数据持有方和中心服务器，数据持有方因为数据规模的局限性，难以进行大规模的数据训练，无法得到十分准确的模型，另外，由于相关政策对数据隐私的要求，各个数据持有方无法直接进行数据的合并，因此只能将模型的训练放在本地服务器中。中心服务器不涉及具体模型的训练过程，只是提供第三方的协调训练服务，包括模型的下发、收集、汇聚等工作。一般的工作流程如下。

（1）初始化阶段。需要模型训练的参与方将训练请求发送至中心服务器，中心服务器发布此任务并开始等待数据持有方的参与。在达到预定的参与方数量的阈值之后，各个参与者之间达成训练意向，开始进入训练阶段。中心服务器完成模型参数的初始化并下发给训练的参与方。

（2）本地计算阶段。数据持有方在得到中心服务器和中心参数服务器下发的初始参数之后，在本地使用持有的数据进行模型的训练。本地模型训练完成规定的轮次之后，将参数发送给中心服务器，这个阶段不会将数据转移出本地，保证对数据隐私保护的需要。

（3）中心聚集阶段。中心参数服务器收到训练参与方上传的模型参数之后，会根据参与方所持有的数据规模、数据质量给不同的参与方赋予一定的权重，根据参与方本身的权重与其上传的参数更新进行汇聚处理。同时，在这个阶段，允许在收集过程中发生一定的丢失，从而避免因为等待某些数据而造成学习效率的下降。此外，考虑到中心服务器涉及的安全问题，避免中心服务器利用参数更新的数据对用户数据进行推断，有研究表明可以对参与者上传的参数更新进行掩码处理，在中心聚集的过程中掩码将相互抵消。

（4）参数下发阶段。中心参数服务器在完成参数的中心聚集之后，会将新的参数再次下发到模型训练的参与方。参与方在本地更新参数之后，重复步骤（2）～（4），直到模型收敛或者满足性能的要求。

2.6.2 联邦学习的经典算法

联邦平均(federated averaging,FedAvg)算法是联邦学习领域最经典的算法[51]。FedAvg 算法是在联邦学习训练过程中进行迭代更新模型的算法,同时针对非独立同分布 (non-independently identically distribution,Non-IID)和不均衡的数据也能表现出很好的鲁棒性。该算法分为两个部分:一部分是运行本地随机梯度下降(local stochastic gradient descent,LSGD)的训练参与节点;另一部分是运行模型平均算法的中心服务器。

FedAvg 算法在每轮计算中不会选择全部的节点进行参与,只计算参与本轮次训练的节点所有数据的梯度损失,具体参与运算的节点比例参数 C 是可控的。当 C 为 1 时,所有联邦学习节点都将参与到本轮的计算中,这种情况被称为全批量的梯度下降,也称为联邦随机梯度下降(federated stochastic gradient descent,FedSGD)。将 C 设置为 1,同时学习率 η 是个固定的值,每个节点 k 在本地按式(2-41)进行梯度计算。

$$g_k = \nabla F_k(w_t) \tag{2-41}$$

式中,w_t 表示当前模型的权重参数;g_k 表示节点 k 在本地数据上计算出的对于 w_t 的平均梯度。节点 k 将该梯度上传至中心参数服务器,中心服务器在收到所有参与计算的节点梯度更新后,按照式(2-42)进行加权平均。

$$w_{t+1} = w_t - \eta \sum_{k=1}^{K} \frac{n_k}{n} g_k \tag{2-42}$$

式中,n_k 表示节点上的数据点索引量数目;n 表示节点上的数据点索引量总数。

还有一种与之相似的方案,在参与节点与中心参数服务器中间传输的不再是梯度的更新,而是传输的权重矩阵,二者的结果是等价的。相较于前者,这个策略可以在上传权重之前,在参与端多运行几次梯度下降计算。

该算法的思路就是联邦学习的每个参与节点都利用本地数据进行一次梯度下降计算,然后中心参数服务器对参与节点的运算结果进行加权平均。整个训练过程受到三个参数的影响:C 为每轮参与计算的训练节点的比例;E 为每轮每个参与者需要在本地数据上进行梯度下降计算的次数;B 为在参与节点上运行算法时,每轮要参与训练的最小批次的大小。FedAvg 算法是联邦学习领域具有奠基性的算法,证明了联邦学习的可操作性,在比较成熟的模型上能明显减少通信轮次,该算法是真实可行的。

2.6.3 联邦学习的数据分布

通常情况下,深度学习基于一个特定的假设,即参与模型训练的数据是独立同分布 (independently identically distribution,IID)的,但是在联邦学习中,这种对数据的要求很难得到保证。联邦学习中各个参与方之间的数据更多是 Non-IID 的,联邦学习中数据 Non-IID 的情况更多指的是非独立同分布的情况。造成这种情况的原因主要是每个数据的持有方在获取数据时可能对应各自不同类别的特定用户或者某个特定区域或时间的数据,此外,每个数据的持有方在收集数据时也有不同的侧重。

已经有众多的学者针对联邦学习中的 Non-IID 的情况进行了研究。例如,文献[52]提出了一种数据分享策略,对 FedAvg 算法在面对分布极度不均的情况下精度下降明显的问题进行了优化。该方法提出使用权重偏差对不同参与方的数据进行分布距离的测量。该策略的核心思想是选取一部分数据作为所有参与方的公共数据,以此来降低多个参与节点之间的分布差异,以达到缓解 Non-IID 的情况。但是由于联邦学习对隐私保护的要求,寻找训练参与方的公共样本部分变得比较困难。

2.7　本 章 小 结

本章首先介绍了射频指纹相关的知识,包括射频指纹的产生机理、基本特点;然后对射频指纹识别分类方法,如机器学习、深度学习相关理论进行了简单的介绍,包括涉及的卷积神经网络、注意力机制等;最后对联邦学习的知识进行了简单的阐述,对联邦学习的训练过程、FedAvg 算法以及通信优化的常见方案进行了介绍。

参 考 文 献

[1] 俞佳宝, 胡爱群, 朱长明, 等. 无线通信设备的射频指纹提取与识别方法[J]. 密码学报, 2016, 3(5): 433-446.

[2] 袁红林, 胡爱群. 射频指纹的产生机理与惟一性[J]. 东南大学学报(自然科学版), 2009, 39(2): 230-233.

[3] 贾永强. 通信辐射源个体识别技术研究[D]. 成都: 电子科技大学, 2017: 29-38.

[4] Danev B, Capkun S. Transient-based identification of wireless sensor nodes[C]//IEEE International Conference on Information Processing in Sensor Networks, 2009: 25-36.

[5] 徐书华. 基于信号指纹的通信辐射源个体识别技术研究[D]. 武汉: 华中科技大学, 2007: 90-113.

[6] Polak A C, Dolatshahi S, Goeckel D L. Identifying wireless users via transmitter imperfections[J]. IEEE Journal of Selected Areas in Communications, 2011, 29(7): 1469-1479.

[7] Wang W, Sun Z, Ren K, et al. User capacity of wireless physical-layer identification[J]. IEEE Access, 2017, 5: 3353-3368.

[8] Liu R, Li Y, Chen H, et al. EVM estimation by analyzing transmitter imperfections mathematically and graphically[J]. Analog Integrated Circuits & Signal Processing, 2006, 48(3): 257-262.

[9] Brik V, Banerjee S, Gruteser M, et al. Wireless device identification with radiometric signatures[C]//Proceedings of the 14th Annual International Conference on Mobile Computing and Networking, San Francisco, 2008: 116-127.

[10] Torkkola K. Feature extraction by non-parametric mutual information maximization[J]. Journal of Machine Learning Research, 2003, 3(3): 1415-1438.

[11] 谢光荣. 射频功率放大器的线性化技术研究[D]. 上海: 复旦大学, 2009: 56-67.

[12] Saleh A M. Frequency-independent and frequency-dependent nonlinear models of TWT amplifiers[J]. IEEE Transactions on Communications, 1981, 29(11): 1715-1720.

[13] Rapp C. Effects of HPA-nonlinearity on a 4-DPSK/OFDM-signal for a digital sound broadcasting signal[J]. ESA Special Publication, 1991, 332: 179-184.

[14] Wambacq P, Gielen G E, Kinget P R, et al. Distortion analysis of analog integrated circuits[J]. Kluwer International, 1998, 46(3): 335-345.

[15] Gilabert P, Montoro G, Bertran E. On the Wiener and Hammerstein models for power amplifier predistortion[C]//2005 Asia-Pacific Microwave Conference Proceedings. IEEE, 2005, 2: 4.

[16] Choe H C, Poole C E, Yu A M, et al. Novel identification of intercepted signals from unknown radio transmitters[C]//Wavelet Applications II. Orlando, FL. SPIE, 1995: 504-517.

[17] Hippenstiel R D, Payal Y. Wavelet based transmitter identification[C]//Fourth International Symposium on Signal Processing and Its Applications. August 25-30, 1996, Gold Coast, QLD, Australia. IEEE, 1996: 740-742.

[18] Toonstra J, Kinsner W. Transient analysis and genetic algorithms for classification[C]//IEEE WESCANEX 95. Communications, Power, and Computing. Conference Proceedings. May 15-16, 1995, Winnipeg, MB, Canada. IEEE, 2002: 432-437.

[19] Serinken N, Ureten O. Generalised dimension characterisation of radio transmitter turn-on transients[J]. Electronics Letters, 2000, 36(12): 1064-1066.

[20] Ureten O, Serinken N. Bayesian detection of Wi-Fi transmitter RF fingerprints[J]. Electronics Letters, 2005, 41(6): 373-374.

[21] Bihl T J, Bauer K W, Temple M A. Feature selection for RF fingerprinting with multiple discriminant analysis and using ZigBee device emissions[J]. IEEE Transactions on Information Forensics and Security, 2017, 11(8): 1862-1874.

[22] Gillespie B W, Bradford L, Atlas E. Optimizing time-frequency kernels for classification[J]. IEEE Transactions on Signal Processing, 2001, 49(3): 485-496.

[23] 吴启军. 电台指纹识别算法研究[D]. 西安: 西安电子科技大学, 2010: 33-45.

[24] Sun L, Kinsner W, Serinken N. Characterization and feature extraction of transient signals using multifractal measures[C]//Engineering Solutions for the Next Millennium. 1999 IEEE Canadian Conference on Electrical and Computer Engineering. May 9-12, 1999, Edmonton, AB, Canada. IEEE, 1999: 781-785.

[25] Hall J, Barbeau M, Kranakis E. Detection of transient in radio frequency fingerprinting using signal phase[J]. Wireless and Optical Communication, 2003, 3: 13-18.

[26] Reising D R, Temple M A, Jackson J A. Authorized and rogue device discrimination using dimensionally reduced RF-DNA fingerprints[J]. IEEE Transactions on Information Forensics and Security, 2015, 10(6): 1180-1192.

[27] Carroll T L. A nonlinear dynamics method for signal identification[J]. Chaos An Interdisciplinary Journal of Nonlinear Science, 2007, 17(2): 023109.

[28] Brik V, Banerjee S, Gruteser M, et al. Wireless device identification with radiometric signatures[C]//Proceedings of the 14th ACM International Conference on Mobile Computing and Networking. San Francisco California USA. ACM, 2008: 116-127.

[29] Hao P, Wang X B, Behnad A. Relay authentication by exploiting I/Q imbalance in amplify-and-forward system[C]//2014 IEEE Global Communications Conference. December 8-12, 2014, Austin, TX, USA. IEEE, 2014: 613-618.

[30] 王宏伟, 赵国庆, 王玉军. 基于脉冲包络前沿高阶矩特征的辐射源个体识别[J]. 现代雷达, 2010(10): 5.

[31] Williams M D, Temple M A, Reising D R. Augmenting bit-level network security using physical layer RF-DNA fingerprinting[C]//2010 IEEE Global Telecommunications Conference GLOBECOM 2010. December 6-10, 2010, Miami, FL, USA. IEEE, 2010: 1-6.

[32] 徐书华. 基于信号指纹的通信辐射源个体识别技术研究[D]. 武汉: 华中科技大学, 2007: 90-113.

[33] Huang Y. Radio frequency fingerprint extraction of radio emitter based on I/Q imbalance[J]. Procedia Computer Science, 2017, 107: 472-477.

[34] Patel H J, Temple M, Baldwin R O. Improving ZigBee device network authentication using ensemble decision tree classifiers with radio frequency distinct native attribute fingerprinting[J]. IEEE Transactions on Reliability, 2015, 64(1): 221-233.

[35] 王培. 基于稳态信号的射频指纹算法的研究[D]. 成都: 电子科技大学, 2020.

[36] Sankhe K, Belgiovine M, Zhou F, et al. ORACLE: Optimized Radio clAssification through Convolutional neuraL nEtworks[C]//IEEE INFOCOM 2019 - IEEE Conference on Computer Communications. April 29-May 2, 2019. Paris, France. IEEE, 2019: 370-378.

[37] Wu Q, Feres C, D Kuzmenko, et al. Deep learning based RF fingerprinting for device identification and wireless security[J]. Electronics Letters, 2018, 54(24): 1405-1407.

[38] Yu J, Hu A, Li G, et al. A robust RF fingerprinting approach using multisampling convolutional neural network[J]. IEEE Internet of Things Journal, 2019, 6(4): 6786-6799.

[39] Yu J B, Hu A Q, Zhou F, et al. Radio frequency fingerprint identification based on denoising autoencoders[C]//2019 International Conference on Wireless and Mobile Computing, Networking and Communications (WiMob). October 21-23, 2019. Barcelona, Spain. IEEE, 2019: 1-6.

[40] LeCun Y, Boser B, Denker J S, et al. Backpropagation applied to handwritten zip code recognition[J]. Neural Computation, 1989, 1(4): 541-551.

[41] LeCun Y, Bottou L, Bengio Y, et al. Gradient-based learning applied to document recognition[J]. Proceedings of the IEEE, 1998, 86(11): 2278-2324.

[42] Vaswani A, Shazeer N, Parmar N, et al. Attention is all you need[EB/OL]. (2017-06-12)[2023-09-01]. https://arxiv.org/abs/1706.03762.

[43] He K M, Zhang X Y, Ren S Q, et al. Deep residual learning for image recognition[C]//2016 IEEE Conference on Computer Vision and Pattern Recognition (CVPR). June 27-30, 2016, Las Vegas, NV, USA. IEEE, 2016: 770-778.

[44] Hochreiter S, Schmidhuber J. Long short-term memory[J]. Neural Computation, 1997, 9(8): 1735-1780.

[45] Sandler M, Howard A, Zhu M L, et al. MobileNetV2: Inverted residuals and linear bottlenecks[C]//2018 IEEE/CVF Conference on Computer Vision and Pattern Recognition. June 18-23, 2018, Salt Lake City, UT, USA. IEEE, 2018: 4510-4520.

[46] Howard A, Sandler M, Chen B, et al. Searching for MobileNetV3[C]//2019 IEEE/CVF International Conference on Computer Vision (ICCV). October 27-November 2, 2019. Seoul, Korea (South). IEEE, 2019: 1314-1324.

[47] Zhang X Y, Zhou X Y, Lin M X, et al. ShuffleNet: An extremely efficient convolutional neural network for mobile devices[C]//2018 IEEE/CVF Conference on Computer Vision and Pattern Recognition. June 18-23, 2018, Salt Lake City, UT, USA. IEEE, 2018: 6848-6856.

[48] Romera E, Alvarez J M, Bergasa L M, et al. Erfnet: efficient residual factorized convnet for real-time semantic segmentation[J]. IEEE Transactions on Intelligent Transportation Systems, 2017, 19(1): 263-272.

[49] Wen W, Wu C P, Wang Y D, et al. Learning structured sparsity in deep neural networks[EB/OL]. 2016: 1608.03665. https://arxiv.org/abs/1608.03665v4.

[50] Guo Y, Yao A, Chen Y. Dynamic network surgery for efficient DNNs[EB/OL].(2016-08-16)[2023-09-01]. https://arxiv.org/abs/1608.04493

[51] McMahan H B, Moore E, Ramage D, et al. Communication-efficient learning of deep networks from decentralized data[EB/OL].(2016-02-17)[2023-09-01]. https://arxiv.org/abs/1602.05629v4.

[52] Zhao Y, Li M, Lai L Z, et al. Federated learning with non-IID data[EB/OL]. (2018-05-02)[2023-09-01]. https://arxiv.org/abs/1806.00582v2.

第3章 射频指纹原始数据预处理

射频指纹原始数据预处理的目的是在包含多个载波信号的宽带信号中通过滤波器选取目标信号，以供后续解调、指纹识别等处理。在非合作宽带信号侦收中，在指纹分析之前需要开展信号采集、信道化、多速率处理、滤波器设计，以及快速参数检测等一系列预处理工作。在对抗环境中，与传统信号接收显著的不同在于对目标信号的引导需要快速检测能力，获取带宽、载噪比等基本参数，尤其是在宽带接收中这一问题则更为关键。本章针对信号采样、射频信号数字信道化设计、变速率处理和实时宽带信号检测进行讨论。

3.1 信号采样基本理论

假设被采样的模拟信号为 $x(t)$，频谱为 $X(\omega)$；采样的脉冲序列为 $c_\delta(t)$，频率为 $f_s = 1/T_s$，角频率为 $\omega_s = 2\pi f_s$，频谱为 $C_\delta(\omega)$，δ 为狄拉克函数，则有

$$c_\delta(t) = \sum_{n=-\infty}^{\infty} \delta(t - nT_s) \tag{3-1}$$

$$C_\delta(\omega) = \frac{2\pi}{T_s} \sum_{n=-\infty}^{\infty} \delta(\omega - n\omega_s) \tag{3-2}$$

采样过程为 $x(t)$ 与 $c_\delta(t)$ 相乘的过程，采样后的离散时间信号 $x_s(n)$ 为

$$x_s(nT_s) = x(t)c_\delta(t)\big|_{t=nT_s} \tag{3-3}$$

由频域卷积定理得

$$X_s(\omega) = \frac{1}{2\pi}\big[X(\omega) * C_\delta(\omega)\big] = \frac{1}{T_s} \sum_{n=-\infty}^{\infty} X(\omega - n\omega_s) \tag{3-4}$$

根据式(3-2)可知，采样完成后信号的频谱将会被采样信号频谱周期延拓。若原来信号 $x(t)$ 的频率成分被限制在 $(0, \omega_H)$ 内，那么，采样前后的信号频谱示意图如图3-1所示。

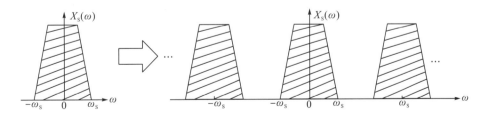

图3-1 采样前后的频谱示意图

从图 3-1 可以看出，如果要防止信号采样前后发生频谱的混叠，那么需要满足 $\omega_s - \omega_H \geqslant \omega_H$，即必须满足

$$\omega_s \geqslant 2\omega_H \text{ 或 } f_s \geqslant 2f_H \tag{3-5}$$

因此，按照式 (3-5) 的条件进行采样后，只需要将采样以后的信号送入一个通带不小于 ω_H 的理想低通滤波器，便可以从中滤出原来的信号 $x(t)$。综上所述，奈奎斯特 (Nyquist) 采样定理的具体内容为：若存在一个频带限制在 $(0, f_H)$ 内的信号 $x(t)$，以采样频率 $f_s \geqslant 2f_H$ 对信号 $x(t)$ 开展相同间隔的采样，那么得到的离散时间信号为 $x(n) = x(nT_s)$，则输入信号 $x(t)$ 将能够被采样后的信号 $x(n)$ 唯一确定[1]。

当信号的频谱分布于某一段区间的频带 (f_L, f_H) 内，且通常满足 $f_H \gg B = f_H - f_L$，即信号的最高频率大大超过其带宽时，可采用带通采样定理来处理。假设待采样的信号为 $x(t)$，频带被限制在区间 (f_L, f_H) 内，设 n 为能满足 $f_s \geqslant 2(f_H - f_L)$ 的最大整数，若采样频率可以满足[2]

$$f_s = \frac{2(f_L + f_H)}{2n+1} \tag{3-6}$$

那么采用采样频率 f_s 进行等间隔的采样，输出的采样信号 $x(nT_s)$ 便可以有效地恢复原来的采样信号 $x(t)$[3]。

设中心频率为

$$f_0 = \frac{f_L + f_H}{2} \tag{3-7}$$

则式 (3-6) 也可以表示为

$$f_s = \frac{4f_0}{2n+1} \tag{3-8}$$

当 $f_0 = f_H/2$ 且 $B = f_H$ 时，式 (3-8) 就可以向着 Nyquist 采样定理做变化。若被采样信号的带宽 B 在给定的条件下，为了使得采样后不发生失真，f_s 能取得最小值，即 $f_s = 2B$，那么被采样信号的中心频率 f_0 应该满足

$$f_0 = \frac{2n+1}{2}B \tag{3-9}$$

或满足

$$f_L + f_H = (2n+1)B \tag{3-10}$$

通俗地讲，如果带通信号的最低频率 f_L 或者最高频率 f_H 是带宽 B 的整数倍，便能够使用 $f_s = 2B$ 的采样频率对信号开展不失真的采样，采样的过程如图 3-2 所示。

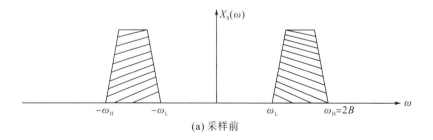

(a) 采样前

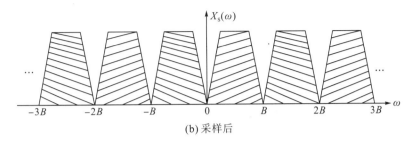

(b) 采样后

图 3-2　带通采样前后的频谱

3.2　射频信号数字信道化设计

本节首先对基于多相滤波器组的数字信道化技术进行理论推导，介绍数字信道化的基本原理并分析其优缺点，接着分析一种无盲区的信道化方案，其可以有效解决信道化盲区问题，并在此基础上提出一种信道化方案，该方案可以巧妙解决信道化盲区、信号跨信道以及最大抽取率为 $K_d / 2$ 的问题，其中 K_d 为数字信道化中子信道数目。

3.2.1　数字信道化技术理论基础

数字信道化的目的是通过数字下变频、滤波以及抽取等一系列数字运算，将模拟数字转换器(analog to digital converter，ADC)采集后待处理信号的整个频谱划分为 K_d 个子信道[4]，其原理框图如图 3-3 所示。

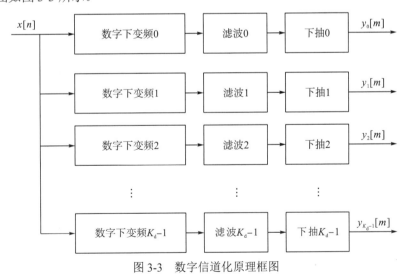

图 3-3　数字信道化原理框图

数字信道化可分为非均匀信道化和均匀信道化，非均匀信道化的每个子信道宽度不等且子信道中心频率之间间隔不相同，而均匀信道化的每个子信道的宽度相同且子信道中心频率之间间隔相同。对于非均匀信道化，各个子信道的滤波器设计不相同，导致输出频响不一致且计算复杂度高，而均匀信道化可以使用相同的信道滤波器，其频响具有一致性且计算简单[5-8]。因此本章在接下来的内容中将主要讨论均匀信道化技术。

均匀信道化将整个待处理带宽均匀地划分为 K_d 个子信道，假设图 3-3 中的输入信号采样频率为 f_s，归一化表示为 2π，则每个子信道的宽度可以表示为 $2\pi/K_d$；根据每个子信道的中心频率的位置又可以将均匀信道化划分为奇型和偶型。奇型均匀信道划分时，子信道的中心频率为

$$\omega_k = \frac{2\pi k + \pi}{K_d} \quad (k = 0,1,2,\cdots,K_d-1) \tag{3-11}$$

其排列方式如图 3-4 所示。

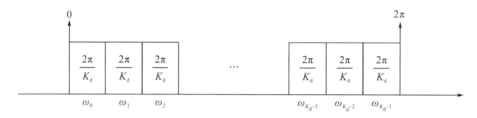

图 3-4　奇型均匀信道划分排列方式示意图

偶型均匀信道划分时，子信道的中心频率为

$$\omega_k = \frac{2\pi k}{K_d} \quad (k = 0,1,2,\cdots,K_d-1) \tag{3-12}$$

其排列方式如图 3-5 所示。

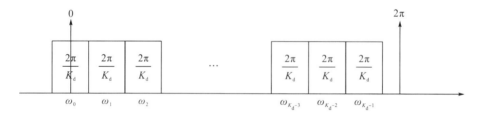

图 3-5　偶型均匀信道划分排列方式示意图

以下的讨论均以偶型均匀信道划分为主，在此结构中，每个子信道的滤波器相同，因此图 3-5 中的所有滤波器可以使用同一组系数，表示为 $h[n]$，其中 $n = 0,1,2,\cdots,N-1$，假设滤波后的抽取倍数为 D，则信道化的第 k 路信道输出可以表示为

$$y_k[m] = \left\{ x[n]\mathrm{e}^{-\mathrm{j}\omega_k n} * h[n] \right\}_{n=mD} \tag{3-13}$$

经过变换后可以表示为

$$y_k[m] = \left\{ \sum_{l=0}^{N-1} x[n-l]\mathrm{e}^{-\mathrm{j}\omega_k[n-l]} \cdot h[l] \right\}_{n=mD} = \sum_{l=0}^{N-1} x[mD-l]\mathrm{e}^{-\mathrm{j}\omega_k[mD-l]} \cdot h[l] \tag{3-14}$$

令 $N = K_d P$，P 为一正整数且

$$l = pK_d + r \quad (p = 0,1,2,\cdots,P-1；\; r = 0,1,2,\cdots,K_d-1) \tag{3-15}$$

在偶型均匀信道划分情况下，$\omega_k = 2\pi k / K_d$ 且 $k = 0,1,2,\cdots,K_d-1$。将式 (3-15) 代入

式(3-14)，经变换后得

$$y_k[m] = \sum_{p=0}^{P-1} \sum_{r=0}^{K_d-1} x[mD - pK_d - r] \mathrm{e}^{-\mathrm{j}\frac{2\pi k}{K_d}[mD - pK_d - r]} \cdot h[pK_d + r]$$

$$= \sum_{r=0}^{K_d-1} \left\{ \sum_{p=0}^{P-1} x[mD - pK_d - r] \mathrm{e}^{\mathrm{j}\frac{2\pi k}{K_d}pK_d} \cdot h[pK_d + r] \right\} \mathrm{e}^{-\mathrm{j}\frac{2\pi k}{K_d}mD} \mathrm{e}^{-\mathrm{j}\frac{2\pi k}{K_d}r} \tag{3-16}$$

式中

$$\mathrm{e}^{\mathrm{j}\frac{2\pi k}{K_d}pK_d} = 1 \quad (k = 0, 1, 2, \cdots, K_d - 1; \ p = 0, 1, 2, \cdots, P-1) \tag{3-17}$$

因此，式(3-16)可以简化为

$$y_k[m] = \sum_{r=0}^{K_d-1} \left\{ \sum_{p=0}^{P-1} x[mD - pK_d - r]h[pK_d + r] \right\} \mathrm{e}^{-\mathrm{j}\frac{2\pi k}{K_d}mD} \mathrm{e}^{-\mathrm{j}\frac{2\pi k}{K_d}r} \tag{3-18}$$

令

$$x_r[mD] = \sum_{p=0}^{P-1} x[mD - pK_d - r]h[pK_d + r] \tag{3-19}$$

则式(3-18)可进一步化简为

$$y_k[m] = \left\{ \sum_{r=0}^{K_d-1} x_r[mD] \mathrm{e}^{-\mathrm{j}\frac{2\pi k}{K_d}r} \right\} \mathrm{e}^{-\mathrm{j}\frac{2\pi k}{K_d}mD}$$

$$= \mathrm{IDFT}\left\{ x_r[mD] \right\} \mathrm{e}^{-\mathrm{j}\frac{2\pi k}{K_d}mD} \tag{3-20}$$

由式(3-20)可知，基于多相滤波器组的数字信道化可以通过对 $x_r[mD]$ 进行 K_d 点的离散傅里叶逆变换(inverse discrete Fourier transform，IDFT)并乘以一个因子得到，通常离散傅里叶变换(discrete Fourier transform，DFT)点数为 2^n(n 为正整数)，因此这里 $K_d = 2^n$。进一步观察偶型均匀信道划分示意图，图中的子信道之间紧密排列，这是因为在理论分析中通常认为信道滤波器是理想的，其幅频响应类似于矩形窗，不存在过渡带，而实际的有限冲激响应数字滤波器(finite impulse response digital filter，FIR digital filter)是使用有限长度、有限位宽的系数去逼近理想滤波器，因此会存在一定的过渡带宽，且滤波器阶数越高效果越理想，对阻带信号的抑制更高且过渡带更加陡峭。假设以 K_d 倍抽取速率进行抽取，则抽取后每个子信道的归一化采样频率为 $2\pi/K_d$，根据 Nyquist 采样定理，位于区间$[-\pi/K_d$，$\pi/K_d]$以外的信号会混叠到子信道内，特别是信道滤波器的过渡带信号，对子信道内有效信号造成干扰，影响后续的处理，如图 3-6 阴影部分所示。

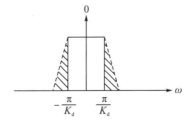

图 3-6　子信道混叠示意图

因此，在设计时子信道数目 K_d 与抽取倍数 D 需要满足

$$D \leqslant \frac{K_d}{2} \tag{3-21}$$

通常取

$$D = \frac{K_d}{2} \tag{3-22}$$

将式(3-22)代入式(3-20)可得基于多相滤波器组的偶型均匀数字信道化的数学表达式为

$$y_k[m] = \text{IDFT}\{x_r[mD]\}e^{-j\pi km} \tag{3-23}$$

对于离散傅里叶逆变换通常使用快速傅里叶逆变换(inverse fast Fourier transform，IFFT)算法得到[9-11]，最终的高效实现结构如图 3-7 所示。

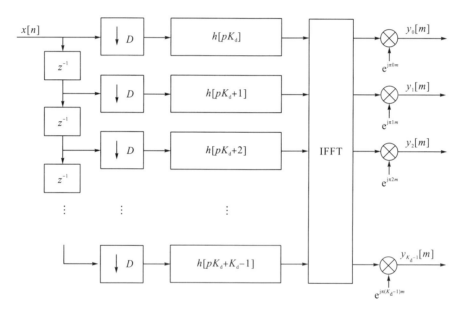

图 3-7　偶型均匀划分数字信道化高效实现结构

同理可得，对于奇型均匀信道划分，每个子信道的中心频率与偶型划分不同，将式(3-11)代入式(3-14)，并令

$$x_r[mD] = \left\{\sum_{p=0}^{P-1} x[mD - pK_d - r]h[pK_d + r]e^{j\pi p}\right\}e^{j\frac{\pi}{K_d}r} \tag{3-24}$$

可得基于多相滤波器组的奇型均匀数字信道化的数学表达式为

$$y_k[m] = \text{IDFT}\{x_r[mD]\}e^{-j\pi\left(k+\frac{1}{2}\right)m} \tag{3-25}$$

其最终的高效实现结构如图 3-8 所示。

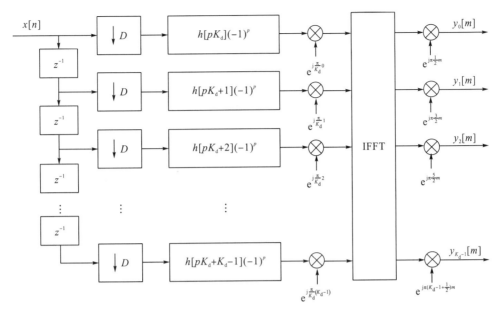

图 3-8　奇型均匀划分数字信道化高效实现结构

对比图 3-3、图 3-7 和图 3-8 可知，数字信道化的基本原理框图中数字下变频和滤波是在抽取操作以前进行，此时待处理数据量大，对处理速度要求较高，需要消耗更多的硬件资源，而在高效实现结构中，第一步就是直接对数据进行下抽，降低数据速率，为后续的多相滤波降低处理速度，节省硬件资源。同时对比图 3-6 与图 3-7 的奇偶型均匀信道划分可知，奇型均匀信道划分的高效实现结构比偶型均匀信道划分的高效实现结构需要更多的乘法器，实现复杂度相对高一些，因此实际应用中通常以偶型均匀信道划分为主。

3.2.2　宽带非跨信道全覆盖式数字信道化技术

1. 无盲区奇偶信道化方案

如 3.2.1 节所述，在偶型均匀划分数字信道化中，由于滤波器的过渡带原因，实际的信道不会是理想的排布，子信道与子信道之间还存在交叠区域，如图 3-9 所示，图中过渡带宽为子信道带宽的一半。

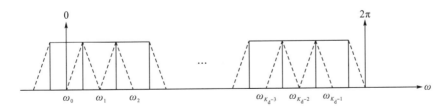

图 3-9　偶型均匀信道实际划分示意图(方法一)

这种子信道划分方式能够有效地覆盖到整个待处理的频谱范围，信号落在任意位置都会被监测到，不存在盲区。该方式存在的问题是当信号位于过渡带范围时，在主信道会出现待测信道，在其相邻的信道内也会出现该信号，会对相邻信道的信号检测造成误判等负面影响，同时只要信号位于两个信道的交界位置时都会存在信号跨信道问题，单独的任何一个信道都不能够完整地将信号输出，如图 3-10 阴影部分所示。

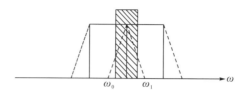

图 3-10   信号跨信道示意图

考虑另外一种偶型均匀划分数字信道化子信道排布方式，如图 3-11 所示。

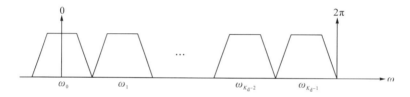

图 3-11   偶型均匀信道实际划分示意图(方法二)

在该种子信道排布方式中未采用交叠方式，避免了相邻信道之间互相干扰的问题，同时通过减小滤波器过渡带宽可减小监测盲区，但盲区问题仍然不可避免且滤波器设计复杂度以及资源消耗增加，同时信号跨信道问题仍然存在。

针对上述问题，文献[12]和文献[13]研究了一种基于奇偶信道化的无盲区数字信道化方案，通过同时对信号进行奇型均匀划分数字信道化和偶型均匀划分数字信道化，二者相互独立且两种方式的子信道频谱形状一致，中心频率之间相差带宽的一半，如图 3-12 所示。

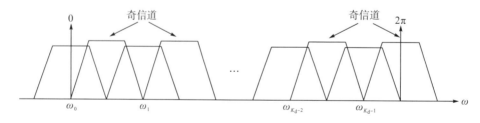

图 3-12   无盲区奇偶数字信道化示意图

该数字信道化方案很好地解决了监测盲区的问题，且奇型子信道或偶型子信道之间没有交叠，不存在相邻子信道之间的干扰问题。但同时带来了两个问题：一是信号的跨信道问题依然没有解决；二是同时进行奇型与偶型信道化带来了硬件资源的成倍消耗，增加了设计复杂度[14-17]。

2. 宽带非跨信道全覆盖式数字信道化方案

通过前文的描述,首先对基于多相滤波的数字信道化技术进行理论分析,同时推导出奇偶两种信道划分方式的高效实现结构;接着针对数字信道化技术的一些缺点提出改进方案,虽然解决了一些问题,但是依然存留有缺点[18-22]。对此,本章提出一种改进型的奇偶划分数字信道化方案,不仅解决了监测盲区问题,同时避免了信号跨信道问题且抽取速率可以达到 K_d 倍。具体的信道划分示意图如图 3-13 所示。

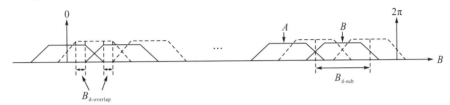

图 3-13 改进型奇偶划分数字信道化示意图

图 3-13 中,$B_{\text{d-overlap}}$ 表示数字信道化中奇型子信道与偶型子信道之间的交叠宽度;$B_{\text{d-sub}}$ 表示数字信道化子信道的宽度。

分析图 3-13 可知,奇型与偶型划分子信道的形状完全一致,定义子信道带宽 $B_{\text{d-sub}}$ 为通过子信道滤波器的信号幅度衰减一半的宽度,即 3dB 带宽。对于奇型或者偶型信道化中的同一种子信道,相互之间的交叠宽度为子信道滤波器过渡带的宽度,如图 3-13 中的 A 和 B 两个偶型划分子信道,A 信道右侧的阻带截止位置和 B 信道左侧的通带截止位置在频率上是重合的[23-24]。对于相邻的奇型和偶型划分子信道,定义 $B_{\text{d-overlap}}$ 为其中任意一个信道与其相邻信道之间滤波器通带之间的重叠宽度。

从有无盲区角度来分析,奇型和偶型划分的子信道交替排布,其信道滤波器的通带能够完全地覆盖整个监测带宽,不会漏掉监测范围内的任意信号,从而解决了数字信道化有无盲区的问题。

从避免信号跨信道角度来分析,令 $B_{\text{p-max}}$ 为待处理信道的最大频谱宽度且满足

$$B_{\text{p-max}} \leqslant B_{\text{d-overlap}} \tag{3-26}$$

则出现如图 3-14 所示的三种边界信号情况。

(1)当宽带信号横跨在奇型划分子信道的左侧时,可选取该子信道左侧的偶型划分子信道来避免信号跨信道问题。

(2)当宽带信号位于奇型划分子信道与偶型划分子信道的交叠区域时,选取其中任意一个子信道均可避免信号跨信道问题。

(3)当宽带信号横跨在偶型划分子信道的右侧时,可选取该子信道右侧的奇型划分子信道来避免信号跨信道问题。

图 3-14 信号跨信道边界示意图

上述三种情况均不会造成信号跨信道后在多个信道同时输出，进而需要消耗额外的硬件资源来通过信道重构技术恢复原始信号。

从抽取倍数角度来分析，当下抽取倍数 $D=K_d$ 时，抽取后采样频率为 π/K_d；通过对子信道滤波器的特殊设计，使其通带截止频率和阻带截止频率关于 π/K_d 对称，此时虽然奇型划分子信道或偶型划分子信道以外衰减抑制不够高的过渡带内信号将混叠进信道内部，但混叠范围只是从滤波器的通带截止频率到阻带截止频率，如图 3-15 中的阴影区域所示。同时本方案采用了奇偶信道交叠技术，无论待处理信号出现在监测带宽内的什么位置，均可以选择一个信道输出，使其位于信道的通带范围内，而不会出现在灰色的交叠区域[25,26]。因此该方案既可以达到 K_d 倍的抽取倍数，又不会使混叠区域对后期的信号处理产生影响。

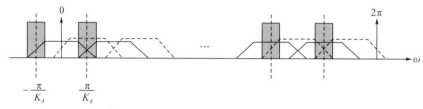

图 3-15   抽取倍数 $D = K_d$ 时频谱混叠示意图

3.2.3   数字信道化性能验证及实现

3.2.1 节和 3.2.2 节从数字信道化的基础理论开始，逐渐深入地讲解不同的数字信道化技术，并在此基础上提出了非跨信道全覆盖式数字信道化技术，接下来将对该方案进行仿真验证并讲述其在现场可编程门阵列(field-programmable gate array，FPGA)中的实现结构。

1. 数字信道化仿真分析

1)基于多相滤波器的数字信道化技术仿真

对于基于多相滤波器的数字信道化技术，在 MATLAB 中进行仿真：ADC 采样获得的信号作为信道化仿真信号源，其采样频率为 400MHz，宽带信号的带宽为 10MHz，使用 MATLAB 自带的 pwelch 函数画出该信号的功率谱，如图 3-16 所示。

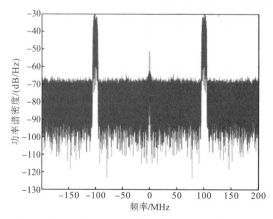

图 3-16   ADC 采样到的仿真信号源的功率谱图

根据基于多项滤波器组的数字信道化原理，图 3-15 中的信号经过下变频以及 2 倍下抽后的功率谱估计如图 3-17 所示。首先对该仿真信号源进行偶型均匀划分数字信道化，其中子信道数目为 4，则信道化仿真后每个信道的采样频率为 50MHz，如图 3-18 所示。

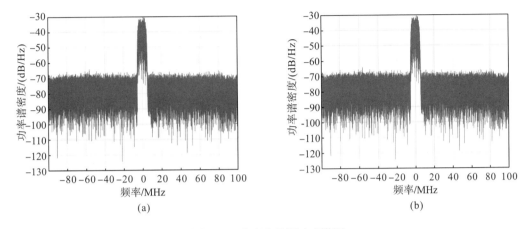

图 3-17　仿真信号源功率谱图

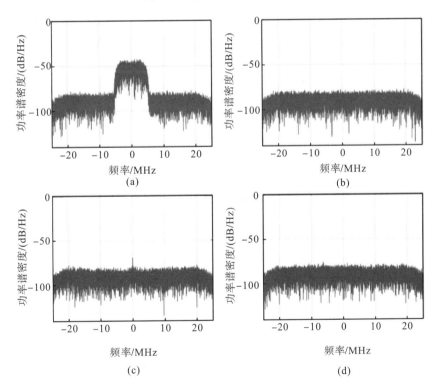

图 3-18　偶型均匀划分数字信道化仿真结果

由于偶型均匀划分数字信道化的特殊性，图 3-18(c) 为位于原始仿真信号功率谱左右两个边界处的部分的合并。同样地，对该仿真信号源进行奇型均匀划分数字信道化，子信道数目同样为 4，则信道化仿真后每个信道的采样率为 50MHz，如图 3-19 所示。

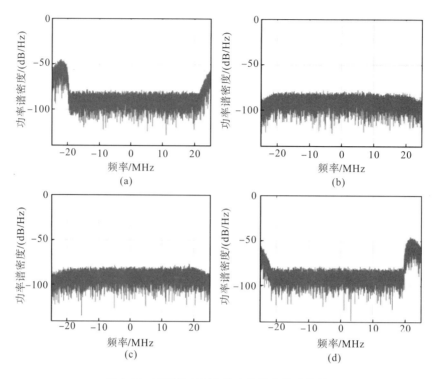

图 3-19　奇型均匀划分数字信道化仿真结果

在进行奇型均匀信道划分时，根据奇型信道划分的原理会将原始信号源中的宽带信号分割为两个同样宽度的不完整信号且位于相邻的两个子信道，即图 3-19(a) 和图 3-19(d)；同时由于滤波器的非理想化，存在过渡带，会使两个相邻子信道之间存在相互影响，且谱分析具有周期性的特点，直接造成图 3-19(a) 和图 3-19(d) 中存在其相邻信道残留信号的影响。

通过上述的仿真结果可知，在对仿真信号源进行奇型均匀信道划分时，宽带信号会被子信道割裂为两个不完整的信号，即出现了信号跨信道问题，需要后续通过信号重构技术对信号进行恢复，而偶型均匀信道划分不会出现信号跨信道问题；同样地，当原始仿真信号源中宽带信号的中心频率移动到其他位置时，则偶型均匀信道划分会出现信号跨信道问题，而奇型均匀信道划分不会出现信号跨信道问题，如图 3-20 所示。

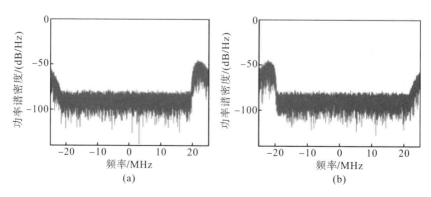

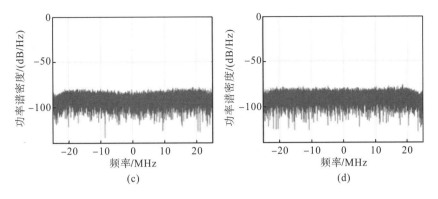

图 3-20 偶型均匀划分数字信道化信号跨信道仿真结果

此外，上述仿真结果同时表明了另外一个数字信道化的不足之处，即存在信号盲区，在图 3-19 以及图 3-20 中可以明显观察到当宽带信道被分割到两个不同的子信道时，宽带信号不再完整，信号的中间存在凹陷区域。

由此，无盲区奇偶数字信道化不失为一种合理的避免信号盲区的方法，但是其仍然存在跨信道问题，在奇型划分或者偶型划分时会出现信号跨信道问题。

2) 宽带非跨信道全覆盖式信道化仿真

仿真信号源采样频率仍然为 400MHz，使用两个单音信号表示宽带信号的左右边界，单音信号之间频率差为 4MHz，代表宽带信号的宽度为 4MHz，如图 3-21 所示，表示一个位于零频的 4MHz 宽的宽带信号。

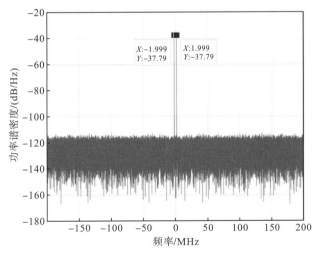

图 3-21 仿真信号源功率谱图

根据本章提出的数字信道化方案，需要对原始信号源进行 4 倍下抽取，子信道数目 K_d 为 4，每个子信道的宽度 $B_{d\text{-sub}}$ 为 25MHz，奇偶子信道之间的交叠宽度 $B_{d\text{-overlap}}$ 为 5MHz。这里需要重点针对滤波器进行特殊的设计使得滤波器的通带截止频率和阻带截止频率关于 π/K_d 对称，此处该值为 12.5MHz，经过设计后的滤波器频响如图 3-22 所示。

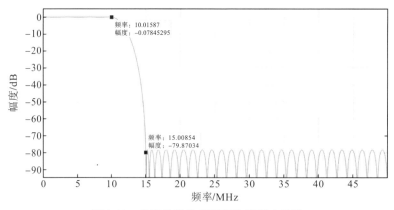

图 3-22　数字信道化原型滤波器频响曲线

接着对位于基带的仿真信号源进行奇偶信道化，结果如图 3-23 和图 3-24 所示。

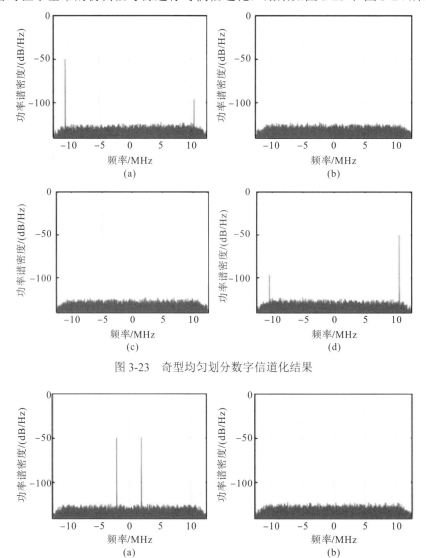

图 3-23　奇型均匀划分数字信道化结果

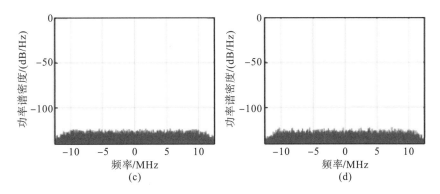

图 3-24　偶型均匀划分数字信道化结果

分析上述信道化的结果，宽带信号位于零频，此时根据奇偶信道化的原理，对于奇型均匀划分，信号位于子信道之间的盲区位置，而宽带信号不会出现在偶型均匀子信道的盲区位置。因此，此时选取偶型均匀信道划分即可得到完整的宽带信号。

倘若将原始信号源中的宽带信号的中心频率搬移到 12.5MHz 的位置，该位置是偶型均匀划分子信道的盲区位置，而奇型均匀划分子信道可以完整地输出该宽带信号，因此，此时选取奇型均匀信道划分即可得到完整的宽带信号。仿真结果如图 3-25 和图 3-26 所示。

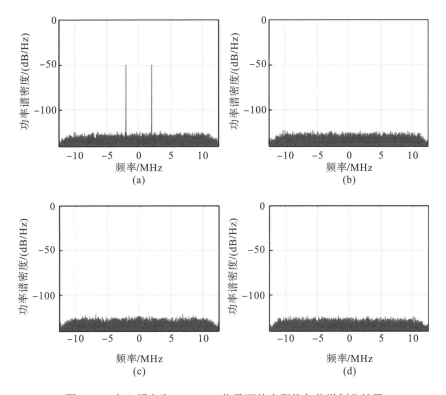

图 3-25　中心频率为 12.5MHz 信号源的奇型均匀信道划分结果

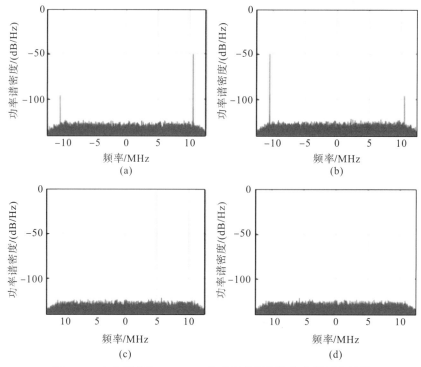

图 3-26 中心频率为 12.5MHz 信号源的偶型均匀信道划分结果

针对信号跨信道问题，当信号恰好位于奇偶子信道的交叠区域时，选择其中任意一种信道划分作为输出即可，图 3-27 和图 3-28 的仿真结果即为验证结果。

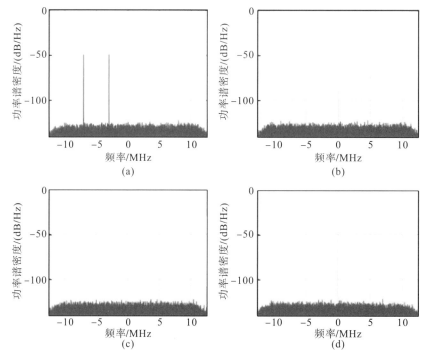

图 3-27 信号位于奇偶信道划分子信道交叠区域时奇型均匀信道划分结果

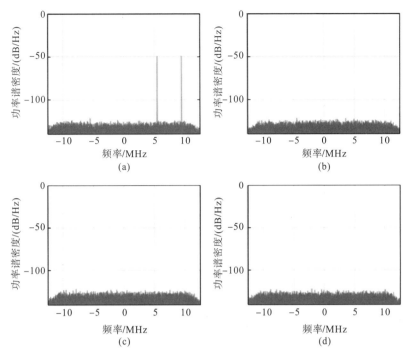

图 3-28 信号位于奇偶信道划分子信道交叠区域时偶型均匀信道划分结果

2. 数字信道化硬件实现结构

在 FPGA 中实现本章节的宽带非跨信道全覆盖式数字信道化方案时，FPGA 器件选用 Xilinx 公司的 XCKU115 器件，该型号器件属于 UltraScale 系列器件，基于 20nm 工艺制造，资源丰富，包括 1451K 的逻辑单元、5520 个 DSP Slice、75.9MB 的块随机存取存储器 (block random access memory，BRAM)、64 个 16.3GB/s 的收发器以及 800 多个引脚，可充分满足本章研究对整个系统的设计需求。

整个数字信道化方案的实现结构如图 3-29 所示，对于图 3-7 中的高效实现结构中的延迟线操作，在 FPGA 中使用寄存器级联打拍的方式实现，输入信号每经过一个寄存器便会产生一个时钟周期的延时。

紧接着的一级便是抽取结构，这里使用 FIR IP 核实现，首先需要将抽取滤波器的系数在 MATLAB 的滤波器设计工具箱中设计好，并进行定点量化，量化后的系数需要再保存为 IP 核配置专用的 coe 文件格式。需要注意的是，FIR IP 核在选项卡界面中的 Filter Type 选项要选择为下抽，并且输入对应的下抽倍数，在这里为 4 倍下抽，具体见图 3-30。

原型滤波器的实现同样使用 FIR IP 核，根据前文数字信道化的理论知识，首先将图 3-22 对应的滤波器系数做一个 4 倍抽取分组，组数要与子信道数目保持一致，并将每一个抽取后的系数生成对应的 coe 文件并导入到 IP 核中。

接下来便是 4 点的快速傅里叶变换 (FFT)，这里的 FFT 是一个并行运算，即一个时钟周期将完成 4 个数据的运算结果并输出，而 FFT IP 核是一个串行的运算结构，每个时钟周期只可以完成一个数据的运算。因此，这里使用基 2 的蝶形 FFT 运算，一共 2 级便可完成计算过程。

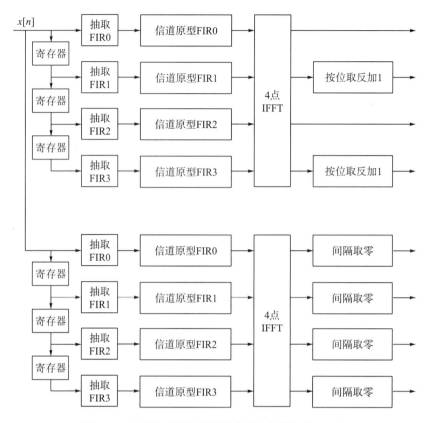

图 3-29   宽带非跨信道全覆盖式数字信道化实现方案

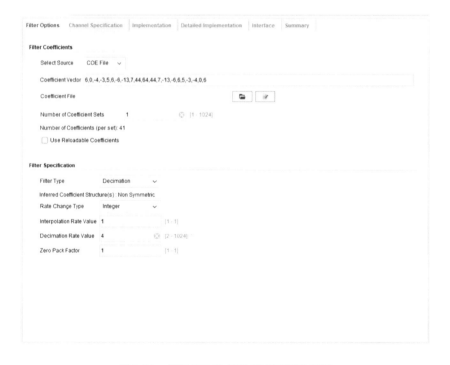

图 3-30   抽取 FIR IP 核选项卡配置示意图

根据前文的数字信道化的基础理论知识，在奇型均匀划分或者偶型均匀划分的信道化结构中，需要乘以一些系数因子，如偶型均匀划分中需要在 FFT 运算之后乘以一个系数，通过理论计算发现 4 个子信道的系数值分别为 1、-1、1、-1，因此系数值为 1 的子信道直接输出即可，系数值为-1 的子信道用取反加 1 的操作代替乘以-1 的运算；同理在奇型均匀划分中也存在类似的结构。这些结构使用其他运算操作代替乘法运算，节省了宝贵的 DSP 资源。最终在 FPGA 中实现后的资源消耗如表 3-1 所示。

表 3-1　信道化 FPGA 硬件实现资源消耗统计表

项目	查找表（LUT）	触发器（FF）	块随机存取存储器（BRAM）	查找表存储器（LUTRAM）	数字信号处理器（DSP）
占用数量/个	5410	22759	0	702	484
可用数量/个	663360	1326720	2160	293760	5520
占用比例/%	0.82	1.72	0	0.24	8.77

本节提出的非跨信道全覆盖式数字信道化方案同时对信号进行了奇偶信道化，因此其实现时硬件资源的消耗要大于单纯的偶型划分均匀信道化技术，约为 2 倍资源消耗，但是可以解决信道盲区以及信号跨信道问题。在目前数字器件高速发展的情况下，不考虑功耗因素，以消耗资源的代价来换取性能优势的提升，在某些特殊应用情况下是合适的。

3.3　基于 Farrow 滤波器的变速率处理技术

在合作接收中，可以通过适当的采样频率、内插和抽取速率实现信号的变速率处理，但在非合作信号处理中，特别是宽带卫星信号的侦收中包含了各种带宽信号，该方法对于复杂的转换并不适用。举例来说，假设需要进行的采样频率转换比为 1.57，应当对信号先内插 157 倍再抽取 100 倍，而实际上信号的采样频率已经相对较高，对于一般的滤波器无法完成 157 倍的内插，此时滤波器的设计要求截止频率为 π/157，同样难以实现。内插估值的实现方法可以解决上述问题，通过构造插值函数，以原始的采样点求出未知点上的真实信号近似值。本节将分析一种基于 Farrow 及其转置结构的多项式插值采样频率变换方法，大大降低硬件实现的复杂度。

3.3.1　基于 Farrow 结构内插滤波器

令数字序列为 $x(nT_x)$，T_x 为采样间隔，设 $mT_y = (k_m + \Delta m)T_x$，$0 \leqslant \Delta m < 1$，其中 k_m 为整数，则有

$$y(mT_y) = \sum_{n=-\infty}^{\infty} x(nT_x)g\left[(k_m + \Delta m - n)T_x\right] \tag{3-27}$$

由于 T_x 与 T_y 均为常数，则式 (3-27) 可以简化为

$$y(m) = \sum_{n=-\infty}^{\infty} x(n)g(k_m + \Delta m - n) \tag{3-28}$$

令 $k = k_m - n$ ，可以得到

$$y(m) = \sum_{k=-\infty}^{\infty} x(k_m - k)g(k + \Delta m) \tag{3-29}$$

用 N 阶多项式逼近 $g(k + \Delta m)$ ，则得

$$g(k + \Delta m) = \sum_{l=0}^{N} c_l(l)\Delta m^l \tag{3-30}$$

将式(3-30)代入式(3-29)并改变求和顺序得

$$y(m) = \sum_{l=0}^{N} \sum_{k=-\infty}^{\infty} x(k_m - k)c_l(k)\Delta m^l \tag{3-31}$$

令

$$v(l) = \sum_{k=-\infty}^{\infty} x(k_m - k)c_l(k) \tag{3-32}$$

则式(3-31)可以化简为

$$y(m) = \sum_{l=0}^{N} v(l)\Delta m^l \tag{3-33}$$

接下来利用霍纳法则(Horner's rule)优化算法提高计算效率。以一个简单四次多项式为例，霍纳法则表示为

$$f(x) = a_0 + a_1 x + a_2 x^2 + a_3 x^3 + a_4 x^4 \tag{3-34}$$

改变乘加顺序得

$$f(x) = a_0 + x\{a_1 + x[a_2 + x(a_3 + a_4 x)]\} \tag{3-35}$$

对式(3-34)进行 14 次乘法或加法操作，式(3-35)中的结构仅进行了 8 次乘法或加法操作，而该结构也适合在硬件中实现流水处理。由上述推导，可以得到 Farrow 滤波器的具体实现结构如图 3-31 所示。

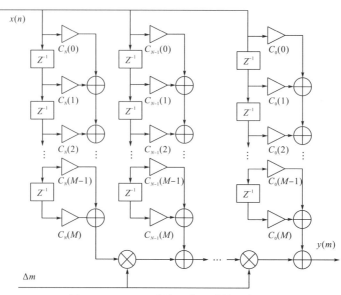

图 3-31　Farrow 滤波器实现结构示意图

在一个采样周期 T_x 内，Farrow 滤波器结构的乘法器系数不变，只有分数间隔 Δm 是可以改变的。在一个采样周期内，改变 Δm 即可提高采样频率，而分数间隔 Δm 仅与设计算法或硬件的精度有关，因此便于实现。

根据设计指标对 Farrow 结构滤波器进行仿真，可以确定滤波器阶数。在仿真软件中设定信号源为单频正弦波，频率为项目指标的边界值 36MHz，采样频率为 100MHz，内插倍数为 1.275 倍。图 3-32 为信号通过 3 阶 Farrow 滤波器前后功率谱图，图 3-33 为信号通过 31 阶 Farrow 滤波器前后功率谱图。

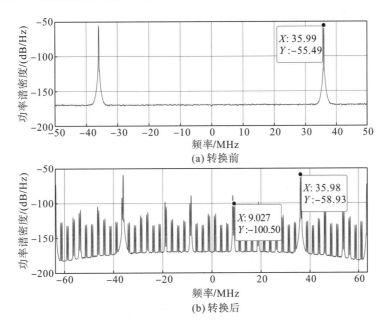

图 3-32　信号通过 3 阶 Farrow 滤波器前后的功率谱图

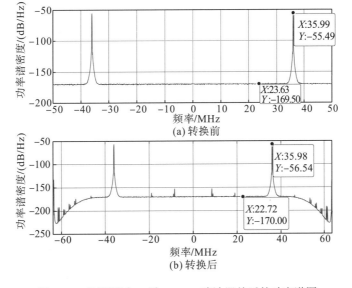

图 3-33　信号通过 31 阶 Farrow 滤波器前后的功率谱图

　　观察图 3-32、图 3-33 可知，阶数越高的滤波器的抗镜像性越好。信号通过 3 阶滤波器后出现极多的镜像频率成分，而通过 31 阶滤波器后虽然也出现了较少镜像频率成分，但信号的动态范围仍保持在 80dB 以上，符合设计要求。因此实际实现中将采用 31 阶 32 抽头的滤波器结构。

　　仿真时设定的内插倍数为 1.275 倍，计算出转换比的最简约数为 40/51，图 3-34 展示了正弦波信号通过 Farrow 滤波器后插值点与原始信号序列的位置关系，以原始信号的 40 个序列点恢复出输出信号的 51 个序列点。当信号为带宽 13MHz 的宽带信号时，图 3-35 展示了信号采样频率转换前后的功率谱，信号内插后仅改变了采样频率（由 100MHz 变为 127.5MHz），没有改变信号的原始频率成分。

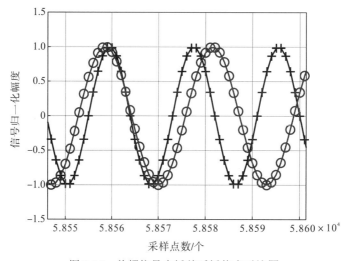

图 3-34　单频信号内插前后插值点对比图

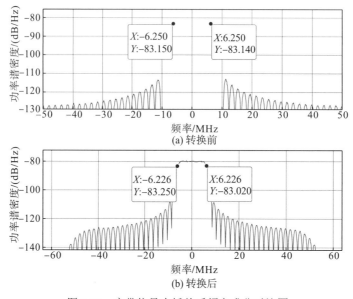

图 3-35　宽带信号内插前后频率成分对比图

3.3.2　理想信号重构

当采样频率 f_s 大于信号截止频率 f_c 两倍时，信号 $x(t)$ 采样前后的频谱关系为

$$X_\mathrm{s}(\omega)=\frac{1}{T_x}\sum_{-\infty}^{\infty}x\left(\omega-\frac{2\pi}{T_x}n\right)\qquad(3\text{-}36)$$

理想的连续时间信号恢复公式为

$$X(t)=\sum_{-\infty}^{\infty}x(nT_x)g(t-nT_x)\qquad(3\text{-}37)$$

式中，$g(t)$ 的定义为

$$g(t)=\frac{\sin(\pi t/T_x)}{\pi t/T_x}\qquad(3\text{-}38)$$

对插值信号 $g(t)$ 按照 $1/T_y$ 的频率进行采样，可以得到一个重构函数序列的计算公式

$$g(mT_y)=\frac{\sin(\pi mT_y/T_x)}{\pi mT_y/T_x}\qquad(3\text{-}39)$$

将采样周期为 T_x 的输入序列 $x(nT_x)$ 与这个插值序列卷积，就得到了一个经过插值的序列 $y(mT_y)$，插值后采样周期变为 T_y，插值后输出序列的第 m 个元素记为

$$y(mT_y)=\sum_{n=-\infty}^{\infty}x(nT_x)g(mT_y-nT_x)\qquad(3\text{-}40)$$

需要注意理想滤波器 $g(t)$ 的构造在实际中只能无限近似而无法完全实现。

3.3.3　转置 Farrow 结构滤波器

转置 Farrow 结构的推导与 Farrow 结构类似，不同之处在于其采用速率转换后的信号的采样周期 T_y 的滤波器可以规避频谱混叠这一问题。设转置 Farrow 结构滤波器为 $g(t)$，长度为 L，关于 $t=0$ 对称。由采样频率转换式(3-39)，转置 Farrow 结构 T_y 内的滤波器为

$$g(t)\big|_t=\frac{mT_y-nT_x}{T_y}=g\left(\frac{mT_y-nT_x}{T_y}\right)\qquad(3\text{-}41)$$

令

$$\Delta m=\frac{mT_y-nT_x}{T_y}-\left\lfloor\frac{mT_y-nT_x}{T_y}\right\rfloor\qquad(3\text{-}42)$$

$$n_m=\left\lfloor\frac{mT_y-nT_x}{T_y}\right\rfloor\qquad(3\text{-}43)$$

则式(3-41)可变换为

$$g\left(\frac{mT_y-nT_x}{T_y}\right)=g(n_m+\Delta m)\qquad(3\text{-}44)$$

在一个采样周期 T_y 内，用 N 阶多项式逼近 $g(n_m+\Delta m)$ 得到

$$g\left(n_m + \Delta m\right) = \sum_{l=0}^{N} c_l\left(n_m\right)\Delta m^l \qquad (3\text{-}45)$$

利用霍纳法则提高计算效率，推导出转置 Farrow 结构表示如下：

$$y\left(mT_y\right) = \sum_{l=0}^{N}\left[\sum_{n=-\infty}^{\infty} x\left(nT_x\right)c_l\left(n_m\right)\right]\Delta m^l \qquad (3\text{-}46)$$

转置 Farrow 结构中的内插滤波器分段间隔为 T_y，能实现任意倍数的抽取。其结构框图如图 3-36 所示，与 Farrow 结构类似，但是在输出端需要加上一级 I&D 电路（integrate and dump circuit）。

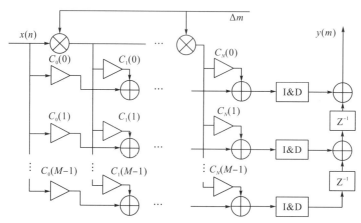

图 3-36　转置 Farrow 滤波器实现结构框图

Farrow 结构滤波器与其转置结构尽管在结构上较为类似，但实际上它们各有优缺点，具体应用上更是相去甚远。同等阶数下 Farrow 结构滤波器每秒乘法次数为 $N(M+1)f_x+Mf_y$，而转置 Farrow 结构每秒乘法次数为 $N(M+1)f_y+Mf_x$。Farrow 结构滤波器的计算量和存储量都远远少于一般滤波器结构，且频率响应靠近发送方采样周期，具有高效、低存储、低复杂度、抗镜像频谱的性能。转置 Farrow 滤波器的优势在于乘法器消耗更少，滤波器频率响应靠近接收方采样周期，有利于消除频谱混叠。综上所述，在实际工程应用中，内插时应选择 Farrow 结构滤波器，而抽取时应选择转置 Farrow 结构滤波器。

对于 Farrow 滤波器来说，需要根据设计阶数预先存储乘法器系数，同时根据设计精度计算好 Δm 的值。在实际的工程应用中一般只能进行固定小数倍数的采样频率转换，不支持在线配置采样频率，大大丢失了其灵活性。下面将分析这一问题出现的原因并给出解决方案，同时设计了一种基于 Farrow 滤波器的高效采样频率转换硬件结构。

3.3.4　Farrow 硬件结构中控制模块设计

在滤波器的硬件电路实现中，一般为流水线结构。对于 Farrow 滤波器而言，它的一个问题是实际的工程应用中一般只能进行固定小数倍数的采样频率转换，不支持在线配置采样频率，大大丢失了灵活性。为了方便理解这一问题，首先需要理解 FPGA 中时钟的概念。在数字电路中，系统内大部分硬件的状态变化都是在时钟的跳变沿上进行，理想情况下，一个时钟模型是一个占空比为 50%且周期固定的方波，寄存器输出的改变应当与时钟跳变的上升沿尽量对齐，也就是输出应当与时钟或控制信号对齐。

在 Farrow 滤波器中，输出的采样序列 $y(m)$ 由 $x(n)$ 与 Δm 共同决定，需要预先在硬件编程逻辑中配置好输入输出采样点个数的关系[用 L 点输入序列 $x(n)$ 值计算输出 M 点输出序列 $y(m)$ 值，L 与 M 为采样率转换倍数比值的最简约数]，并且计算好所有可能的 Δm 值，依次输入进行计算，因此会出现不能灵活配置的问题。

前面小节已经简要介绍过，小数延迟 Δm 为区间 0~1 的数，其具体值与 m 的变化相关，在有理数倍采样率转换时，Δm 具有周期性，如图 3-37 所示

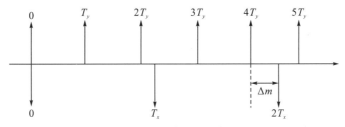

图 3-37　小数延迟示意图

针对上述问题，本节设计了一种以 Δm 作为控制信号的硬件实现结构，具体来说包含以下三点：①由理论推导已知 Δm 具有周期性，则利用 Δm 的累加来代替查找表存入全部理论 Δm 值的方式；②当①中累加使得 Δm 值大于 1 时，此时 k_m 应当变为 k_m+1，而 Δm 值变为 $\Delta m-1$，因此可以利用一次累加操作后 Δm 是否大于 1 作为判断依据，决定是否需要新的 $x(n)$ 值流入计算；③以 Δm 作为控制信号，计算步骤中仅包含加法和余 1 操作，余 1 操作对硬件友好，相对节省硬件资源和功耗。

硬件实现时小数延迟逻辑检测流程图如图 3-38 所示。

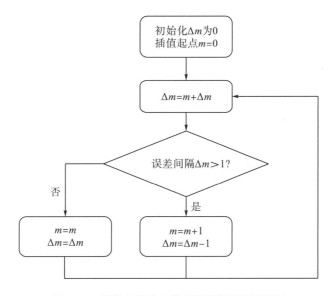

图 3-38　硬件实现时小数延迟逻辑检测流程图

图中 m 表示输入序列 $x(n)$ 的第 m 个点，是否参与计算由判断式 $\Delta m > 1$? 决定。在该流程下，每一个输出 $y(m)$ 将与 Δm 计算步骤以及时钟对齐，因此在实际操作过程中，只需要通过上位机根据采样频率转换倍数配置不同的 Δm 即可实现不同的采样频率转换。

3.3.5　定点仿真及结构实现

前面已经比较过不同阶数 Farrow 滤波器对信号功率谱的影响，确定了符合项目指标的结构为 31 阶 32 抽头滤波器，接下来介绍硬件实现结构设计、定点化仿真的截位原则、硬件仿真结构与优化。

1) 硬件实现结构设计

硬件设计时应采用自顶向下的设计方法层层划分，本章设计的基于 Farrow 结构的硬件实现原理框图结构如图 3-39 所示，包含了逻辑控制模块以及子滤波器模块，其中逻辑控制模块分为小数延迟 Δm 生成模块以及乘加控制模块。

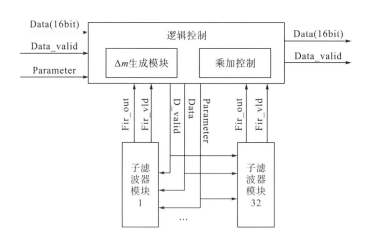

图 3-39　Farrow 实现原理框图结构

逻辑控制模块接收前端的 16bit 输入信号(Data)、上位机下发的采样频率转换比参数(Parameter)以及数据有效信号(Data_valid)。当检测到输入数据有效时，启动小数延迟生成模块，生成控制信号，决定输入序列是否参与计算，同时在输入信号有效时将数据送入各个子滤波器进行处理。一共有 32 个子滤波器输出反馈到乘加控制模块，该模块与 Δm 进行霍纳法则下的乘加操作得到输出序列 $y(m)$ 的值。

子滤波器实现原理框图结构如图 3-40 所示，主要由延迟寄存器、乘法器以及加法器构成，信号延迟 Z^{-1} 在 FPGA 中使用寄存器级联打拍的方式实现，输入信号每经过一个寄存器便会产生一个时钟周期的延时，各子滤波器的乘法器系数均由控制模块进行下发。

2) 硬件实现前的定点化仿真

在这一步骤中，将根据设计指标，对浮点计算数据进行定点化处理，该步骤是为了在性能可接受的范围内尽可能地压缩数据比特(bit)位宽以便节省硬件资源,同时需要存储定点化数据,与后续硬件的行为级仿真输出的数据做对比,以验证仿真正确性。

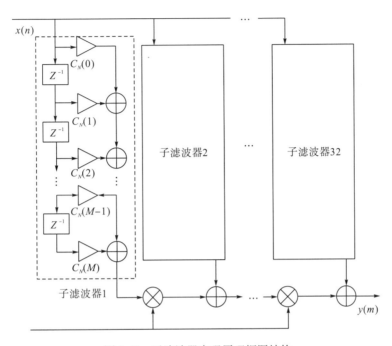

图 3-40　子滤波器实现原理框图结构

在定点化仿真中,需要仔细设计截位规则,硬件中数据计算不同于软件,在层层运算处理中会不停地拓展数据位宽,这样不仅会给 DSP 资源带来压力,同时硬件电路的时序等性能也会受到影响,因此每进行一次数据运算就需要对计算结果进行一次截位。本章设计的模块间数据截位遵循饱和截位(saturate)原则与四舍五入截位(round mode)原则:饱和截位是指当计算结果超过要求的数据格式能存储的数据值时,以边界值代替该计算值,不用扩展 bit 位宽,性能损失几乎可忽略不计;四舍五入截位是因为直接舍弃数字信号低位会产生高频噪声,而进行四舍五入截位只会增加很小的资源占用而最大限度保留信号原始频率。

依次对信号源、乘法器系数、小数延迟参数进行定点化处理,通过仿真确定 Δm 位宽为 32bit,此时对于插值后的信号频率影响的误差范围 Δf 为 $4.66 \times 10^{-10} f_s$,以一中心频率为 10MHz 的信号为例,插值之后的中心频率的误差不超过 0.005Hz。通过仿真确定乘法器系数位宽为 25bit,而实际要求的信号输入为 16bit。

仿真结果如图 3-41 所示,横坐标为采样频率,纵坐标为功率谱密度。与图 3-32 进行对比,在上述定点化处理下,由量化引入的失真导致信噪比损失约为 2dB,处理后的信号信噪比在 80dB 以上。

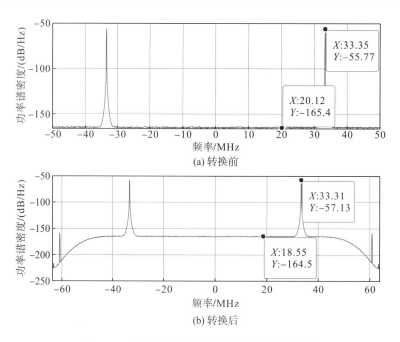

图 3-41　定点化仿真中信号内插前后功率谱图

3) 硬件实现及优化

定点化仿真之后利用 Verilog HDL 语言完成硬件逻辑的编写,同时进行了两方面的硬件资源优化。

(1) 利用仿真软件工具生成 31 阶 32 抽头的 Farrow 滤波器的乘法表,其为一个 32×32 的矩阵。经过比较,当乘法器量化位宽为 32bit 时,输出信号的信噪比仅比量化位宽为 16bit 时高出 1dB。以 16bit 进行最大值归一化量化后,仅 13 个子滤波器里的乘法系数不全为零,因此 31 阶 32 抽头的滤波器结构实际等效为了 13 阶 32 抽头滤波器结构,极大地节省了硬件资源。

(2) FPGA 中 DSP 乘法器资源相对紧张,同时大位宽的数的乘法不利于时序收敛。观察到乘法表系数中有部分值为 2^n,对于这一部分系数的乘法操作,以逻辑移位和拼接实现乘法以节省 DSP 乘法器。

FPGA 硬件实现后的资源消耗如表 3-2 所示,器件型号为 XCK7410T,其可用资源数量也列于表 3-2 中。

表 3-2　FPGA 硬件实现资源消耗统计表

项目	LUT	FF	IO	LUTRAM	DSP
占用数量/个	8681	12266	68	663	229
可用数量/个	254200	508400	400	90600	1540
占用比例/%	3.42	2.41	17.00	0.73	14.84

在 FPGA 综合后进行行为仿真。设定时钟频率为 200MHz，输入信号中心频率采样频率为 100MHz，采样频率转换比为 1.6306，内插前后得到的波形如图 3-42 所示。

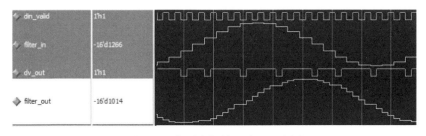

图 3-42　信号内插前后波形对比图

将 FPGA 行为仿真输出的信号导入仿真软件，与原始信号进行功率谱对比，结果如图 3-43 所示。

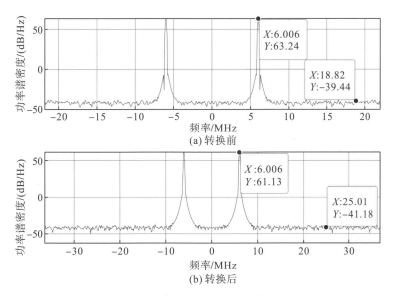

图 3-43　输入输出信号功率谱对比

图 3-43 中原始信号频率分量位于 6MHz 处，信噪比约为 102dB，插值后的信号采样频率由 100MHz 提升为 200MHz，频率分量最大值位于 6MHz 处保持不变，信噪比约为 103dB。最后将 FPGA 行为仿真输出的数据与硬件实现前的定点化仿真存储的定点化数据进行逐比特对比，数据一一对应。根据行为仿真的结果，确定系统设计正确，工作良好。

3.4　实时宽带信号检测

正确解调接收机接收到的信号，通常需要与信号相关的各种先验信息。即使在协作通信中，为提升接收性能也需要对信号相关的参数进行估计，以降低传输过程中的噪声、衰落等不利影响。在非合作侦查系统中，接收机接收到信号的所有相关参数都是未知的，没有任何先验信息，这时精确估计参数则显得尤为重要。本节重点介绍基于序号映射的并行 FFT 的 Welch 周期图谱估计技术以及基于形态学噪底展平的双门限定位算法（localization algorithm based on double-thresholding，LAD）改进型载波参数检测技术。

3.4.1 载波参数检测整体方案设计

本节的载波参数检测是针对信号的频域进行实施的，通过载波检测可以获得信号的带宽、载频以及信噪比等基本相关信息。信号载波检测整体的设计方案流程框图如图 3-44 所示。在前级的射频信道化完成之后，经过 ADC 采集变换为两路并行的数据，然后采用基于序号映射的并行 FFT 的 Welch 周期图谱估计技术得到信号的谱估计结果，这样就不需要将并行数据转换为串行数据就能完成谱估计，最后通过载波检测技术获取目标信号的基本参数信息，这里的载波检测包含两个步骤：第一步，对谱估计结果进行噪底展平，避免噪底的波动对检测结果带来误差；第二步，使用检测技术完成检测。

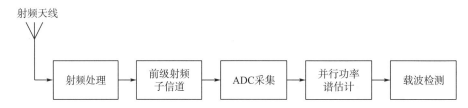

图 3-44　信号载波检测整体的设计方案流程框图

3.4.2 基于序号映射的并行 FFT 的 Welch 周期图谱估计

对于获取到的目标信号，通常首先进行一个较为准确的谱估计，继而通过谱估计结果获取一些关于信号的有效参数，本节就谱估计问题进行详细的理论分析研究。

1. Welch 周期图法

19 世纪末德国学者舒斯特（Schuster）首次提出了一种谱估计方法，命名为周期图法，其基本原理为：假设 $x[n](0 \leqslant n \leqslant N-1)$ 为一随机信号，长度为 N，则其傅里叶变换为

$$X[k] = \sum_{n=0}^{N-1} x[n] \mathrm{e}^{-\mathrm{j}wn} \tag{3-47}$$

经过周期图法变换后得到信道的功率谱为

$$I_N[k] = \frac{1}{N} \left| X[k] \right|^2 \tag{3-48}$$

周期图法是一种应用比较广泛的谱估计方法，是一种有偏估计，即当随机信道的长度足够长时，周期图谱估计的期望值等于实际的信号功率谱，然而其方差总是不为 0，表明周期图法不是一个一致性估计。

对此学者 Welch 提出了一种改进型方法，称之为平滑平均周期图法，其基本思想是将原始数据 $x[n](0 \leqslant n \leqslant N-1)$ 分为多段，且每段数据之间有交叠，并选择合适的窗函数对每段数据加窗。对交叠加窗后的数据进行谱估计，不仅可以提高数据之间的关联性，避免

估值结果的剧烈变化，且方差特性有了明显改善；同时有合适的窗函数可以大大降低频谱泄露，并提高了谱分析的分辨率。其理论推导如下所示。

假设 $x[n](0 \leqslant n \leqslant N-1)$ 为一均值为 0 的随机信号，功率谱密度为 $P(f)\left(|f| \leqslant 1/2\right)$。根据算法将原始数据分为 L 段，每段的长度为 M，段与段之间的交叠长度为 D，如图 3-45 所示。

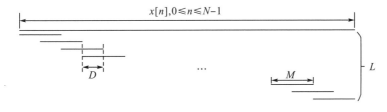

图 3-45　Welch 周期图数据分段示意图

每个子序列为

$$x_l[i] = x[i + (L-1)D] \quad (i = 0,1,\cdots,M-1; \ l = 1,2,\cdots,L) \tag{3-49}$$

且 L、D、M 之间满足

$$(L-1)D + M = N \tag{3-50}$$

据平滑平均周期图思想，首先对分段后的每一段数据加上合适的窗函数 $W(i)$ 变为 $X_1(i)$ $W(i), X_2(i)W(i),\cdots,X_L(i)W(i)(i = 0,1,\cdots,M-1)$ 并做傅里叶变换，则第 l 段的结果为

$$A_l[k] = \sum_{i=0}^{M-1} X_l(i)W(i)\mathrm{e}^{-\mathrm{j}\frac{2\pi ik}{M}} \tag{3-51}$$

因此 L 个子周期图为

$$I_l(f_n) = \frac{1}{MU}\left|A_l[k]\right|^2 \quad (l = 1,2,\cdots,L) \tag{3-52}$$

式中，U 为归一化因子：

$$U = \frac{1}{M}\sum_{i=0}^{M-1} W(i)^2 \tag{3-53}$$

f_n 表达式为

$$f_n = \frac{n}{M} \quad \left(n = 0,1,\cdots,\frac{M}{2}\right) \tag{3-54}$$

最终可得功率谱的平滑平均周期图谱估计为上述结果的平均，即

$$\hat{P}(f_n) = \frac{1}{L}\sum_{l=1}^{L} I_l(f_n) \tag{3-55}$$

对于窗函数来说，矩形窗、汉明窗、汉宁窗、布莱克曼窗等几种较为常用。这四种窗函数各有特点，矩形窗的优点是频谱主瓣集中分辨率高，缺点是信号被突然截断，频谱旁瓣较大，谱泄露严重；汉明窗的优点是频谱旁瓣显著减小，对谱泄露有较好的抑制，缺点是其频谱主瓣加宽造成分辨率的下降；汉宁窗的特点与汉明窗类似，但旁瓣抑制不如汉明窗好；布莱克曼窗和汉宁窗以及汉明窗都属于广义余弦窗函数。在实际的工程应用中，需要根据设计目标去选择合适的窗函数。

本节选用布莱克曼窗,其窗函数的数学表达式为

$$\omega(n) = \begin{cases} 0.42 - 0.50\cos\left(\dfrac{2\pi n}{M-1}\right) + 0.08\cos\left(\dfrac{4\pi n}{M-1}\right), & 0 \leqslant n \leqslant M-1 \\ 0, & \text{其他} \end{cases} \tag{3-56}$$

以 32 点布莱克曼窗函数为例,其时域和频域形状如图 3-46 所示。

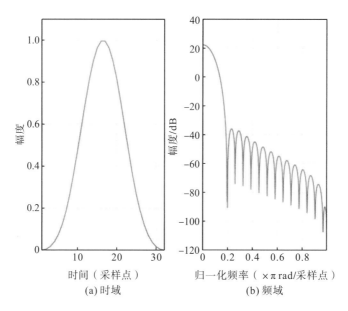

(a) 时域　　　　　　　　　　(b) 频域

图 3-46　布莱克曼窗函数时域和频域形状图

2. 基于序号映射的 FFT

FFT 是一种 DFT 的高效实现算法。FFT 是时域到频域变换分析中最常用的基本方法之一。DFT 的基本运算公式为

$$X[k] = \sum_{n=0}^{N-1} x[n] W_N^{kn} \quad (0 \leqslant n \leqslant N-1) \tag{3-57}$$

其中

$$W_N = \mathrm{e}^{-\mathrm{j}\frac{2\pi}{N}} \tag{3-58}$$

为旋转因子。

根据式(3-57),对采集到的数字信号序列 $x[n]$($0 \leqslant n \leqslant N-1$)进行一个串行的 FFT 运算即可完成该信号由时域到频域的变换。现在常用的高速 ADC 通常会将采样后的数据分为并行的几路数据同时输出以降低数据速率,对于这种情况下的频谱变换就无法直接根据基本运算公式得到。因此,本节针对这种情况采用了一种基于序号映射的 FFT 算法,可以直接对并行数据进行时域到频域的转换。

假设随机信号序列 $x[n]$ 的长度为 N,其中 N 可以由 N_1 和 N_2 两个整数的乘积得到。

$$N = N_1 \cdot N_2 \tag{3-59}$$

则相对应的时域序号 n 和 n_1、n_2 的关系可以由

$$n = n_1 + N_1 n_2 \quad (0 \leqslant n_1 \leqslant N_1 - 1, \ 0 \leqslant n_2 \leqslant N_2 - 1) \tag{3-60}$$

表达。同样，频域序号 k 和 k_1、k_2 的关系可以由

$$k = N_2 k_1 + k_2 \quad (0 \leqslant k_1 \leqslant N_1 - 1, \ 0 \leqslant k_2 \leqslant N_2 - 1) \tag{3-61}$$

表达。由式(3-60)可知时域序号 n 可以使用唯一的一对序号 n_1、n_2 来表示，同时，该式将信号 $x[n]$ 由一维长度有效地映射为一个 $N_1 \times N_2$ 大小的二维矩阵 $x[n_1, n_2]$，它包含 N_1 行和 N_2 列。同样，式(3-61)将频域序号 k 用唯一一对序号 k_1、k_2 来表示，同时，该式将频域序列 $X[k]$ 由一维长度有效地映射为一个 $N_1 \times N_2$ 大小的二维矩阵 $x[k_1, k_2]$，它包含 N_1 行和 N_2 列。

根据上面的序号映射，可以将 DFT 基本运算公式表示为

$$
\begin{aligned}
X[k] = X[N_2 k_1 + k_2] &= \sum_{n_1=0}^{N_1-1} \sum_{n_2=0}^{N_2-1} x[n_1 + N_1 n_2] W_N^{[n_1 + N_1 n_2][N_2 k_1 + k_2]} \\
&= \sum_{n_1=0}^{N_1-1} \sum_{n_2=0}^{N_2-1} x[n_1 + N_1 n_2] W_N^{n_1 N_2 k_1} W_N^{n_1 k_2} W_N^{N_1 n_2 N_2 k_1} W_N^{N_1 n_2 k_2}
\end{aligned}
\tag{3-62}
$$

其中，$0 \leqslant k_1 \leqslant N_1$ 且 $0 \leqslant k_2 \leqslant N_2$。此时

$$
\begin{cases}
W_N^{n_1 N_2 k_1} = W_{N_1 N_2}^{n_1 N_2 k_1} = W_{N_1}^{n_1 k_1} \\
W_N^{N_1 n_2 N_2 k_1} = W_{N_1 N_2}^{N_1 n_2 N_2 k_1} = 1 \\
W_N^{N_1 n_2 k_2} = W_{N_1 N_2}^{N_1 n_2 k_2} = W_{N_2}^{n_2 k_2}
\end{cases}
\tag{3-63}
$$

因此，式(3-62)可以重写为

$$
\begin{aligned}
X[N_2 k_1 + k_2] &= \sum_{n_1=0}^{N_1-1} \sum_{n_2=0}^{N_2-1} x[n_1 + N_1 n_2] W_{N_1}^{n_1 k_1} W_N^{n_1 k_2} W_{N_2}^{n_2 k_2} \\
&= \sum_{n_1=0}^{N_1-1} \left[\left(\sum_{n_2=0}^{N_2-1} x[n_1 + N_1 n_2] W_{N_2}^{n_2 k_2} \right) W_N^{n_1 k_2} \right] W_{N_1}^{n_1 k_1} \quad (0 \leqslant k_1 \leqslant N_1 - 1, 0 \leqslant k_2 \leqslant N_2 - 1)
\end{aligned}
\tag{3-64}
$$

定义

$$G[n_1, k_2] = \sum_{n_2=0}^{N_2-1} x[n_1 + N_1 n_2] W_{N_2}^{n_2 k_2} \quad (0 \leqslant k_2 \leqslant N_2 - 1) \tag{3-65}$$

通过式(3-65)可知，对于每一个序号值 n_1，$G[n_1, k_2]$ 可以看成对定义为 $x[n_1 + N_1 n_2]$ 的二维序列的第 n_1 行中的长度为 N_2 的序列的 N_2 点 DFT。将式(3-65)代入式(3-64)中，可得

$$X[N_2 k_1 + k_2] = \sum_{n_1=0}^{N_1-1} (G[n_1, k_2] W_N^{n_1 k_2}) W_{N_1}^{n_1 k_1} = \sum_{n_1=0}^{N_1-1} \hat{G}[n_1, k_2] W_{N_1}^{n_1 k_1} \tag{3-66}$$

其中

$$\hat{G}[n_1, k_2] = G[n_1, k_2] W_N^{n_1 k_2} \tag{3-67}$$

由式(3-66)可知，一组长度为 N_2 的 N_1 个序列 $\hat{G}[n_1, k_2]$ 可以通过对 $G[n_1, k_2]$ 进行 DFT 运算并乘上旋转因子 $W_N^{n_1 k_2}$ 得到。通过上述的一系列运算就可以得到并行数据的频域变换结果。

3. 基于序号映射并行 FFT 的 Welch 谱估计仿真验证

在 MATLAB 中对上述的理论分析进行仿真，仿真信号源的采样频率为 400MHz，

在进行 pwelch 功率谱估计时，窗函数采用的是布莱克曼窗。整个仿真系统的结构如图 3-47 所示。

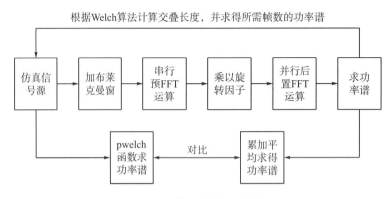

图 3-47　仿真系统原理框图

首先采用一个单音信号作为测试源，频率为 30MHz，信噪比为 40dB，量化为 16 bit 的有符号实数；窗函数根据上文选取布莱克曼窗，同样地，量化为 16bit 无符号数。对仿真信号源加窗后位宽扩展为 32bit，截位到 16bit 后使用 MATLAB 函数做 FFT 分析，结果如图 3-48 所示，动态范围约为 75dB。

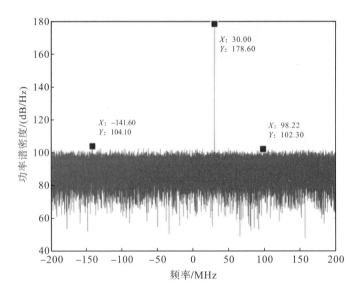

图 3-48　仿真信号源定点后 MATLAB FFT 函数分析结果

接下来使用 MATALB 自带的 pwelch 函数对上述的仿真信号源进行谱估计，交叠长度为 FFT 数据帧长的一半，累积帧数为 16 帧，其结果如图 3-49 所示。

对比图 3-48 和图 3-49 两种不同方法求解得到的谱估计结果，可以发现在底噪波动范围以及动态范围方面 Welch 周期图法的谱估计结果要比 FFT 估计的结果优秀，Welch 周期图法估计的动态范围为 81dB 左右，比 FFT 估计结果高出约 6dB。根据前文的谱估计算法原理，同样按照 16 帧 50%交叠的参数进行谱估计，最终结果如图 3-50 所示。

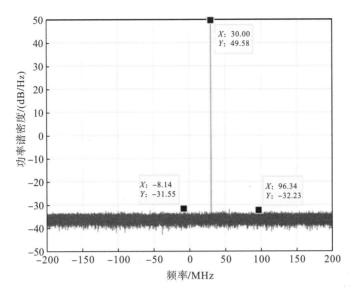

图 3-49 仿真信号源定点后 MATLAB pwelch 函数分析结果

从图 3-50 的结果中可得出单音信号的能量为 136.50dB/Hz；底噪上限位于 53.77dB/Hz
左右，向下最大波动 10dB/Hz 左右。通过对比图 3-49 和图 3-50 可以发现，MATLAB 自
带的 pwelch 函数得到的谱估计结果要比按照本章的仿真结构编写的仿真代码得到的结果
在纵轴上要低出约 86.92dB/Hz，但是二者结果在减去这个固定差值的影响后是可以完美
重合在一起的，如图 3-51 所示。图 3-51 局部放大后如图 3-52 所示。

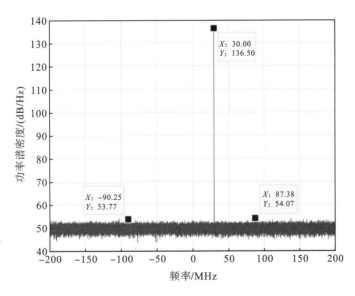

图 3-50 仿真源进行 16 帧 50%交叠仿真代码功率谱估计结果

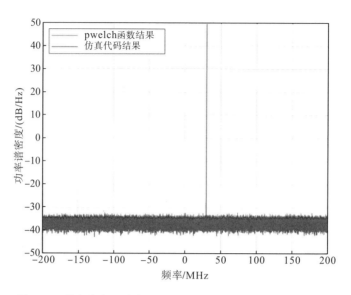

图 3-51　单音仿真源减去固定差值后两种方法的谱估计结果图

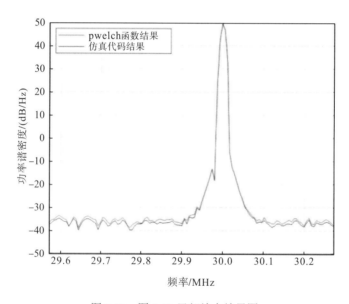

图 3-52　图 3-51 局部放大结果图

　　为了能够证明两种方法在谱估计结果中的差值是一个固定值，将仿真信号源换为一个宽带信号，同样采样频率为 400MHz，带宽为 30MHz。将该信号经过两种方法得到的谱估计结果同样减去 86.92dB/Hz 的差值后也可以很好地重合为一个整体，如图 3-53 所示。图 3-53 的局部放大图如图 3-54 所示。

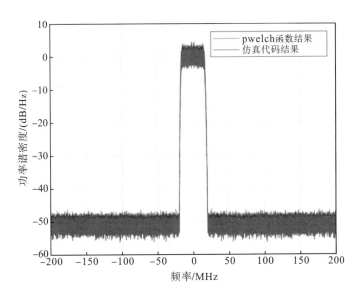

图 3-53　宽带仿真信号减去固定差值后两种方法的谱估计结果图

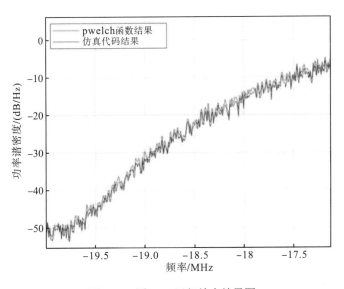

图 3-54　图 3-53 局部放大结果图

　　关于本章谱估计方法中的累积帧数,上文中的仿真结果均按照 16 帧来进行仿真,下面以单音信号为例,图 3-55～图 3-58 则列出了在使用本章的谱分析方法且帧数分别为 32 帧、64 帧、128 帧、256 帧时功率谱估计结果中累积帧数对于底噪波动大小的影响。

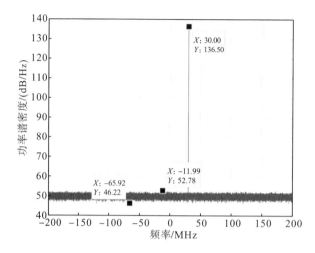

图 3-55　仿真源进行 32 帧 50%交叠仿真代码功率谱估计结果

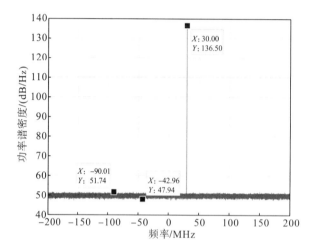

图 3-56　仿真源进行 64 帧 50%交叠仿真代码功率谱估计结果

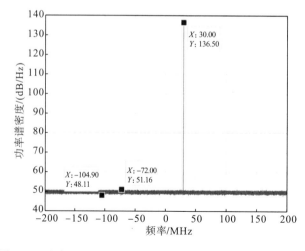

图 3-57　仿真源进行 128 帧 50%交叠仿真代码功率谱估计结果

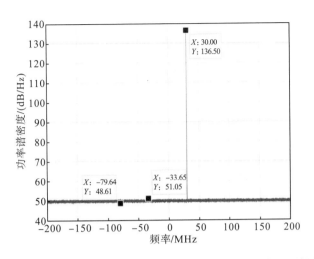

图 3-58　仿真源进行 256 帧 50%交叠仿真代码功率谱估计结果

通过上面的对比可以发现：当累积帧数为 16 帧时，谱估计结果的噪底波动在 11dB/Hz 左右；当累积帧数为 32 帧时，谱估计结果的噪底波动在 6.56dB/Hz 左右；当累积帧数为 64 帧时，谱估计结果的噪底波动在 3.8dB/Hz 左右；当累积帧数为 128 帧时，谱估计结果的噪底波动在 3.05dB/Hz 左右；当累积帧数为 256 帧时，谱估计结果的噪底波动在 2.56dB/Hz 左右。随着累积帧数的逐渐增加，噪底波动减小的趋势也是在逐渐减小，提高一倍的累积帧数不再能达到相同的降低噪底波动的效果，因此在实际的应用中应该根据具体的情况去选择合适的累积帧数。

3.4.3　基于形态学的噪底展平 LAD 改进型检测算法

本节首先介绍两种常用的信号载波检测技术，其实现起来简单，但信号漏检以及误检的概率随着信号波动的增大而逐渐变大；接着介绍基于前向连续均值去除（forward consecutive mean excision，FCME）的 LAD，该算法对于检测门限值的获取进行了迭代计算，信号的检测结果相对精确，缺点就是需要信号相关的先验信息且实现起来较为复杂。本节则主要提出一种改进型 LAD，可以在信号的噪底不平坦的情况下同样进行一个较为精确的信号检测。

1. 常用信号载波检测技术基本原理

本节内容将列举两种实际应用中常用的信号载波检测技术，通过分析其原理，引出本章的改进型信号检测算法。

1）基于门限的信号检测

3.4.2 节分析了针对信号的功率谱估计算法，通过对信号进行谱估计即可将信号从时域转换到频域。本节则介绍如何在频域中去检测是否有信号存在。

对于信号的检测，常用的方法是门限检测，其核心与灵魂是如何设置合理的门限值。本节先介绍基于均值的单门限检测方法，对输入信号求均值 E，通过与门限系数 μ 相乘即可得到合适的门限值 $\mathrm{TH}_{\mathrm{mean}}$，其中门限系数与设定的检测虚警概率 P_{fa} 有关[27,28]。

$$\mathrm{TH}_{\mathrm{mean}} = \mu \cdot E \tag{3-68}$$

且

$$\mu = -\ln P_{\mathrm{fa}} \tag{3-69}$$

在求得检测门限值之后将信号与门限值做对比，当信号的平均幅度超过门限值时即可认为检测到了某个信号。该方法理论简单且易于实现，由于门限值为一固定值，当信号幅值出现波动时会造成较大概率的误检、漏检，且该方法仅可实现信号有无的检测。

针对基于均值的单门限检测在信号幅值波动较大时易错的情况，考虑到信号幅值变化越大，则方差越大，因此一种基于均值和方差来获取门限值的方法被提出，称为 E-sigma 门限法，该方法在门限值的求解过程中加入了方差的影响。假设待检测信号的均值为 E，方差为 σ^2，门限系数为 μ，则门限值计算式为

$$\mathrm{TH}_{\mathrm{mean\text{-}var}} = E + \mu \cdot \sigma^2 \tag{3-70}$$

其中

$$\mu = -\ln P_{\mathrm{fa}} \tag{3-71}$$

该方法在门限的灵活程度上要优于基于均值的门限检测方法。

2) 基于 FCME 的 LAD

LAD 是一种双门限检测算法，其原理是利用高低两个不同的门限值将信号分成不同的簇，进而根据这些簇识别信号的数量和位置，并估计信号的带宽、中心频率以及信噪比。假设 $P_{\mathrm{fa\text{-}L}}$ 和 $P_{\mathrm{fa\text{-}H}}$ 分别代表信号检测时低门限 TH_{L} 和高门限 TH_{H} 的虚警概率，那么，当噪声的分布规律服从 χ^2 分布时，门限系数分别为

$$\mu_{\mathrm{L}} = -\ln P_{\mathrm{fa\text{-}L}} \tag{3-72}$$

$$\mu_{\mathrm{H}} = -\ln P_{\mathrm{fa\text{-}H}} \tag{3-73}$$

若噪声能量的水平估计值分别为 N_{L} 和 N_{H}，则低门限值和高门限值计算如下[29,30]：

$$\mathrm{TH}_{\mathrm{L}} = \mu_{\mathrm{L}} \cdot N_{\mathrm{L}} \tag{3-74}$$

$$\mathrm{TH}_{\mathrm{H}} = \mu_{\mathrm{H}} \cdot N_{\mathrm{H}} \tag{3-75}$$

首先利用低门限对整个信号进行检测找出判决簇，将谱估计后所有频点上幅值超过低门限值的频点认为是存在信号，并将连续高于该门限值的频点归为一组(即簇)，此时即获得所有可能存在信号的判决簇；接着利用高门限值判断每一个簇是否为一个信号，原则上是当簇中的所有频点的幅值均高于高门限值时，可认为该簇是一个信号，否则认为是非信号。经过上述的判决，所检测到的信号的数量和频点就确定了。在上述的分析中可得出低门限是为了保证所有可能为信号的簇能够正确地从低噪中分离，高门限是为了保证包含信号的簇能够正确地被检测出。

有研究者提出了 FCME 算法，该算法基于迭代运算，不需要噪声能量作为先验信息，无须人为监管。通常来讲，FCME 算法是通过对信号的能量进行检测，将信号 $x[n]$ 中各个频点的能量由小到大进行排序，选取能量最小的 M 个点作为参考集合 $x_M[n]$，M 值不宜过小，否则可能会造成算法的不收敛，通常 M 取值为谱估计点数的 10%。参考集合的平均能量为

$$E_M = \frac{1}{M} \sum_{i=0}^{M-1} |x[i]|^2 \tag{3-76}$$

初始参考门限为

$$\text{TH}_0 = \mu_{\text{FCME}} \cdot E_M \tag{3-77}$$

其中，μ_{FCME} 为门限系数，可表示为

$$\mu_{\text{FCME}} = -\ln P_{\text{fa}} \tag{3-78}$$

在得到初始门限值之后将信号集合 $|x[n]|^2$ 中的元素进行重新检测，并将能量值小于初始门限值的频点作为新的参考集合，接着再对新的参考集合计算均值和门限，重复上述的步骤，直至达到预设的迭代次数或者参考集合中的元素不再改变，此时即可终止算法并计算最终的门限值。

LAD 可以盲检测出时域或者频域中集中的信号，还可以估计其带宽、中心频率以及 SNR，缺点是需要噪声能量作为先验信息。FCME 算法得出的门限值较为精确，较好地避免了误检和漏检概率高的问题，同时不需要噪声能量作为先验信息。因此，通过对两者的结合能够大大提高检测性能，缺点是 FCME 算法计算复杂度过高，在实现过程中排序操作会耗费大量时间，对实时性要求高的系统不是很友好。

2. 基于形态学的噪底展平 LAD 改进型检测算法理论分析

腐蚀(erosion)、膨胀 (dilation)、开运算 (opening) 和闭运算 (closing) 是数学形态学中的四种基本运算，彼此之间又可以进行组合运算。定义 $f(x)$ 为待处理的数字信号，$g(x)$ 为结构元素。

腐蚀运算可以实现去除目标集合中的小的或者无用的信息，将结构元素在信号元素中进行平移，则结构元素对信号元素的腐蚀结果为信号元素与结构元素重合部分的最小值，数学公式为

$$(f \Theta g)(x) = \min\{f(z) - g(z) : z \in D[g]\} \tag{3-79}$$

膨胀运算对于目标区域的空洞填补以及小颗粒噪声的消除具有显著效果，通过对结构元素在信号元素中的平移，结构元素对目标元素的膨胀结果为信号元素与结构元素二者的并集，其数学公式为

$$(f \oplus g)(x) = \max\{f(x) + g(z-x) : x \in D[f]\} \tag{3-80}$$

开运算是腐蚀与膨胀的一种组合运算，通过对目标进行腐蚀之后再做膨胀运算，即可完成开运算，实现对目标边缘的平滑。以弧形结构元素为例，其对信号元素进行开运算后可以消除信号中的尖锐峰值而不会对谷底造成影响，其数学公式为

$$O_g(f) = f \circ g = (f \Theta g) \oplus g \tag{3-81}$$

闭运算同样是腐蚀与膨胀的一种组合运算，通过对目标进行膨胀后再做腐蚀运算，即可完成闭运算，也可以实现对目标边缘的平滑，但与开运算不同。以弧形结构元素为例，其对信号元素进行闭运算后可以消除信号中的尖锐谷底而不会对波峰造成影响，其数学公式为

$$C_g(f) = f \cdot g = (f \oplus g) \Theta g \tag{3-82}$$

顶帽变换与底帽变换是图像处理中的一种常用手段。将信号元素 f 减去其基于结构元素 g 的开运算后即可得到顶帽变换的结果，其数学公式为

$$H_{\text{top}} = f - (f \circ g) \tag{3-83}$$

同样地，将信号元素 f 基于结构元素 g 的闭运算减去信号元素本身即可得到底帽变换结果，其数学公式为

$$H_{\text{bottom}} = (f \cdot g) - f \tag{3-84}$$

LAD 是一种性能较好的检测算法，由理论分析可知谱估计后信号的低噪如果不是平坦的，LAD 的门限很难对信号进行精确的检测，因此亟需一种方法对信号进行噪底估计。在上述的数学形态学原理介绍中，顶帽变换可以很好地从背景中提取噪声斑点，利用该思想将原始信号(图 3-59)进行噪底估计，再将信号减去估计得到的噪底，这时信号的低噪不平坦问题得以解决，如图 3-60 所示，接着就可以使用 LAD 对处理后的谱进行检测，本节使用的 LAD 除了高低两个门限，还使用了一个用于信号合并的门限。

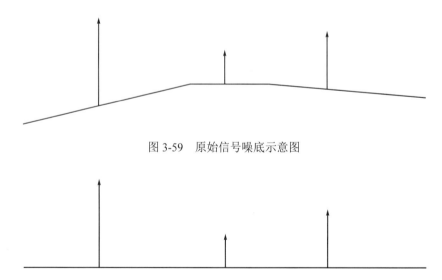

图 3-59　原始信号噪底示意图

图 3-60　进行噪底估计后的信号示意图

在进行信号检测时，有以下几个准则需要遵守[31,32]。

(1)功率谱估计后某个频率位置的幅值超过低门限值，则认为该频率位置可能存在信号并将连续超过低门限值的频率点合并为一个簇。

（2）当（1）得到的簇中幅值超过高门限值的簇时，则认为存在信号，否则认为是干扰噪声。

（3）若两个信号簇频率之间距离较近，且相邻两个簇之间的波谷低于低门限值或者波谷越过信号合并门限的位置之间的长度大于信号合并长度，则认为这两个簇是两个独立的信号；若不满足其中任意一个条件，则认为是同一个信号，检测时应该对两个信号进行合并。

（4）信号检测时首先进行了噪底估计，因此噪底已经得知，通过对某个信号簇中超过高门限值的频点的幅值求平均即可得知该信号的幅度，同样可以得到该信号的 SNR。

（5）在求信号的 ndB 带宽时，将信号的幅度值减去 n 值作为带宽检测门限值，将超过该门限值的信号频点之间的宽度视为信号带宽。

（6）通过信号带宽求得信号中心频点的位置，由谱估计原理经过频率换算即可得到该信号的中心频率估计值。

3. 噪底展平改进型检测算法仿真分析

上一节介绍了形态学中的几种基本运算，并分析了每一种运算的特点，通过对几种运算的组合运用，得到顶帽变换与底帽变换算法，适当地应用这两种算法，可以将信号在谱分析后的噪底展平，这样便于使用 LAD 进行精确的信号检测。如图 3-61 所示，其信号为仿真信号源，采样频率为 50MHz。

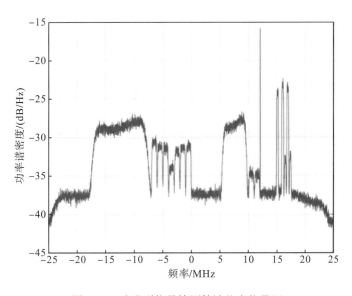

图 3-61　改进型信号检测算法仿真信号源

观察图 3-61 可知，整个信号的噪底不是平坦的，这就会对信号的检测造成影响，若检测算法的检测门限设置得不是很合理，有可能将凸起来的噪底也识别为一个信号，或者当某个信号恰好位于底噪的凹陷部分时，漏检该信号。因此这里需要将信号的噪底进行展平，通过仿真算法，噪底估计结果如图 3-62 所示。

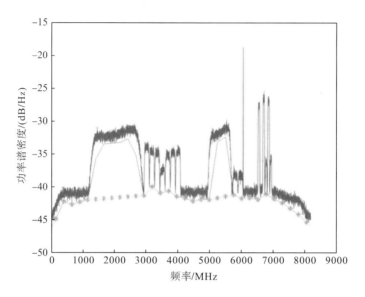

图 3-62　噪底展平中的噪底估计结果

图 3-62 中除去原始的信号谱估计曲线，得到了两条曲线，一条由折线画出，另外一条由"*"号画出。其中前者表示在某些情况下算法找到了一些宽带信号，那么在噪底估算的时候需要将这些信号腐蚀掉，不能以这些信号的形状作为低噪曲线进行后继处理，如果直接将该曲线作为底噪曲线进行处理，带来的后果就是会将这些情况下的宽带信号处理掉，最终导致检测结果的漏检。经过处理后的底噪曲线为两条曲线中的后者，可以看出底噪曲线还是很好地贴合了信号谱估计后的底噪形状。

得到底噪估计结果后，只需要将信号减去底噪即可得到展平底噪后的信号谱估计结果，如图 3-63 所示。

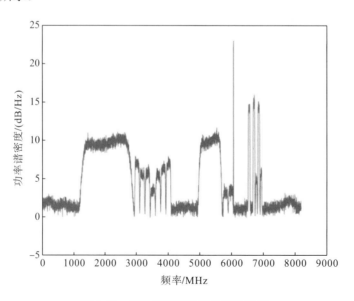

图 3-63　底噪展平后的信号谱估计图

接下来使用本章的改进型检测算法对展平底噪后的信号进行检测,检测结果如图 3-64 所示。可以看出每一个信号都被检测到且可通过标识方框的宽度得知信号带宽。

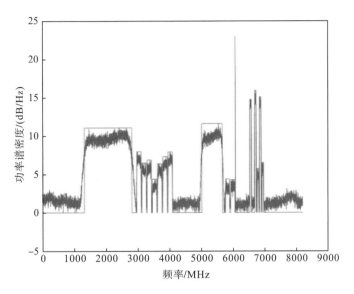

图 3-64 噪底展平后信号检测结果

为了验证这种信号检测算法的普适性,通过将上述的信号源进行频率搬移模拟不同的信号情况,最终得到的检测结果如图 3-65 所示,同样可以很好地对信号完成检测。

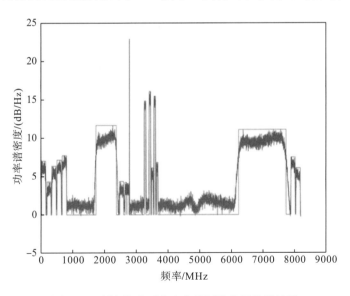

图 3-65 频率搬移后仿真信号源的信号检测结果

3.4.4 载波参数检测实现结构及其分析

上一节重点讨论了针对未知的频率范围,如何进行有效的功率谱估计以及如何根据谱估计结果使用合适的算法检测出有效的信号并获取关键的参数信息。本节则主要按照上一节的理论分析及仿真结果，研究其有效的实现结构。

1. 基于序号映射 FFT 的 Welch 谱估计实现及分析

信号功率谱估计的实现原理框图如图 3-66 所示，这里以两并行数据为例。

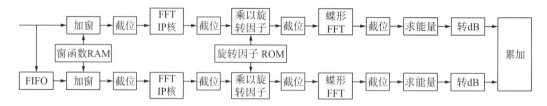

图 3-66　信号功率谱估计的实现原理框图

根据 pwelch 算法，在对信号进行功率谱估计时数据帧与帧之间存在交叠，在硬件的数据处理过程中，ADC 采样得到的是连续的数据流，因此只需要对其中一路数据进行物理延时，根据交叠长度和时钟大小决定延时多少个周期。这里使用 FPGA 中的 FIFO 作为延时模块，需要延时的一路的采样数据连续地写入 FIFO 中，并在达到延时时间后再连续不停地将数据从 FIFO 中读出即可。

窗函数根据设计需求选用了布莱克曼窗。首先在 MATLAB 中生成全精度的窗函数，再对其进行量化，量化为 16bit 的定点数据；由于布莱克曼窗的对称性质，在 FPGA 中对窗函数存储时也只需要一半的 BRAM 资源即可实现，通过对 BRAM 中窗函数数据的正序和反序读取即可实现一个完整的窗函数的读取。同时，这里的窗函数使用随机存取存储器（random access memory，RAM）进行存储，若想选用其他类型的窗函数，则可以对 RAM 进行重新配置。

将一路数据和窗函数相乘完成对信号的加窗操作，在赛灵思（Xilinx）厂商的 FPGA 器件中，乘法可以由 LUT（查找表）或者 DSP 中的专用乘法器实现，前者的优点是节省 DSP 资源，该资源在器件中并不是很多，而 LUT 资源数量比较多；后者的优点是可以作为专门的硬件乘法器，在性能上要优于前者，本章系统在资源相对充足的情况下使用 DSP 实现乘法操作。其中原始信号位宽为 16bit，窗函数量化的位宽同为 16bit，因此加窗后的数据位宽扩展到 32bit。

截位模块为本方案在实现时不可或缺的一个模块，由于数据在一级一级的运算过程中会不停地增加位宽，而位宽的增加为后级的数据处理不仅带来了资源上的增加，同时对时序、性能等方面也带来了不小的压力，因此需要在每一级的数据处理之后对处理结果进行截位，而截位模块的功能就是对数据截取一定的位宽，方便后续模块的处理。截位通常有两种常用的方法：截断和四舍五入。截断即直接丢弃数据位中较低的几个比特，这种截位方法的优点是方便操作，易于实现，缺点就是截断相当于向下取整，会给信号引入直流分量，影响后续的处理；四舍五入的截位方式实现时稍微复杂些，特别是有符号数的四舍五入需要考虑如何使用一种通用的处理方法完成对负数和正数的处理。本节使用了四舍五入的截位方法，这种方法不会给信号引入额外的直流分量。

前置 FFT 模块是对两路并行数据中的每一路的串行数据进行 FFT，在 FPGA 中实现时直接调用 IP 核即可实现，其配置界面选项卡中可选择 FFT 结果是自然顺序输出还是比特反转顺序输出，如图 3-67 所示。

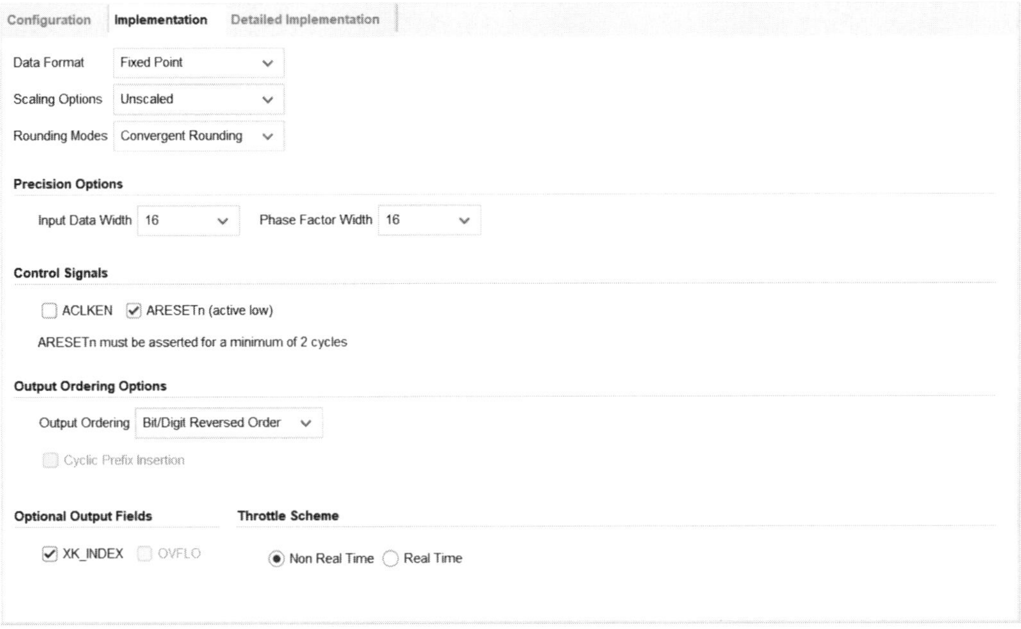

图 3-67　FFT IP 核配置选项卡

若选择比特反转顺序输出，则根据 FFT 的原理不需要对处理结果进行重新的排序，直接输出即可；若选择自然顺序输出，则 IP 核会消耗额外的 BRAM 资源去调整顺序后再将结果输出，带来额外的资源消耗。本节选用的是比特反转顺序输出，并勾选输出 FFT 结果序号的选项，这样既可节省资源也可以满足设计的需求，具体的原理将在最后的累加平均模块进行说明。FFT 结果同样会增加数据的位宽，假设输入数据位宽为 N_{in}，则输出位宽为

$$N_{out} = N_{in} + \log_2(\text{FFT\_Point}) + 1 \tag{3-85}$$

本节在实现时 N_{in} 为 16bit，FFT_Point 为 32768 点，所以 N_{out} 为 32bit，同样地，也需要通过截位模块截取合适的位宽以便后续的处理。旋转因子模块同窗函数模块类似，也是首先在 MATLAB 中进行量化，由于旋转因子是在单位圆上进行旋转获得，同样具有对称性，所以在 FPGA 中同样可以使用原本存储全部 BRAM 资源的一半完成对旋转因子的存储。

在对数据流乘以旋转因子后，便需要进行后置 FFT 运算，此处的 FFT 运算不再是对每一路进行串行运算，而是每个时钟同时对两路数据进行一次运算，使用的是基 2 的蝶形运算，蝶形运算图如图 3-68 所示。

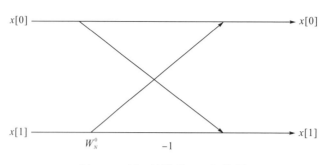

图 3-68　基 2 的蝶形 FFT 运算图

　　经过后置 FFT 运算后的数据就是信号最终的功率谱估计结果，不过还需要通过 dB 转换模块将谱估计结果由幅度域转换到 dB 域，此处的 dB 转换由查找表完成，需要事先建立好查找表存储在 FPGA 中，在转换时通过查表获取对应的 dB 值大小。进行 dB 转换的好处就是转换后可以大大缩小谱估计数据的位宽，这样减小对后续累加平均模块的时序收敛压力。

　　在前置 FFT 模块中提到输出结果采用的是比特反转顺序并同时输出了每一个结果的序号，因此在累加平均模块中，可以将数据按照下标一一存储到 RAM 中对应的位置，在读出时只需要按照顺序读取就是自然顺序的谱估计结果。需要注意的是，在连续不断地累加过程中，数据的位宽会扩展，因此存储的 BRAM 位宽需要进行扩充，假设累积最大帧数为 N_{frame}，则需要扩充的位数为 $\log_2 N_{frame}$。

　　信号谱分析模块在 FPGA 中最终实现后的资源消耗如表 3-3 所示，FPGA 器件型号为 XCKU115，具体可用资源数量在表中也进行了详细介绍。

表 3-3　谱分析模块在 FPGA 中实现资源消耗表

项目	LUT	FF	BRAM	LUTRAM	DSP
占用数量/个	53464	80336	452	20479	320
可用数量/个	663360	1326720	2160	293760	5520
占用比例/%	8.06	6.06	20.93	6.97	5.80

2. 噪底展平改进型载波检测实现及分析

　　载波检测的实现框图如图 3-69 所示。

　　在对信号进行载波检测时一共需要将信号的谱估计结果从累加平均模块的 RAM 中读取三遍，每一遍都完成特定的预处理功能，为下一遍的数据处理做铺垫，如获取所需要的参数等。在图 3-69 中，第一遍数据读取时处理模块名字为最小值扫描模块，其主要功能是对读取出的数据流进行扫描，获取特殊点的值并存储在 RAM 中，便于第二遍进行谱底噪估计时使用；同时，根据载波检测的原理，需要将一些超过一定宽度的信号找出来。

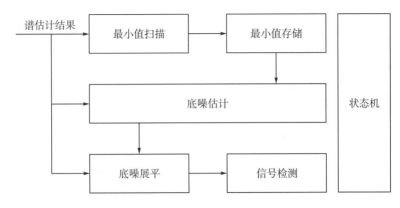

图 3-69　载波检测的实现框图

　　第二遍数据读取时将第一遍处理得到的特殊点读取出，这些特殊值点通过运算得到底噪模型，同时还需要将找到的那些宽带信号腐蚀掉，这样才能够在减去底噪后的信号谱中保留所有的信号，避免后续的信号检测漏检这些信号。

　　第三遍数据读取的同时减去信号底噪得到展平底噪的信号谱估计，运用 3.4.3 节的信号检测原理进行信号检测。在获取信号的 ndB 带宽时，使用信号幅度值减去 n 值作为带宽检测门限，由于信号的谱在不停地波动，因此不能单纯地以上升沿作为信号带宽的起始位置，本节在实现时将数据流中扫描到的上升沿中最后一个小于门限值的点作为宽带信号的起始点，将下降沿中第一个小于门限值的点作为宽带信号的结束点，通过结束点与起始点的差值获取到信号的带宽信息。

　　载波检测功能在 FPGA 中实现后的资源消耗统计如表 3-4 所示。FPGA 器件型号为 XCKU115，具体可用资源数量在表中也进行了详细介绍。

表 3-4　载波检测功能在 FPGA 中实现资源消耗统计表

项目	LUT	FF	BRAM	LUTRAM	DSP
占用数量/个	1695	1906	2	3	2
可用数量/个	663360	1326720	2160	293760	5520
占用比例/%	0.26	0.14	0.09	0.001	0.04

3.5　本 章 小 结

　　本章针对非合作接收中射频指纹识别信号预处理方法进行了介绍，提出了一种无盲区跨信道的信道化方法、一种面向实时处理的可变参数 Farrow 滤波器实现结构，以及一种用于后续载波引导的实时宽带信号载波检测方法。经过预处理后，利用引导参数可以对宽带采集信号中的载波进行进一步解调、射频指纹特征提取、射频指纹识别等处理。

参 考 文 献

[1] Nyquist H. Certain topics in telegraph transmission theory[J]. Proceedings of the IEEE, 1928, 90(2): 280-305.

[2] 张莉莉. 多速率多模式中频数字化接收机关键技术研究[D]. 成都: 电子科技大学, 2012.

[3] 杨小牛, 楼才义, 徐建良. 软件无线电原理与应用[M]. 北京: 电子工业出版社, 2001.

[4] 孙培清. 基于 STFT 的雷达信号数字信道化侦收及实现方法研究[D]. 成都: 电子科技大学, 2020 年.

[5] 姜冬梅. 雷达信号数字侦察接收的 FPGA 实现[D]. 成都: 电子科技大学, 2008.

[6] 王森. 宽带数字信道化接收机 FPGA 实现技术研究[D]. 成都: 电子科技大学, 2008.

[7] 王洪, 吕幼新, 汪学刚. WOLA 滤波器组信道化接收机技术[J]. 电子科技大学学报, 2008, 37(1): 45-48.

[8] 丁丽. 超宽带雷达信号高速数据采集与三维信道化 FPGA 实现[D]. 成都: 电子科技大学, 2020.

[9] Narendar M, Vinod A P, Madhukumar A S, et al. A tree-structured DFT filter bank based spectrum sensor for estimation of radio channel edge frequencies in military wideband receivers[C]//10th International Conference on Information Science, Signal Processing and their Applications (ISSPA 2010). May 10-13, 2010, Kuala Lumpur, Malaysia. IEEE, 2010: 534-537.

[10] Harris F, Dick C, Chen X, et al. Wideband 160-channel polyphase filter bank cable TV channeliser[J]. IET Signal Processing, 2011, 5(3): 325-332.

[11] Tsui J B. Microwave Receivers with Electronic Warfare Applications[M]. Raleigh, NC: SciTech Publishing Inc., 2005.

[12] Anderson G W, Webb D C, Spezio A E, et al. Advanced channelization for RF, microwave, and millimeterwave applications[J]. Proceedings of the IEEE, 1991, 79(3): 355-388.

[13] Zahirniak D R, Sharpin D L, Fields T W. A hardware-efficient, multirate, digital channelized receiver architecture[J]. IEEE Transactions on Aerospace and Electronic Systems, 1998, 34(1): 137-152.

[14] 哈里斯. 通信系统中的多采样率信号处理[M]. 王霞, 张国梅, 刘树棠, 译. 西安: 西安交通大学出版社, 2008.

[15] 李义宁, 赵杭生, 朱爱华. CIC 滤波器实现过程中应注意的几点问题[J]. 军事通信技术, 2004, 25(3): 4.

[16] Farrow C W. A continuously variable digital delay element[C]//IEEE International Symposium on Circuits and Systems. IEEE, 1988: 2641-2645.

[17] 陈彩莲, 于宏毅, 沈彩耀, 等. 采样率转换中 Farrow 滤波器实现结构研究[J]. 信息工程大学学报, 2009, 10(3): 329-32.

[18] 李静, 彭华, 葛临东. 用于软件无线电中的整数倍采样率转换技术[J]. 无线电通信技术, 2000, 26(3): 3.

[19] 刘春霞, 王飞雪. 分数倍采样率转换中内插与抽取的顺序研究[J]. 电子技术应用, 2005, 31(6): 2.

[20] Gardner F M. Interpolation in digital modems-part I: fundamentals[J]. IEEE Transactions on Communications, 1993, 41(3): 502-508.

[21] Garmder F M. Interpolation in digital modems-part II: implementation and performance[J]. IEEE Transactions on Communications, 1993, 41(6): 998-1008.

[22] 邹维, 达新宇, 谢铁城, 等. 改进的宽带信号有理数倍采样率变换结构[J]. 电讯技术, 2012, 52(11): 4.

[23] 蒋天立, 吴迪, 彭华, 等. 任意倍数重采样结构参数优化选择[J]. 信息工程大学学报, 2014, 15(3): 8.

[24] 金鹏飞. 非合作多信号检测及其载频和带宽估计技术研究[D]. 绵阳: 中国工程物理研究院, 2017.

[25] 丁晓颖. 压缩感知功率谱频谱检测技术的研究[D]. 黑龙江: 哈尔滨工程大学, 2014.

[26] Li T, Li M, Fan X, et al. Application and FPGA implementation of wideband real-time spectrum analysis in spaceborne electronic reconnaissance[C]//2016 Progress in Electromagnetic Research Symposium (PIERS). IEEE, 2016: 526-531.

[27] Saputra I G N A D, Sunaya I G A M, Sugirianta I B, et al. Combination of top-hat and bottom-hat transforms for frequency estimation[C]//2018 International Conference on Applied Science and Technology（iCAST）. October 26-27, 2018, Manado, Indonesia. IEEE, 2018: 687-692.

[28] 胡婧, 边东明, 谢智东, 等. 应用形态学滤波的卫星通信窄带干扰检测新方法[J]. 计算机科学, 2016, 43（10）: 120-124.

[29] Iglesias V, Grajal J, Sánchez M A, et al. Implementation of a real-time spectrum analyzer on FPGA platforms[J]. IEEE Transactions on Instrumentation and Measurement, 2014, 64（2）: 338-355.

[30] Digham F F, Alouini M S, Simon M K. On the energy detection of unknown signals over fading channels[C]//IEEE International Conference on Communications, 2003. ICC '03. May 11-15, 2003, Anchorage, AK, USA. IEEE, 2003: 3575-3579.

[31] 莫小鹏. 扩频通信的自适应窄带干扰抑制算法研究[D]. 湖南: 国防科技大学, 2014.

[32] Guo Y F, Zhang Y L, Xue A K. Coherent integration weak target detection algorithm based on short time sliding window[C]//Proceedings of the 10th World Congress on Intelligent Control and Automation. July 6-8, 2012, Beijing, China. IEEE, 2012: 4264-4266.

[33] Xie Y F, Li G, Li T Y, et al. Direct sequence spread spectrum signal detection in DVB-CID signal[C]//2019 IEEE 5th International Conference on Computer and Communications（ICCC）. December 6-9, 2019. Chengdu, China. IEEE, 2019: 645-649.

第4章 多径环境中调制识别技术与数据预处理

移动信道的复杂多变给信号的调制识别带来了巨大的挑战。多径效应使得信号在传播过程中会发生扭曲和畸变，这使得已经训练好的神经网络无法正常进行工作。本章通过分析现有的基于深度学习的调制识别算法，提出一种面向正交频分复用(orthogonal frequency division multiplexing, OFDM)传输的适用于动态多径信道的调制识别架构，详细介绍算法中使用的各种信号预处理算法和仿真结果。此外，本章主要介绍两类适用于调制识别算法的深度神经网络，将其进行改进用于算法架构中作为分类器，并且基于动态多径信道下的仿真数据，重点分析不同的信号预处理算法对于调制识别的影响。另外，作为对比，实现两类传统的数字信号调制识别算法，通过结果分析，可以很清楚地看到传统算法和深度神经网络之间的差别。本章结尾分析各类算法的实现复杂度，为后续算法的部署提供参考。另外，本章还重点研究不同的信号预处理算法对调制识别的影响，而不是重点关注网络参数的影响，为深度学习技术在实际通信场景中的调制识别提供参考。本章后续部分将根据算法设计依次介绍各个部分的实现和性能测试。

4.1 基于 OFDM 的通信传输模型

4.1.1 OFDM 技术概述

OFDM 是一种多载波调制的宽带通信技术。它将传输带宽划分为若干个并行的子信道，每个子信道是相互正交的，再将高速串行的数据流转换为并行的低速数据流，对数据比特单独调制后在子信道上并行传输。由于每个子信道在频域上是小于相干带宽的，因此可以看作平坦衰落信道，能够有效地抵抗多径效应引起的码间串扰。接收机利用各个子信道之间的正交性对 OFDM 符号进行解调，从而获取每个子信道上的传输符号。从 $t = t_s$ 开始的 OFDM 符号可以表示为

$$s(t) = \mathrm{Re}\left\{\sum_{i=1}^{N-1} d_i \mathrm{rect}\left(t - t_s - \frac{T}{2}\right) \exp\left[\mathrm{j}2\pi\left(f_c + \frac{i}{T}\right)(t - t_s)\right]\right\} \quad (t_s \leqslant t \leqslant t_s + T) \quad (4\text{-}1)$$

其中，N 表示子信道个数；T 表示 OFDM 符号宽度；d_i 表示分配给第 i 个子信道的数据符号；f_c 表示载波频率；$\mathrm{rect}(t)$ 表示矩形脉冲成型滤波器。

OFDM 技术有诸多的优点。首先，OFDM 通过将高速数据流并行传输，降低了数据速率，从而能够有效地抵抗多径效应。另外，与多载波调制不同的是，OFDM 每个子信道是可以相互重叠的，因此可以提高频谱的利用率。其次，由于每个子信道的传输是独立

的, 互不影响, 因此可以有效对抗窄带干扰, 同时可以方便用于多用户的资源划分。最后, OFDM 调制解调可以借助离散傅里叶(逆)变换(IDFT/DFT)来进行实现, 从而大大降低了实现复杂度, 奠定了 OFDM 在当今通信领域的主流地位。

4.1.2　OFDM 通信链路的矩阵表达

将 OFDM 信道传输过程采用矩阵向量的方式进行表达, 可以更加清楚地概括信道和收发端信号之间的关系, 有助于后续信道估计提取信道的路径增益。根据式(4-1), 利用 T_s 对 $r(t)$ 进行采样, 则第 n 个采样点可以表示为

$$r(n) = x(n) * h(n) + w(n) = \sum_{l=0}^{L-1} h_l x(n-l) + w(n) \tag{4-2}$$

令 P 是第 k 个 OFDM 符号长度, $P=N+D$, 其中 N 是子载波点数, D 是循环前缀数。第 k 个接收的 OFDM 符号表示为 $\boldsymbol{r}_{\text{cp}}(k) = [r(kP), r(kP+1), \cdots, r(kP+P-1)]^T$, 第 k 个要发送的 OFDM 符号表示为 $\boldsymbol{s}_{\text{cp}}(k) = [s(kP), s(kP+1), \cdots, s(kP+P-1)]^T$。式(4-2)可以表示为

$$\boldsymbol{r}_{\text{cp}}(k) = \begin{bmatrix} \boldsymbol{H}_1 & \boldsymbol{H}_0 \end{bmatrix} \begin{bmatrix} \boldsymbol{s}_{\text{cp}}(k-1) \\ \boldsymbol{s}_{\text{cp}}(k) \end{bmatrix} + \boldsymbol{w}_P(k) \tag{4-3}$$

其中, $\boldsymbol{H}_0$ 是第一行 $[h_0\, 0\cdots 0]^T$、第一列为 $[h_0\cdots h_{L-1}\, 0\cdots 0]^T$、大小为 $P\times P$ 的托普利兹(Topelize)矩阵; $\boldsymbol{H}_1$ 是第一行 $[0\cdots 0\, h_{L-1}\cdots h_1]^T$、第一列为 $[0\, 0\cdots 0]^T$、大小为 $P\times P$ 的托普利兹(Topelize)矩阵; $\boldsymbol{w}_P(k) = [w_1(kP)\, w_2(kP+1)\cdots w_P(kP+P-1)]^T$ 是信号上叠加的高斯白噪声。可以看出第 k 个接收到的 OFDM 符号是第 $k-1$ 个和第 k 个发射的 OFDM 符号叠加起来的结果。

OFDM 传输的向量矩阵表示模型如图 4-1 所示。$\tilde{\boldsymbol{s}}_N(k) = [\tilde{s}_1(k)\tilde{s}_2(k)\cdots\tilde{s}_N(k)]^T$ 表示调制后的数据序列; $\boldsymbol{F} = [e^{j2\pi mn/N}]_{m,n}$ 表示大小为 $N\times N$ 的 FFT 矩阵; $\boldsymbol{F}^H$ 表示 IFFT 矩阵。因此经过调制后的 OFDM 符号 $\boldsymbol{s}_N(k)$ 可以表示为 $\boldsymbol{s}_N(k) = \boldsymbol{F}^H \tilde{\boldsymbol{s}}_N(k)$; $\boldsymbol{T} = [\boldsymbol{I}_{\text{cp}}^T\ \boldsymbol{I}_N^T]^T$ 表示加循环前缀(cyclic prefix, CP)矩阵, 其中 $\boldsymbol{I}_{\text{cp}}$ 是 $\boldsymbol{I}_N$ 后 D 行所构成的矩阵, 通常选用 $D=N/4$。因此, 最终发送的 OFDM 信号 $\boldsymbol{s}_{\text{cp}}(k)$ 可以表示为

$$\boldsymbol{s}_{\text{cp}}(k) = \boldsymbol{T}\boldsymbol{s}_N(k) = \boldsymbol{T}\boldsymbol{F}^H \tilde{\boldsymbol{s}}_N(k) \tag{4-4}$$

接收端则是逆过程。$\boldsymbol{R} = [\boldsymbol{0}\ \boldsymbol{I}_N]$ 是去 CP 矩阵。最终实际接收到的 OFDM 解调符号可以表示为

$$\tilde{\boldsymbol{r}}_N(k) = \boldsymbol{R}\boldsymbol{r}_N(k) = \boldsymbol{F}\boldsymbol{R}\boldsymbol{r}_{\text{cp}}(k) \tag{4-5}$$

其中, $\boldsymbol{r}_N(k) = [r_1(k)\, r_2(k)\cdots r_N(k)]^T$, $\tilde{\boldsymbol{r}}_N(k) = [\tilde{r}_1(k)\, \tilde{r}_2(k)\cdots \tilde{r}_N(k)]^T$。该传输表示为后续盲信道估计的推导奠定了基础。

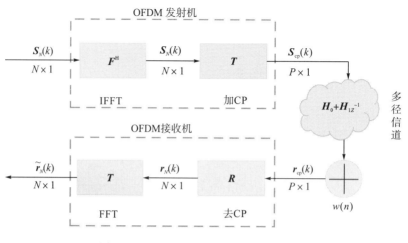

图 4-1　OFDM 传输的向量矩阵表示模型

4.1.3　多径环境调制识别流程架构

本章提出一种基于深度学习的适用于多径信道的 OFDM 系统中的数字信号调制识别技术。本章从通信角度出发，在接收端，采用各种信道估计和信道均衡技术来消除信道对信号所施加的影响，主要包括各种基于导频的信道估计技术和无导频信息的盲信道估计技术。采用盲信道估计技术主要是为了将算法推广到非合作通信当中，4.3 节详细介绍了采用的各种信号预处理技术，并给出信道估计和真实信道之间的误差对比结果仿真。

在模型训练部分，本章通过大量调研，并且结合调制识别任务的需求，采用最近提出的深度残差收缩神经网络(deep residual shrinkage network，DRSN)进行修改，使其适用于调制识别任务当中，该模型独特的动态软阈值结构使其在高噪声背景下拥有强大的特征学习能力，可以在低信噪比下提高识别精度。另外，卷积神经网络在调制识别中也有着广泛的应用，其因结构简单、训练复杂度低可以方便地进行部署，因此本章也搭建了基于卷积神经网络的分类模型进行识别，同时也评估了两种传统调制识别方法的性能。

本章所提出的算法特点是可以在一定程度上减少模型的训练量，使得模型训练一次就可以在不同的多径信道环境中进行使用，而无须再次训练网络，这使得算法在当今复杂多变的移动通信场景中的使用成为可能。

图 4-2 展示了整个算法的实施过程。利用加性高斯白噪声(additive white Gaussian noise，AWGN)信道下采样的数据进行模型的训练，作为分类器等待使用。当不同信道环境下的信号到来时，利用各种信号预处理技术消除信道的影响后再送入模型进行识别。经过处理后的信号已经基本消除信道特征，而保留了信号本身的调制特征，使得模型只需要关注信号本身，而不需要考虑信道的变化，因此较大程度上减少了模型的训练量，提高实时处理需求的能力。

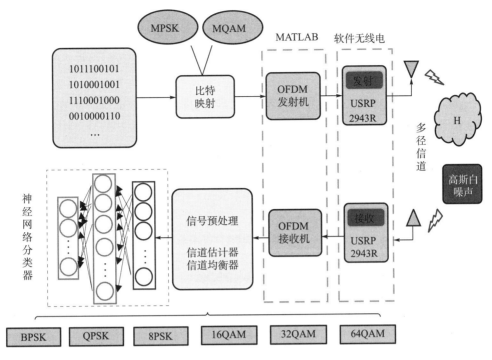

图 4-2　基于深度学习的调制识别算法架构

4.2　OFDM 系统信道估计算法

信道估计技术就是根据接收信号对信道的衰落因子进行计算,进而补偿信道效应对发射信号造成的干扰和影响,提高解码的准确率。针对信号的调制识别,信道特征同样会影响信号的调制特征,从而影响分类器的识别精度。因此,在训练分类器和判决信号时,需要尽量消除信号中的信道特征,提高算法的鲁棒性。

信道估计算法根据是否需要先验信息可以分为基于导频的信道估计算法和无导频的盲信道估计算法。基于导频的信道估计算法就是在信号帧中插入已知序列,导频插入的位置需要跟上信道的时间和频率方向的变化[1],常见的导频插入方式有块状导频、梳状导频和格状导频,不同的插入方式具有不同的特点。

图 4-3(a)展现了块状导频的排列结构,即在频率上占满所有的子载波,每间隔几个 OFDM 符号就需要发送一个序列符号用于信道估计。两个序列符号之间的间隔 N_T 需要小于信道的相干时间,即有

$$N_T < \frac{1}{f_{Doppler}} \tag{4-6}$$

其中,$f_{Doppler}$ 是信号的多普勒频移。这种导频方式适用于多径效应较严重的场景。

图 4-3(b)是梳状导频的排列结构,在这种类型中,每个 OFDM 符号的子载波都会周期性地放置序列符号,其中子载波之间的间隔 N_F 要小于信道的相干带宽,用于追踪信道随频率的变化。

$$N_F < \frac{1}{\tau_{max}} \tag{4-7}$$

其中，τ_{max} 是最大多径时延。这种导频插入方式适用于信道时变效应严重，但是多径效应比较良好的情况。

图 4-3(c) 为格状导频的排列结构，该结构可以减少对时频域资源的使用，从而使用更少的序列信息对信道进行估计。导频信号一般以一定的周期在时间和频率轴上排列。为了跟踪信道的时变和频率选择特性，需要同时满足式(4-6)和式(4-7)。盲信道估计算法常用于非合作通信中，在不需要知道先验信息的情况下对信道变化进行估计。本章所提出的算法构架分别从合作式和非合作式两个角度分析了信号估计算法对调制识别的影响。接下来介绍几类常用的信号预处理算法。

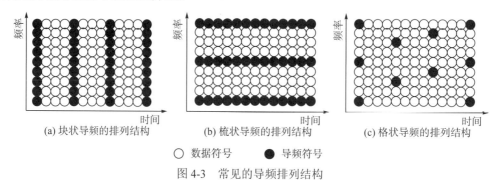

(a) 块状导频的排列结构　　(b) 梳状导频的排列结构　　(c) 格状导频的排列结构

○ 数据符号　　● 导频符号

图 4-3　常见的导频排列结构

4.2.1　基于导频的最小二乘信道估计算法

最小二乘(least squares，LS)信道估计算法需要建立关于信道估计 H 的代价函数，如式(4-8)所示。

$$J\left(\hat{H}\right) = \| Y - X\hat{H} \|^2 = \left(Y - X\hat{H}\right)^H \left(Y - X\hat{H}\right)$$
$$= Y^H Y - \hat{H}X^H Y - Y^H X\hat{H} + \hat{H}^H X^H X\hat{H} \tag{4-8}$$

式中，Y 是待接收的导频符号；X 是待发送的导频符号；H 是信道的频域增益向量，其向量系数对应每一个子载波；$\hat{H}$ 是 H 的估计值。

令 $J\left(\hat{H}\right)$ 关于 $\hat{H}$ 的偏导数为 0，根据矩阵求导法则可以得到

$$\nabla J\left(\hat{H}\right) = 2 \cdot \frac{\partial J\left(\hat{H}\right)}{\partial \hat{H}^*} = -2X^H Y + 2X^H X\hat{H} = 0 \tag{4-9}$$

进一步化简后可以得到 LS 信道估计的解：

$$\hat{H} = \left(X^H X\right)^{-1} X^H Y = X^{-1} Y \tag{4-10}$$

同样可以求得 LS 信道估计的均方误差(mean square error，MSE)，如式(4-11)所示。

$$MSE_{LS} = E\left\{\left(H - \hat{H}_{LS}\right)^H \left(H - \hat{H}_{LS}\right)\right\} = E\left\{\left(H - X^{-1}Y\right)^H \left(H - X^{-1}Y\right)\right\}$$
$$= E\left\{\left(X^{-1}Z\right)^H \left(X^{-1}Z\right)\right\} = E\left\{Z^H \left(XX^H\right)^{-1} Z\right\} = \frac{\sigma_z^2}{\sigma_x^2} \tag{4-11}$$

其中，σ_x^2 为信号方差；σ_z^2 为噪声方差。根据式(4-11)可以看出，LS 信道估计算法的均方误差与噪声功率值成正比，与信噪比(σ_x^2/σ_z^2)成反比，因此该算法的估计精度受噪声影响很大，在低信噪比下具有较大的误差[2]。

4.2.2　基于导频的最小均方误差信道估计算法

最小均方误差(minimum mean square error，MMSE)信道估计旨在建立接收信号 Y 与信道矩阵 H 的关系，在最小均方误差的准则下，寻找最优权重 W。由于 MMSE 信道估计算法中包含噪声的统计特性，因此其在低信噪比下的估计精度更高[2]。

MMSE 信道估计过程如下所示，首先建立 Y 与信道估计值 $\hat{H}$ 的线性关系。

$$\hat{H} = WY \tag{4-12}$$

$$
\begin{aligned}
J(\mathbf{W}) &= E\{\|\boldsymbol{e}\|^2\} = E\{\|\boldsymbol{H} - \hat{\boldsymbol{H}}\|^2\} \\
&= E\{(\boldsymbol{H} - \boldsymbol{WY})^{\mathrm{H}}(\boldsymbol{H} - \boldsymbol{WY})\} \\
&= E\{\boldsymbol{H}^{\mathrm{H}}\boldsymbol{H} - \boldsymbol{H}^{\mathrm{H}}\boldsymbol{WY} - \boldsymbol{Y}^{\mathrm{H}}\boldsymbol{W}^{\mathrm{H}}\boldsymbol{H} + \boldsymbol{Y}^{\mathrm{H}}\boldsymbol{W}^{\mathrm{H}}\boldsymbol{WY}\} \\
&= E\{\mathrm{tr}\{\boldsymbol{H}^{\mathrm{H}}\boldsymbol{H}\} - \mathrm{tr}\{\boldsymbol{H}^{\mathrm{H}}\boldsymbol{WY}\} - \mathrm{tr}\{\boldsymbol{Y}^{\mathrm{H}}\boldsymbol{W}^{\mathrm{H}}\boldsymbol{H}\} + \mathrm{tr}\{\boldsymbol{Y}^{\mathrm{H}}\boldsymbol{W}^{\mathrm{H}}\boldsymbol{WY}\}\}
\end{aligned}
\tag{4-13}
$$

令 $J(\boldsymbol{W})$ 关于 $\boldsymbol{W}$ 的偏导数为 0，根据矩阵求导法可得

$$\nabla J(\boldsymbol{W}) = 2 \cdot \frac{\partial J(\boldsymbol{W})}{\partial \boldsymbol{W}^*} = -2\boldsymbol{R}_{\mathrm{HY}} + 2\boldsymbol{W}\boldsymbol{R}_{\mathrm{YY}} = 0 \tag{4-14}$$

$$\boldsymbol{W} = \boldsymbol{R}_{\mathrm{HY}}\boldsymbol{R}_{\mathrm{YY}}^{-1} \tag{4-15}$$

式中

$$
\begin{aligned}
\boldsymbol{R}_{\mathrm{HY}} &= E\{\boldsymbol{HY}^{\mathrm{H}}\} = E\{\boldsymbol{H}(\boldsymbol{XH} + \boldsymbol{Z})^{\mathrm{H}}\} \\
&= E\{\boldsymbol{HH}^{\mathrm{H}}\}\boldsymbol{X}^{\mathrm{H}} + E\{\boldsymbol{HZ}^{\mathrm{H}}\} = \boldsymbol{R}_{\mathrm{HH}}\boldsymbol{X}^{\mathrm{H}}
\end{aligned}
\tag{4-16}
$$

$$
\begin{aligned}
\boldsymbol{R}_{\mathrm{YY}} &= E\{\boldsymbol{YY}^{\mathrm{H}}\} = E\{(\boldsymbol{XH} + \boldsymbol{Z})(\boldsymbol{XH} + \boldsymbol{Z})^{\mathrm{H}}\} \\
&= E\{\boldsymbol{XHH}^{\mathrm{H}}\boldsymbol{X}^{\mathrm{H}}\} + E\{\boldsymbol{ZZ}^{\mathrm{H}}\} = \boldsymbol{XR}_{\mathrm{HH}}\boldsymbol{X}^{\mathrm{H}} + \sigma_z^2 \boldsymbol{I}
\end{aligned}
\tag{4-17}
$$

根据式(4-16)和式(4-17)，可以得到 MMSE 信道估计结果：

$$
\begin{aligned}
\hat{\boldsymbol{H}}_{\mathrm{MMSE}} &= \boldsymbol{R}_{\mathrm{HH}}\boldsymbol{X}^{\mathrm{H}}\left(\boldsymbol{XR}_{\mathrm{HH}}\boldsymbol{X}^{\mathrm{H}} + \sigma_z^2 \boldsymbol{I}\right)^{-1}\boldsymbol{Y} \\
&= \boldsymbol{R}_{\mathrm{HH}}\left(\boldsymbol{R}_{\mathrm{HH}} + \sigma_z^2\left(\boldsymbol{X}^{\mathrm{H}}\boldsymbol{X}\right)^{-1}\right)^{-1}\boldsymbol{X}^{-1}\boldsymbol{Y} \\
&= \boldsymbol{R}_{\mathrm{HH}}\left(\boldsymbol{R}_{\mathrm{HH}} + \sigma_z^2\left(\boldsymbol{X}^{\mathrm{H}}\boldsymbol{X}\right)^{-1}\right)^{-1}\hat{\boldsymbol{H}}_{\mathrm{LS}}
\end{aligned}
\tag{4-18}
$$

同样，可以求得 MMSE 信道估计的均方误差：

$$
\begin{aligned}
\mathrm{MSE}_{\mathrm{MMSE}} &= E\{\|\boldsymbol{H} - \hat{\boldsymbol{H}}\|^2\} \\
&= \mathrm{tr}\{E\{\boldsymbol{HH}^{\mathrm{H}}\} - E\{\hat{\boldsymbol{H}}\hat{\boldsymbol{H}}^{\mathrm{H}}\}\} \\
&= \mathrm{tr}\{\boldsymbol{R}_{\mathrm{HH}} - \boldsymbol{R}_{\mathrm{HH}}\boldsymbol{X}^{\mathrm{H}}\boldsymbol{R}_{\mathrm{YY}}^{-1}\boldsymbol{R}_{\mathrm{YY}}\boldsymbol{R}_{\mathrm{YY}}^{-1}\boldsymbol{XR}_{\mathrm{HH}}\} \\
&= \mathrm{tr}\{\boldsymbol{R}_{\mathrm{HH}} - \boldsymbol{R}_{\mathrm{HH}}\left(\boldsymbol{X}^{\mathrm{H}}\boldsymbol{XR}_{\mathrm{HH}} + \sigma_z^2 \boldsymbol{I}\right)^{-1}\boldsymbol{X}^{\mathrm{H}}\boldsymbol{XR}_{\mathrm{HH}}\} \\
&= \sigma_z^2 \mathrm{tr}\{\boldsymbol{R}_{\mathrm{HH}}\left(\boldsymbol{X}^{\mathrm{H}}\boldsymbol{XR}_{\mathrm{HH}} + \sigma_z^2 \boldsymbol{I}\right)^{-1}\}
\end{aligned}
\tag{4-19}
$$

从式(4-19)可以看出 MMSE 信道估计中具有多次求逆运算，并且当 X 发生变化时，

$\left(X^{H}X\right)^{-1}$ 也会随着更新。因此，实际中经常用子信道的平均功率来代替瞬时功率，即用 $E\left\{\left(XX^{H}\right)^{-1}\right\}$ 替代 $\left(X^{H}X\right)^{-1}$。假设 OFDM 子载波采用相同调制方式，并且符号概率为均匀分布，可以得到

$$E\left\{\left(XX^{H}\right)^{-1}\right\} = E\left\{|\frac{1}{X_{k}}|^{2}\right\}I \tag{4-20}$$

改进后的 MMSE 信道估计可以由式(4-21)进行表示，该信道估计也被称为线性最小均方误差(linear minimum mean square error，LMMSE)估计。

$$\begin{aligned}\hat{H}_{\text{LMMSE}} &= R_{\text{HH}}\left\{R_{\text{HH}} + \sigma_{z}^{2} \cdot E\left\{\frac{1}{|X_{k}|^{2}}\right\}I\right\}^{-1}\hat{H}_{\text{LS}} \\ &= R_{\text{HH}}\left(R_{\text{HH}} + \frac{\beta}{\text{SNR}}I\right)^{-1}\hat{H}_{\text{LS}}\end{aligned} \tag{4-21}$$

其中，$\beta = E\left\{|X_{k}|^{2}\right\}E\left\{1/|X_{k}|^{2}\right\}$；$\overline{\text{SNR}}$ 表示符号平均信噪比，$\overline{\text{SNR}} = E\left\{|X_{k}|^{2}\right\}/\sigma_{z}^{2}$。

4.2.3 奇异值分解的最小均方误差信道估计算法

对于 MMSE 信道估计来说，在计算过程中涉及大量的矩阵运算，这会降低算法在实际工程中的处理效率。为此，利用矩阵分解技术来简化 MMSE 估计，避免运算过程中涉及的求逆运算。

因为 R_{HH} 是埃尔米特矩阵(Hermitian matrix)，可以采用特征值分解(eigenvalue decomposition，ED)对信道相关矩阵 R_{HH} 进行分解：

$$R_{\text{HH}} = U\Lambda U^{H} \tag{4-22}$$

其中，$\Lambda = \text{diag}\left(\lambda_{1}, \cdots, \lambda_{N}\right)$ 是 R_{HH} 的 N 个特征值所组成的特征矩阵，$\lambda_{1} \geqslant \lambda_{2} \geqslant \cdots \geqslant \lambda_{N}$；$U$ 是 N 个特征值所对应的归一化特征向量所组成的酉矩阵。将式(4-22)代入式(4-21)可以得到

$$\hat{H}_{\text{ED}} = U\begin{bmatrix} \Delta_{D} & 0 \\ 0 & 0 \end{bmatrix}U^{H}\hat{H}_{\text{LS}} \tag{4-23}$$

式中，Δ_{D} 是 Δ 左上角大小为 $D \times D$ 的对角矩阵。Δ 可以表示为

$$\Delta = \Lambda\left(\Lambda + \frac{\beta}{\text{SNR}}I\right)^{-1} = \text{diag}\left(\frac{\lambda_{1}}{\lambda_{1} + \dfrac{\beta}{\text{SNR}}}, \cdots, \frac{\lambda_{N}}{\lambda_{N} + \dfrac{\beta}{\text{SNR}}}\right) \tag{4-24}$$

通过矩阵分解后，不仅避免了 MMSE 信道估计中的求逆运算，同时降低了矩阵阶数，在大规模数据处理中大大减少了处理时延。

4.2.4 基于二阶统计量的盲信道估计算法

基于二阶统计量(second-order statistics，SOS)的盲信道估计算法是通过估计接收信号

的自相关矩阵[3]，从中恢复出信道系数向量 $\boldsymbol{h}$。该算法不使用或者使用很少的导频信息就能获取较为准确的估计，因此适用于数字信号调制识别任务中。

根据 OFDM 传输的矩阵模型可知，接收机接收到的第 k 个 OFDM 符号可以表示为

$$\boldsymbol{r}_{\mathrm{cp}}(k)=\begin{bmatrix} \boldsymbol{H}_1 & \boldsymbol{H}_0 \end{bmatrix}\begin{bmatrix} \boldsymbol{s}_{\mathrm{cp}}(k-1) \\ \boldsymbol{s}_{\mathrm{cp}}(k) \end{bmatrix}+\boldsymbol{w}_P(k) \tag{4-25}$$

式中，$\boldsymbol{H}_0$ 是第一行为 $[h_0\, 0\cdots 0]^{\mathrm{T}}$、第一列为 $[h_0\cdots h_{L-1}\, 0\cdots 0]^{\mathrm{T}}$、大小为 $P\times P$ 的托普利兹矩阵；$\boldsymbol{H}_1$ 是第一行为 $[0\cdots 0\ h_{L-1}\cdots h_1]^{\mathrm{T}}$、第一列为 $[0\ 0\cdots 0]^{\mathrm{T}}$、大小为 $P\times P$ 的托普利兹矩阵；$\boldsymbol{w}_P(k)=\begin{bmatrix} w_1(k)\ w_2(k)\cdots w_P(k) \end{bmatrix}^{\mathrm{T}}$ 是信号上叠加的高斯白噪声。

令 $\tilde{\boldsymbol{H}}_0$ 和 $\tilde{\boldsymbol{H}}_1$ 分别为 $\boldsymbol{H}_0$ 和 $\boldsymbol{H}_1$ 左上角和右上角大小为 $D\times D$ 的托普利兹矩阵。则式(4-25)可以改写为

$$\boldsymbol{r}_{\mathrm{cp}}(k)=\begin{bmatrix} \tilde{\boldsymbol{H}}_1 & 0 & 0 & 0 & \tilde{\boldsymbol{H}}_0 \\ 0 & \tilde{\boldsymbol{H}}_0 & 0 & 0 & \tilde{\boldsymbol{H}}_1 \\ 0 & \tilde{\boldsymbol{H}}_1 & \tilde{\boldsymbol{H}}_0 & 0 & 0 \\ 0 & 0 & \tilde{\boldsymbol{H}}_1 & \tilde{\boldsymbol{H}}_0 & 0 \\ 0 & 0 & 0 & \tilde{\boldsymbol{H}}_1 & \tilde{\boldsymbol{H}}_0 \end{bmatrix}\begin{bmatrix} \boldsymbol{s}_{\mathrm{cp}}^4(k-1) \\ \boldsymbol{s}_{\mathrm{cp}}^1(k) \\ \boldsymbol{s}_{\mathrm{cp}}^2(k) \\ \boldsymbol{s}_{\mathrm{cp}}^3(k) \\ \boldsymbol{s}_{\mathrm{cp}}^4(k) \end{bmatrix}+\boldsymbol{w}_P(k) \tag{4-26}$$

其中，$\boldsymbol{s}_{\mathrm{cp}}^i(k)$ 是 $\boldsymbol{s}_{\mathrm{cp}}(k)$ 中第 $iD+1\sim (i+1)D$ 个元素构成的向量，$0\leqslant i\leqslant 4$。当传输符号相互独立，且均值为 0 时，可以得到接收信号的自相关矩阵 $\boldsymbol{R}_{\mathrm{rr}}$，具体推导公式为

$$\begin{aligned} \boldsymbol{R}_{\mathrm{rr}} &= E\left\{ \boldsymbol{r}_{\mathrm{cp}}(k)\boldsymbol{r}_{\mathrm{cp}}^{\mathrm{H}}(k) \right\} \\ &= E\left\{ [\overline{\boldsymbol{H}}\boldsymbol{s}_{\mathrm{cp}}(k)+\boldsymbol{w}_p(k)][\overline{\boldsymbol{H}}\boldsymbol{s}_{\mathrm{cp}}(k)+\boldsymbol{w}_p(k)]^{\mathrm{H}} \right\} \\ &= \overline{\boldsymbol{H}}\boldsymbol{R}_{\mathrm{ss}}\overline{\boldsymbol{H}}^{\mathrm{H}}+\sigma_n^2\boldsymbol{I}_P \end{aligned} \tag{4-27}$$

式中，$\boldsymbol{R}_{\mathrm{ss}}$ 为符号相关矩阵，当发送信号功率归一化时，其为单位矩阵。因此式(4-27)可以表示为

$$\boldsymbol{R}_{\mathrm{rr}}=\begin{bmatrix} \times & \times\tilde{\boldsymbol{H}}_{0,0} \\ \times & \times & \times \\ \tilde{\boldsymbol{H}}_{0,0}\times & \times \end{bmatrix}+\sigma_n^2\boldsymbol{I}_P \tag{4-28}$$

其中，$\tilde{\boldsymbol{H}}_{0,0}=\tilde{\boldsymbol{H}}_0\tilde{\boldsymbol{H}}_0^{\mathrm{H}}$，第一列元素为 $h_0^*[h_0\ h_1\cdots h_{D-1}]^{\mathrm{T}}$。接收端可以用 $\hat{\boldsymbol{R}}_{\mathrm{rr}}=\dfrac{1}{K}\displaystyle\sum_{k=1}^{K}\boldsymbol{r}_{\mathrm{cp}}(k)\boldsymbol{r}_{\mathrm{cp}}^{\mathrm{H}}(k)$ 来代替 $\boldsymbol{R}_{\mathrm{rr}}$，并取矩阵第一列后 D 个元素得到含有模糊因子 h_0^* 的信道系数。模糊因子 h_0^* 可以通过导频信息进行估计，称为半盲信道估计算法。值得说明的是，在实际中利用时间平均代替统计平均估计得到 $\hat{\boldsymbol{R}}_{\mathrm{rr}}$，其准确度和采用的符号数 K 具有一定的关系，因此二阶统计量信道估计算法精度和 K 有关。

4.2.5　改进的二阶统计量盲信道估计算法

二阶统计量盲信道估计算法对信号的估计值中包含模糊因子，需要借助其他信道估计

方法对其进行消除，以恢复真实的信道估计结果。根据矩阵特点，可以利用楚列斯基分解（Cholesky decomposition）对式(4-28)进行处理，直接获取到信道向量的估计值 $\hat{\boldsymbol{h}}$。$\boldsymbol{R}_{\mathrm{rr}}$ 的左下角和右上角的矩阵 $\tilde{\boldsymbol{H}}_{0,0}$ 是关于信道向量 $\boldsymbol{h}$ 的埃尔米特矩阵。Cholesky 分解定理可以将一个埃尔米特正定矩阵 $\boldsymbol{R}$ 分解为一个下三角阵及其共轭转置的形式，因此通过对 $\tilde{\boldsymbol{H}}_{0,0}$ 进行分解可以直接得到 $\tilde{\boldsymbol{H}}_0$，而 $\tilde{\boldsymbol{H}}_0$ 的第一列就是向量 $\boldsymbol{h} = \begin{bmatrix} h_0 \cdots h_{l-1} \end{bmatrix}^{\mathrm{T}}$。

由于接收端获取 $\boldsymbol{R}_{\mathrm{rr}}$ 是通过时间平均进行估计得到的，即不能保证 $\tilde{\boldsymbol{H}}_{0,0}$ 是正定的，也不能保证是自共轭的，因此需要对其进行变换，令 $\hat{\boldsymbol{R}}_{\mathrm{rr}}$ 左下角和右上角的 $\tilde{\boldsymbol{H}}_{0,0}$ 分别为 $\boldsymbol{H}_{\mathrm{t}}$ 和 $\boldsymbol{H}_{\mathrm{b}}$，对其进行如下变形：

$$\begin{bmatrix} \tilde{\boldsymbol{H}}_{0,0} \end{bmatrix}_{i,j} = \begin{cases} \left([\boldsymbol{H}_{\mathrm{t}}]_{i,j} + [\boldsymbol{H}_{\mathrm{b}}]_{i,j}^* \right)/2, & i \neq j \\ \left(|[\boldsymbol{H}_{\mathrm{t}}]_{i,j}|^2 + |[\boldsymbol{H}_{\mathrm{b}}]_{i,j}|^2 \right)/2, & i = j \end{cases} \tag{4-29}$$

根据式(4-29)，可以确保 $\tilde{\boldsymbol{H}}_{0,0}$ 是自共轭的，当矩阵为正定时，就可以直接根据 Cholesky 分解获取信道估计结果，而不含模糊因子。

本小节改进盲估计方法可以减少对发送序列 $\boldsymbol{s}_{\mathrm{cp}}(k)$ 的依赖度，由于 $\tilde{\boldsymbol{H}}_{0,0}$ 存在于矩阵 $\boldsymbol{R}_{\mathrm{rr}}$ 的右上角或者左下角，定义 $\boldsymbol{r}_{\mathrm{cp}}^i(k)$ 是 $\boldsymbol{r}_{\mathrm{cp}}(k)$ 中第 $(i-1)D+1 \sim iD$ 个元素构成的向量，$1 \leqslant i \leqslant 5$。通过计算 $\boldsymbol{r}_{\mathrm{cp}}^1(k)$ 和 $\boldsymbol{r}_{\mathrm{cp}}^5(k)$ 的互相关（cross-correlation，CC）得到最终的结果。$\boldsymbol{r}_{\mathrm{cp}}^1(k)$ 和 $\boldsymbol{r}_{\mathrm{cp}}^5(k)$ 分别表示为

$$\boldsymbol{r}_{\mathrm{cp}}^1(k) = \begin{bmatrix} \tilde{\boldsymbol{H}}_1 & \tilde{\boldsymbol{H}}_0 \end{bmatrix} \begin{bmatrix} \boldsymbol{s}_{\mathrm{cp}}^4(k-1) \\ \boldsymbol{s}_{\mathrm{cp}}^4(k) \end{bmatrix} + \boldsymbol{W}_P^1(k) \tag{4-30}$$

$$\boldsymbol{r}_{\mathrm{cp}}^5(k) = \begin{bmatrix} \tilde{\boldsymbol{H}}_1 & \tilde{\boldsymbol{H}}_0 \end{bmatrix} \begin{bmatrix} \boldsymbol{s}_{\mathrm{cp}}^3(k) \\ \boldsymbol{s}_{\mathrm{cp}}^4(k) \end{bmatrix} + \boldsymbol{W}_P^5(k) \tag{4-31}$$

由于 $\boldsymbol{s}_{\mathrm{cp}}^4(k-1)$、$\boldsymbol{s}_{\mathrm{cp}}^3(k)$、$\boldsymbol{s}_{\mathrm{cp}}^4(k)$ 相互独立，对 $\boldsymbol{r}_{\mathrm{cp}}^1(k)$ 和 $\boldsymbol{r}_{\mathrm{cp}}^5(k)$ 求互相关可以得到互相关矩阵 $\boldsymbol{R}_{1,5}$，表示如下：

$$\boldsymbol{R}_{1,5} = E\left\{ \boldsymbol{r}_{\mathrm{cp}}^1(k) \boldsymbol{r}_{\mathrm{cp}}^5(k)^{\mathrm{H}} \right\} = \begin{bmatrix} \tilde{\boldsymbol{H}}_1 & \tilde{\boldsymbol{H}}_0 \end{bmatrix} \times \begin{bmatrix} \boldsymbol{0} & \boldsymbol{0} \\ \boldsymbol{0} & \boldsymbol{I} \end{bmatrix} \times \begin{bmatrix} \tilde{\boldsymbol{H}}_1^{\mathrm{H}} \\ \tilde{\boldsymbol{H}}_0^{\mathrm{H}} \end{bmatrix} = \tilde{\boldsymbol{H}}_0 \tilde{\boldsymbol{H}}_0^{\mathrm{H}} \tag{4-32}$$

在求出 $\boldsymbol{R}_{1,5}$ 后，则可根据二阶统计量盲信道估计算法或者 Cholesky 分解获得信道的传输系数。这种方法可以降低数据的运算量，同时获得更加精准的估计效果。

4.2.6 基于子空间的盲信道估计算法

子空间（subspace）盲估计算法利用接收信号噪声子空间 E_N 和相关矩阵的正交性[4]，充分利用传输块之间的数学关系得到信道系数向量 $\boldsymbol{h}$。该算法普遍适用于 $D=N/4$ 的情况，并且不需要更改发射机的结构。定义以下新的数学符号用于公式推导：

$$\bar{\boldsymbol{r}}_{\mathrm{cp}}(k) = \begin{bmatrix} \boldsymbol{r}_{\mathrm{cp}}^1(k-1)^{\mathrm{T}} \cdots \boldsymbol{r}_{\mathrm{cp}}^4(k-1)^{\mathrm{T}} \boldsymbol{r}_{\mathrm{cp}}^0(k)^{\mathrm{T}} \cdots \boldsymbol{r}_{\mathrm{cp}}^4(k)^{\mathrm{T}} \end{bmatrix}^{\mathrm{T}} \tag{4-33}$$

$$\overline{s}_{\mathrm{cp}}(k) = \left[s_{\mathrm{cp}}^1 (k-1)^{\mathrm{T}} \cdots s_{\mathrm{cp}}^4 (k-1)^{\mathrm{T}} \, s_{\mathrm{cp}}^1 (k)^{\mathrm{T}} \cdots s_{\mathrm{cp}}^4 (k)^{\mathrm{T}} \right]^{\mathrm{T}} \tag{4-34}$$

$$\overline{w}_P(k) = \left[w_P^1 (k-1)^{\mathrm{T}} \cdots w_P^4 (k-1)^{\mathrm{T}} \, w_P^0 (k)^{\mathrm{T}} \cdots w_P^4 (k)^{\mathrm{T}} \right]^{\mathrm{T}} \tag{4-35}$$

根据式 (4-33) ～ 式 (4-35) 可以得出三者之间的关系：

$$\overline{r}_{\mathrm{cp}}(k) = \boldsymbol{H}(\boldsymbol{h}) \overline{s}_{\mathrm{cp}}(k) + \overline{w}_P(k) \tag{4-36}$$

其中，$\boldsymbol{H}(\boldsymbol{h})$ 是大小为 $(2N+D) \times 2N$ 的信道矩阵，具体形式为

$$\boldsymbol{H}(\boldsymbol{h}) = \begin{bmatrix} \tilde{H}_0 & 0 & 0 & \tilde{H}_1 & 0 & 0 & 0 & 0 \\ \tilde{H}_1 & \tilde{H}_0 & 0 & 0 & 0 & 0 & 0 & 0 \\ 0 & \tilde{H}_1 & \tilde{H}_0 & 0 & 0 & 0 & 0 & 0 \\ 0 & 0 & \tilde{H}_1 & \tilde{H}_0 & 0 & 0 & 0 & 0 \\ 0 & 0 & 0 & \tilde{H}_1 & 0 & 0 & 0 & \tilde{H}_0 \\ 0 & 0 & 0 & 0 & \tilde{H}_0 & 0 & 0 & \tilde{H}_1 \\ 0 & 0 & 0 & 0 & \tilde{H}_1 & \tilde{H}_0 & 0 & 0 \\ 0 & 0 & 0 & 0 & 0 & \tilde{H}_1 & \tilde{H}_0 & 0 \\ 0 & 0 & 0 & 0 & 0 & 0 & \tilde{H}_1 & \tilde{H}_0 \end{bmatrix} \tag{4-37}$$

定义 $\boldsymbol{R}_{\overline{r}\overline{r}} = E\left\{ \overline{r}_{\mathrm{cp}}(k) \overline{r}_{\mathrm{cp}}(k)^{\mathrm{H}} \right\}$ 和 $\boldsymbol{R}_{\overline{s}\overline{s}} = E\left\{ \overline{s}_{\mathrm{cp}}(k) \overline{s}_{\mathrm{cp}}(k)^{\mathrm{H}} \right\}$ 分别是 $\overline{r}_{\mathrm{cp}}(k)$ 和 $\overline{s}_{\mathrm{cp}}(k)$ 的自相关矩阵。则有

$$\boldsymbol{R}_{\overline{r}\overline{r}} = \boldsymbol{H}(\boldsymbol{h}) \boldsymbol{R}_{\overline{s}\overline{s}} \boldsymbol{H}(\boldsymbol{h})^{\mathrm{H}} + \sigma_n^2 \boldsymbol{I}_{2N+D} \tag{4-38}$$

当 $\boldsymbol{R}_{\overline{s}\overline{s}}$ 是满秩矩阵时，可以推断出 $\boldsymbol{R}_{\overline{r}\overline{r}}$ 秩为 $2N$。由矩阵理论知识得 $\boldsymbol{R}_{\overline{r}\overline{r}}$ 的噪声子空间 E_N 由其 D 个最小特征值所对应的归一化特征向量 $\boldsymbol{g}_1, \boldsymbol{g}_2, \cdots, \boldsymbol{g}_D$ 组成。当 $\boldsymbol{H}(\boldsymbol{h})$ 列满秩时，可以得到

$$\boldsymbol{g}_i^{\mathrm{H}} \boldsymbol{H}(\boldsymbol{h}) = 0 \quad (1 \leqslant i \leqslant D) \tag{4-39}$$

通过数学变换，分离出信道系数向量 $\boldsymbol{h}$。将大小为 $(2N+D) \times 1$ 的 $\boldsymbol{g}_i$ 均分为大小为 $D \times 1$ 的 9 等份，可以表示为

$$\boldsymbol{g}_i = \left[\boldsymbol{g}_i^{1\mathrm{T}} \cdots \boldsymbol{g}_i^{9\mathrm{T}} \right]^{\mathrm{T}} \tag{4-40}$$

其中，$\boldsymbol{g}_i^j = \left[g_i^j(1) g_i^j(2) \cdots g_i^j(D) \right]^{\mathrm{T}}$。之后构造如下矩阵：

$$A_i^j = \begin{bmatrix} \boldsymbol{g}_i^j(1) & \cdots & \boldsymbol{g}_i^j(D) \\ \vdots & \cdots & 0 \\ \vdots & & \vdots \\ \boldsymbol{g}_i^j(D) & \cdots & \vdots \\ 0 & \cdots & 0 \end{bmatrix} \tag{4-41}$$

$$B_i^j = \begin{bmatrix} 0 & \cdots & 0 \\ \vdots & \cdots & \boldsymbol{g}_i^j(1) \\ \vdots & & \vdots \\ 0 & \cdots & \vdots \\ \boldsymbol{g}_i^j(1) & \cdots & \boldsymbol{g}_i^j(D) \end{bmatrix} \tag{4-42}$$

令 $C_i^j = A_i^j + B_i^{j+1}$，$G_i = \left[C_i^1, C_i^2, C_i^3, C_i^4 + B_i^1, C_i^5 + A_i^9, C_i^6, C_i^7, C_i^8 \right]$，则式(4-39)可以改写为

$$h^H G_i = 0 \quad (0 \leqslant i \leqslant D-1) \tag{4-43}$$

以特征矩阵 G_i 构建中间关系式 $Q = \sum_{i=1}^{D} G_i G_i^H$，则 h 通过如下最小化代价函数获取：

$$J(h) = \min h^H Q h \quad \text{s.t.} \| h \| = 1 \tag{4-44}$$

在满足上述条件下，h 就是 Q 最小特征值所对应的归一化特征向量。

4.3　信道均衡算法与仿真结果

移动通信系统信道的多径效应和时变特性，导致信号在传输过程中会发生扭曲和畸变，不利于信号的进一步处理。信道均衡则可以通过对信道特性进行补偿，从而减轻信道对信号所造成的衰落。一般来说信道均衡技术分为时域均衡和频域均衡。时域均衡是从时域波形上进行处理，使得系统总的冲激响应满足奈奎斯特准则的时域条件。频域均衡则是在频域上对系统响应进行补偿，常用于 OFDM 技术。本节则介绍两种频域均衡算法，分别是迫零均衡算法和最小均方误差均衡算法。

4.3.1　迫零均衡算法

迫零(zero forcing, ZF)均衡器由于实现简单，经常用于各种无线通信系统的信号预处理。首先需要建立信号向量 X 的代价函数：

$$J(\hat{X}) = \| Y - H\hat{X} \|^2 \tag{4-45}$$

令 $J(\hat{X})$ 关于 $\hat{X}$ 的导数为 0，化简后可以得到最终 X 的估计结果为

$$\hat{X} = H^{-1} Y \tag{4-46}$$

也可以写为

$$\hat{X} = \left[\frac{Y_1}{H_1} \frac{Y_2}{H_2} \cdots \frac{Y_N}{H_N} \right]^T \tag{4-47}$$

其中，Y_i 和 H_i 分别表示 FFT 之后频域表示的第 i 个子载波上的接收信号和信道响应；$\hat{X}$ 表示估计得到的信号序列。

4.3.2　最小均方误差均衡算法

MMSE 均衡算法和估计算法具有相似的求解过程，都是在最小均方误差准则的意义下对问题求解。需要建立均衡器的输入 Y 与输入信号估计值 $\hat{X}$ 的线性关系：

$$\hat{X} = WY \tag{4-48}$$

然后建立代价函数 $J(W)$，通过求导的方式，求得使代价函数值最小的 W，并将其作为最优权重，最后可以得到 MMSE 信道均衡器的估计结果。

$$\hat{\boldsymbol{X}} = \hat{\boldsymbol{H}}^{\mathrm{H}} \left(\hat{\boldsymbol{H}} \hat{\boldsymbol{H}}^{\mathrm{H}} + \gamma^{-1} \boldsymbol{I}_N \right)^{-1} \boldsymbol{Y} \tag{4-49}$$

其中，$\hat{\boldsymbol{H}}$ 是估计器得到的信道矩阵；γ 是通信链的信噪比；$\boldsymbol{I}_N$ 是大小为 $N \times N$ 的单位矩阵。MMSE 信道均衡算法由于考虑了噪声的影响，低信噪比下也具有出色的性能。

4.3.3 仿真结果

本部分主要仿真了不同的信道估计算法对信号进行实时估计的能力，并绘制出了数据子载波上真实的信道响应和估计信道响应之间的拟合图。表 4-1 和表 4-2 分别给出了 OFDM 仿真参数和瑞利信道仿真参数设置。通过对不同的信道估计算法性能进行分析，选用效果较好的算法用于调制识别架构中作为前端信号的预处理部分。

表 4-1 OFDM 仿真参数设置

系统参数	具体配置
FFT 点数	64
带宽/MHz	10
循环前缀	16
数据子载波	[1：5 7：19 21：26 27：32 34：46 48：52]

表 4-2 瑞利仿真参数设置

信道参数	具体配置
路径选择(标号/时延)	[1/100ns 3/300ns 4/400ns 10/1μs]
均方时延扩展/ns	300
最大时延/μs	1

根据以上参数设置，本章仿真了特定信道条件下的各种信道估计结果。首先定义衡量估计结果好坏的平均绝对误差(mean absolute error，MAE)：

$$\mathrm{MAE} = \frac{1}{N} \sum_{i=1}^{N} | \hat{H}_i - H_i | \tag{4-50}$$

其中，N 表示数据子载波的个数；H_i 和 $\hat{H}_i$ 分别表示第 i 个子载波上的真实频域响应和估计值。

图 4-4 展示了基于导频的信道估计算法在信噪比为 10～24dB 时的 MAE 曲线。根据结果可以看出，三种算法的估计误差随着信噪比的增大而逐渐降低，其中 LS 信道估计算法的估计误差要大于 MMSE 信道估计算法和 ED 法，这是由于 LS 信道估计算法在低信噪比下会放大噪声影响，使得其估计精度变差。另外，当信噪比为 10～14dB 时，ED 法的估计结果要略好于 MMSE 信道估计算法，这是由于 ED 法忽略了较小的特征分量，这部分特征分量与噪声相关，消除后使得其结果更加平滑。

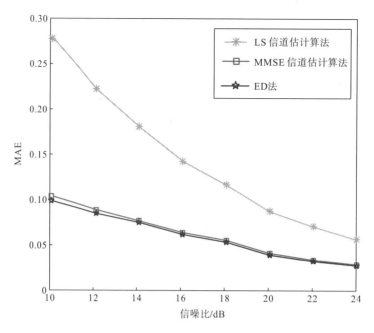

图 4-4　基于导频信道估计算法的 MAE 曲线

　　图 4-5 展示了盲信道估计算法的 MAE 曲线，可以看到其中基于 Cholesky 分解算法的误差较大，因为 Cholesky 分解要求信道矩阵是正定且自共轭的，但是采用时间平均求得的信道估计矩阵不满足这个条件，对信道相关矩阵近似化导致求得的信号参数具有一定的误差。基于子空间的盲信道估计算法误差最小，具有较好的估计结果，并且随着信噪比的增大，估计误差在逐步缩减。另外，基于 SOS 的盲信道估计算法及其改进的互相关算法误差相差不大，近似相同，并且随着信噪比的增大，其变化不明显。

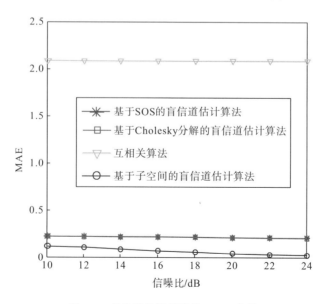

图 4-5　盲信道估计算法的 MAE 曲线

　　图 4-6 和图 4-7 分别展示了 10dB 信噪比下两类信道估计算法估计结果和真实信道的拟合情况。图 4-6 展示的是基于导频的信道估计结果，其中，LS 信道估计结果在数据子载波上估计值波动较大，不够平滑，这是因为 LS 信道估计算法对噪声较为敏感，在子载波上具有放大噪声的效果；而 LMMSE 信道估计算法和 ED 法更加平滑，在某些子载波上，ED 会更加贴合真实的信道增益。

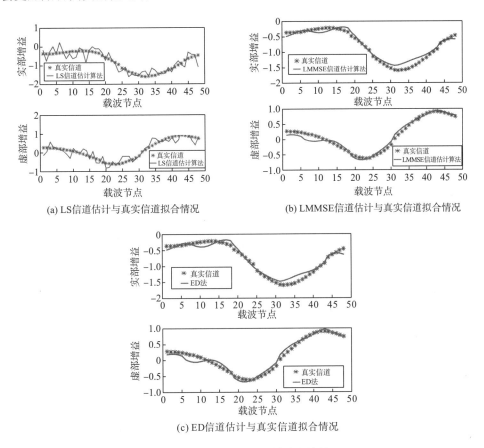

(a) LS信道估计与真实信道拟合情况　　　(b) LMMSE信道估计与真实信道拟合情况

(c) ED信道估计与真实信道拟合情况

图 4-6　基于导频的信道估计结果

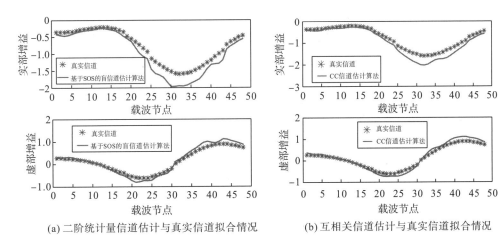

(a) 二阶统计量信道估计与真实信道拟合情况　　　(b) 互相关信道估计与真实信道拟合情况

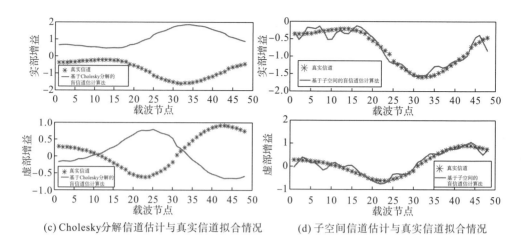

(c) Cholesky分解信道估计与真实信道拟合情况　(d) 子空间信道估计与真实信道拟合情况

图 4-7　盲信道估计结果

　　根据图 4-7(a)、图 4-7(b) 可以看到，由于在仿真中选用了 1000 个 OFDM 符号求相关矩阵，基于 SOS 的盲信道估计较为平滑，对于其改进算法互相关信道估计，其在某些子载波上具有更好的拟合值。

　　根据 4-7(c)、图 4-7(d) 可以看到，基于 Cholesky 分解的盲信道估计值具有一定的相位偏移，这是由于该算法要求相关矩阵是严格正定且自共轭的，需要对估计的 $\hat{R}_{rr}$ 进行进一步的近似变换，因此导致了一定的误差偏离，信道信息具有一定的丢失。基于子空间的盲信道估计算法虽然拟合不够平滑，但是最贴近真实的信道增益值，在本章所采用的盲算法中具有最好的估计性能。

4.4　基于深度残差收缩神经网络的识别性能分析

　　深度残差收缩神经网络(DRSN)是最近所提出的神经网络结构[5]，其可以在高噪声环境下拥有更加出色的特征学习能力。起初，该模型被用于机械故障诊断当中，相比传统的深度学习方法，其性能有了一定的提升。调制识别任务需要挖掘埋没在噪声中的潜在信号特征，同时也需要拥有在信道干扰下的特征学习能力。通过分析，本节将深度残差神经网络进行修改并应用于调制识别领域，分析其识别性能和模型复杂度。另外，由于深度残差收缩神经网络是基于深度残差神经网络的进一步创新，所以介绍残差网络，再分析模型特点和性能。

4.4.1　深度残差神经网络概述

　　对于深度学习来说，一般都认为模型越复杂，网络层数越深，模型的学习能力就越强，可以得到更好的识别结果。但是随后，相关研究发现深度网络的学习能力并不是和模型层数呈严格的线性变化关系，相反，网络层数的增大可能会使得模型的训练结果更差。误差在反向传播过程中是逐层递减的，这就导致了网络前端的层不能得到很好的训练。因此，如何既能在保证增加模型深度的同时，也能解决梯度弥散问题成为深度学习领域的研究重点。

深度残差网络（deep residual network，DRN）的提出就是为了解决这一问题。对于一个已经训练最优的浅层神经网络，如果在其后再加上几个恒等映射层，使其输入等于输出，那么网络层数增加的同时也保证了误差不会增加。残差神经网络就利用了这种思想，通过引入残差结构来增加模型深度，同时残差结构引入了跨层恒等路径以保证每一层参数的有效训练，图 4-8 展现了具体的残差单元结构。

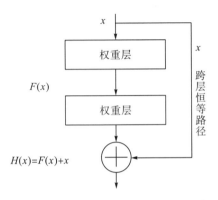

图 4-8　残差神经网络的残差单元结构

对于每一个残差单元来说，假设输入为 x，期待输出为 $H(x)$。在假设模型最优或者模型误差开始增大的情况下，整个模型的训练开始转向使得 $H(x)$ 近似等于 x，以保证训练过程中不会导致精度下降。通过图 4-8 中所示的跨层恒等路径，残差单元的输出结果可以表示为

$$H(x) = F(x) + x \tag{4-51}$$

式中，当 $F(x)$ 趋近于 0 时，就可以得到 x 近似于 $H(x)$，这就是残差训练。跨层恒等路径的引入打破了传统神经网络的训练方式，在增加模型深度的同时，可以保证误差快速流向网络前端，从而使得模型的参数得到更好的训练。

4.4.2　深度残差收缩神经网络概述

深度残差收缩神经网络（DRSN）在深度残差网络的基础上引入了滤波降噪技术，可以保证模型在训练的过程中动态去除特征图中的冗余噪声，专注于信息特征的学习。这种降噪处理主要是由网络结构中的软阈值函数来实现的。

软阈值处理是信号降噪中常用的一种方法，它先将信号域转换为另一个接近于零的数值域空间，其中将信号特征转换为正或负特征，而将噪声特征转换为接近零的特征值；然后通过软阈值函数将接近零的特征值置为零，从而起到降噪的目的。深度残差收缩神经网络中的软阈值函数表达为

$$y = \begin{cases} x - \tau, & x > \tau \\ 0, & -\tau \leqslant x \leqslant \tau \\ x + \tau, & x < -\tau \end{cases} \tag{4-52}$$

由式(4-52)可以看出，当特征值位于$[-\tau, \tau]$时，会被置零处理，而在阈值τ之外时，则会呈线性变化，从而使信息得到了极大的保留。通过求软阈值函数的梯度可以发现软阈值函数的梯度值非 0 即 1[式(4-53)]，因此在进行参数更新的时候，不会出现梯度弥散的问题，保证前层参数的训练。

$$\frac{\partial y}{\partial x} = \begin{cases} 1, & x > \tau \\ 0, & -\tau \leqslant x \leqslant \tau \\ 1, & x < -\tau \end{cases} \tag{4-53}$$

软阈值函数是一种常用的信号降噪技术，然而阈值τ的设置是一项很困难的工作，τ的选取直接影响降噪结果的好坏。对于传统的软阈值更新机制，往往需要人为凭借经验进行反复尝试，最终确定一个合适的阈值。这种方式不仅效率低下，同时当输入的数据分布发生变化时，之前设置的阈值就无法使用，需要重新设置。基于此，深度残差收缩神经网络将深度学习和软阈值更新集成在了一起，通过深度学习的注意力机制可以动态更新τ，提高了模型的训练效率和降噪效果。

深度学习的注意力机制模拟了人的注意力机制，当视觉获取到一幅图像时，可以通过快速扫描全局图像获取重点关注区域，抑制无用信息，从而快速完成筛选。深度学习注意力机制就是借鉴了这一过程，它通过模型学习可以得到一组表征不同特征通道的权系数，从而可以加强重要特征，弱化次要特征。

注意力机制首次提出是在压缩提取网络(squeeze and extract network，SENet)当中[6]，其实现的压缩提取模块如图4-9所示。对于前一卷积层输出尺寸为(C, H, W)的特征图$\boldsymbol{U}$，首先通过全局池化操作将每一个特征通道的局部特征压缩为一个全局特征，输出大小为$(C, 1, 1)$的特征结构；然后通过提取模块来学习不同通道之间的非线性关系，表征不同通道的重要程度，这是通过两层全连接层实现的。第二个全连接层的神经元数需要保持相同的通道数；最后通过 Sigmoid 函数将不同通道的输出值压缩到$(0, 1)$，就得到了对应通道的权系数α_i，$1 \leqslant i \leqslant C$。模块的结果可以表示为

$$\tilde{\boldsymbol{X}} = F_{\text{scal}}(\boldsymbol{U}, \boldsymbol{\alpha}) = \boldsymbol{U} \odot \boldsymbol{\alpha} \tag{4-54}$$

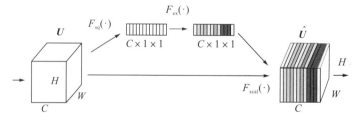

图4-9　压缩提取模块

深度残差收缩神经网络将深度学习注意力机制和软阈值更新函数结合在一起,形成了动态软阈值更新结构,利用注意力机制生成的权系数 α_i 和全局池化层压缩的输出结果相乘,得到每一特征通道对应的阈值 τ_i,$1 \leqslant i \leqslant C$,然后将卷积层输出结果经过软阈值函数滤波进行降噪,得到更新后的特征图。动态软阈值更新块具体结构如图 4-10 所示。

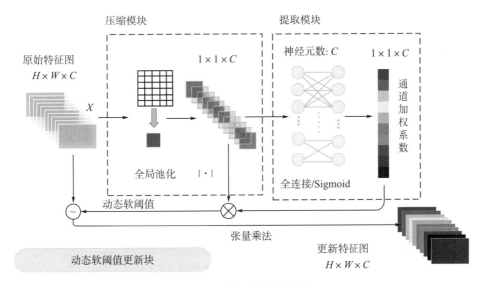

图 4-10　动态软阈值更新块

深度残差收缩神经网络就是由一个个残差收缩单元构成,跨层恒等路径可以保证网络层数的叠加。动态软阈值更新块可以保证网络在高噪声背景下拥有更好的特征学习能力。因此,将深度残差收缩神经网络应用于调制识别任务,具有良好的应用前景,可以保证调制特征得到更好的学习。

4.4.3　适用于调制识别的修改模型

本章所提出的算法架构,充分考虑了无线环境中数字传输信号的特点,并且分析了不同调制方式特征维度,在深度残差收缩神经网络的基础上进一步改进,搭建了适用于调制识别任务的神经网络结构,命名为 RSN-MI,如图 4-11 所示。

该网络模型是针对移动通信中常用的 6 种数字调制方式进行搭建的,即 C = {BPSK,QPSK,8PSK,16QAM,32QAM,64QAM}。不同的调制方式使得模型具有一定的可解释性。$\forall \chi \subset C$,$\chi \in \mathbb{C}^2$ 且 $|\chi| = M$,M 是所选调制方式的尺寸大小。对于任意的 χ 可以看作二维空间上的点,因此可以将不同调制类型的星座特征集成到网络模型中。网络的输入是经过 OFDM 解调后的大小为 (2,2400) 的 I/Q 采样序列,不需要人为进行特征预提取。选用2400 点长度是因为较多信号采样点的分布受噪声影响较小,网络能够提取更多维度的数据特征。网络的前两层是卷积层,卷积核尺寸分别是 (1,2) 和 (1,4),通道数为 50,其作用是提取 I/Q 序列单一维度的特征。详细地说,第一层尺寸为 (1,2) 的卷积核可以提取到 BPSK调制信号的细节特征,因为其星座图仅有两个映射点。通过结合第二层尺寸为 (1,4) 的卷

积核，可以将调制特征维度的局部信息提取到 64QAM 信号，因为对于 I 或者 Q 维度，最大出现了 8 种数值。所有这两个内核都可以提取出所有的高阶和低阶调制特征。另外，每层的通道数被设置为 50 个。

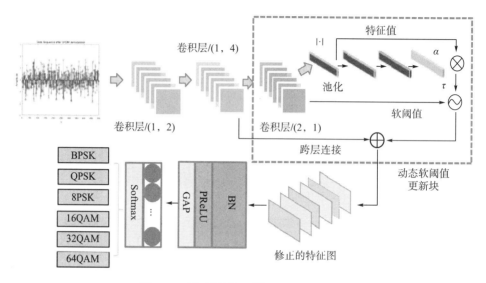

图 4-11   用于调制识别的 RSN-MI 结构

在两层卷积层之后，RSN-MI 引入了修改的深度残差收缩模块单元（residual shrinkage building unit，RSBU）。RSBU 作为网络的核心单元，可以减少噪声对模型训练的干扰，从而提高了 RSN-MI 在高噪声环境下的特征学习能力。首先在模块内部，采用批量归一化（batch normalization，BN）层对数据分布进行修改，提高网络训练速度，同时考虑到数字信号特征值分布与图像像素值不同，特征有正也有负。因此，RSN-MI 中使用带参数修正线性单元（parametric rectified linear unit，PReLU）函数来代替 ReLU 函数增加模型的非线性，同时尽可能地保留信号的负特征。在归一化层之后，通过尺寸为 (2，1) 的卷积核来提取两个维度的联合特征。值得一提的是，RSN-MI 中采用了二维卷积形式而不是一维卷积，这是因为使用一维核会丢失某一维度的数据信息。对于数字信号调制识别任务，一维 CNN 可能会失去调制信号的相位特征，从而导致识别性能下降。

卷积层之后，软阈值更新块开始对特征图进行降噪滤波处理。根据上一节介绍，软阈值更新块可以根据输入特征图动态调整阈值，使其适用于当前数据特征。当生成软阈值之后，软阈值非线性层将会根据式 (4-52) 对不同通道的特征图进行滤波，使特征图中接近零的特征值置为 0，起到降噪的目的。之后通过跨层恒等路径来实现网络的非连续训练，保证浅层参数的有效更新。

最后，利用具有六个神经元的全连接层来对特征进行分析，使用 Softmax 函数将输入的样本转换为对应的识别概率。Softmax 函数的形式如下所示：

$$S_i = \frac{\mathrm{e}^{V_i}}{\sum_j \mathrm{e}^{V_j}} \tag{4-55}$$

式中，V_i 表示第 i 个神经元输出值；S_i 表示当前样本属于第 i 种调制方式的概率。

由于使用了软阈值更新机制，RSN-MI 可以很好地消除接近于零的特征值，这些特征值通常与噪声相关，并且所有的卷积层设置都考虑了数据形式和调制类型的特点。因此相比传统的卷积神经网络，其具有更加优秀的识别效果。

4.4.4　识别结果及性能分析

本节主要分析根据深度残差收缩神经网络搭建的 RSN-MI 在调制识别中的性能，与其他基于深度学习的调制识别算法研究点不同，本节没把重点放在神经网络参数变化对识别结果的影响，而是重点分析了第 3 章中所介绍的不同信号预处理算法对调制识别的影响。

整个信号处理流程可以表示为：当动态多径信道下的信号到达接收机后，首先被同步；然后经过各种信号预处理算法处理，并且进行功率归一化，最后将最终处理得到的 I/Q 数据序列送入到训练好的网络中进行测试。图 4-12～图 4-15 展示了采用 RSN-MI 作为分类器时，采用不同信号预处理算法处理后的信号的识别性能结果，从整体上可以看出对于所有的信道预处理算法，所提出的 RSN-MI 都能够正常工作，这说明了所搭建的网络对各种算法具有一定的稳健性，接下来根据结果具体分析不同算法之间的性能差异。

图 4-12 展示了基于导频的信道估计算法在调制识别中的性能。在采用相同均衡器的情况下，可以看出基于特征值分解（ED）的估计器在低信噪比下性能最好，识别准确率均在 97% 以上，其次是 LMMSE 信道估计器，最后是 LS 信道估计算法。这是由于特征值分解算法对信道相关矩阵分解后会忽略掉一些低频分量，从而进一步减轻噪声的影响；而 LS 算法在低信噪比下会放大噪声，因此性能较差。随着信噪比（SNR）的提高，所有算法的性能都逐渐提高。另外，对于采用相同的信道估计器，MMSE 信道均衡器处理后的识别性能要明显优于 ZF 均衡算法，在 12dB 信噪比下，采用 MMSE 均衡器的识别性能可以到达 95% 以上，但这种差异会随着信噪比的增大而逐渐消失。

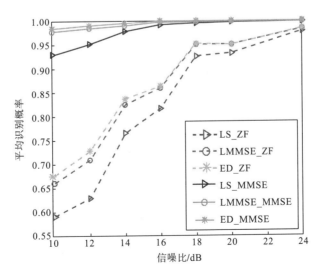

图 4-12　基于导频的信道估计算法在调制识别中的性能

图 4-13 展示了三种盲信道估计算法对于调制识别的影响。直观上看，当采用相同的信道均衡器时，采用子空间(Sub)盲估计器处理后的信号识别性能最好，采用 MMSE 信道均衡器的情况下，识别准确率均在 98%以上，并且随着信噪比的增大最后性能趋近于 1。其次是改进的互相关(CC)估计器，在低信噪比下，性能略优于二阶统计量(SOS)盲估计器，当信噪比为 10dB 时，识别性能可以达到 94%左右。随着信噪比的增大，算法的性能之间的差距在逐渐缩小。对于相同的信道估计器，采用 MMSE 信道均衡器处理后的信号识别性能要明显优于 ZF 均衡器，当信噪比为 10dB 时，采用子空间盲信道估计和两种不同均衡器处理后的性能差别可以达到 30%，这种差别同样随着信噪比的提升而逐渐缩小，并且 ZF 均衡器的性能随着信噪比增大而变化明显。

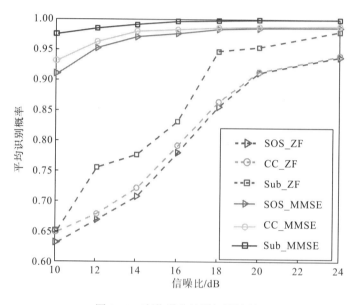

图 4-13   盲信道估计器识别性能

图 4-14 展示了在采用 MMSE 信道均衡器的情况下，所有本章采用的信道估计器在 RSN-MI 中的性能表现。性能最好的是基于特征值分解的估计器，尤其是在信噪比为 10～16dB 时，其性能要优于其他算法。其次是 LMMSE 和子空间盲信道估计器，它们具有类似的优良性能，在信噪比为 10dB 时准确率都能达到 98%左右。对于改进的互相关盲估计器，在低信噪比下性能优于 LS 信道估计器，但随着信噪比的提升，性能增长缓慢，在高信噪比下性能要差于 LS 信道估计器。LS 信道估计器的表现虽然在低信噪比下稍差，但是随着 SNR 的增长，性能提升最快，最终可以达到和特征值分解估计器相同的识别性能。最后是二阶统计量盲信道估计器，其性能表现略差，在低信噪比下可以达到 90%，当噪声较弱信噪比较高时也可以达到 98%左右。这在一定程度上也反映了所搭建的 RSN-MI 对于信号处理算法具有极高的适应性。

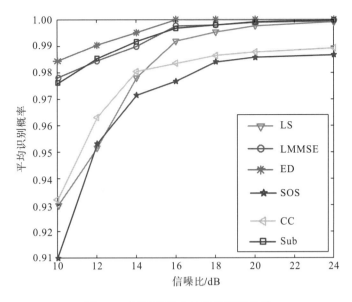

图 4-14　不同信道估计器的识别性能

图 4-15 展现了经过二阶统计量盲估计器和 MMSE 信道均衡器处理过的各类调制方式识别情况。可以看到 MPSK 信号的识别效果要整体优于 MQAM 信号，尤其是 BPSK 信号和 QPSK 信号，其识别性能总是接近 100%。8PSK 信号识别性能可以保持在 97%以上。对于 QAM 信号，采用了 16QAM 调制的信号识别精度要优于 32QAM 和 64QAM，也是由于 16QAM 信号点与信号点之间欧式距离最大，受到其他信号点干扰较少的缘故。其次是 32QAM，最后是 64QAM。但随着 SNR 增大，64QAM 信号的识别率最终也能达到 98%，其增长幅度最快。

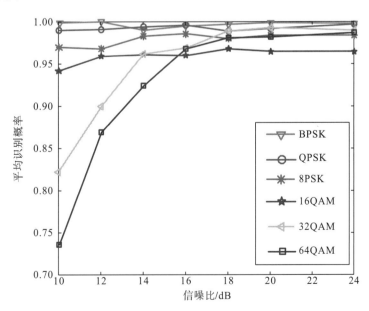

图 4-15　不同调制方式的识别性能

图 4-16 和图 4-17 展示了在 10dB 信噪比下,采用 MMSE 信道均衡器,二阶统计量盲信道估计器和子空间盲信道估计器测试网络的混淆矩阵。从整体上看,两种估计器都具有较好的预测结果,混淆矩阵识别呈对角线分布。对于不同的调制类型,MQAM 信号识别情况较差,少量 16QAM 和 64QAM 信号无法区分,一些 32QAM 信号也被识别为其他类型的调制方式。

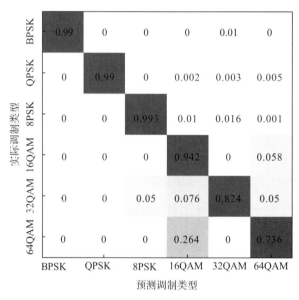

图 4-16　10dB 信噪比下二阶统计量盲估计混淆矩阵

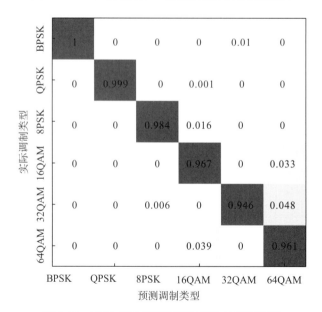

图 4-17　10dB 信噪比下子空间盲估计混淆矩阵

综上所述,在提出的算法架构中,本节所提出的 RSN-MI 具有很好的识别性能,并且对不同的信道处理算法具有一定的鲁棒性。

4.5　基于卷积神经网络的识别分析

本节主要探究卷积神经网络作为分类器的调制分类性能。卷积神经网络作为一种经典的网络模型,其在各个领域都有着广泛的应用。对于调制识别领域,卷积神经网络也有着出色的性能表现。文献[7]~文献[14]介绍了一些采用卷积神经网络进行调制识别的研究成果。但是和 4.4 节一样,这些都没有考虑信道的变化对调制识别的影响。因此,本节将卷积神经网络应用于提出的通信模型和算法架构中,探讨卷积神经网络对信道变化的鲁棒程度和对信号预处理算法的敏感度。

4.5.1　搭建的卷积神经网络结构

卷积神经网络的基本介绍和工作原理已经在第 2 章中进行了简要介绍,在此不再赘述。本节所搭建的卷积神经网络命名为 CNN-MI。表 4-3 展示了本节所搭建的卷积神经网络的结构和参数设置。

表 4-3　CNN-MI 网络结构及参数

层类型	输出维度	参数量
输入层	(2, 2400, 1)	—
卷积层+归一化操作(核数: 128,尺寸: (1, 2))	(2, 2399, 128)	615040
卷积层+归一化操作(核数: 128,尺寸: (1, 4))	(2, 2396, 64)	339776
随机失活层(Dropout: 0.5)	(2, 2396, 64)	0
卷积层+归一化操作(核数: 128,尺寸: (2, 1))	(1, 2396, 64)	161856
随机失活层(Dropout: 0.5)	(1, 2396, 64)	0
全连接层+归一化操作(核数: 256)	256	39257600
随机失活层(Dropout: 0.5)	256	0
全连接层+归一化操作(核数: 128)	128	33536
随机失活层(Dropout: 0.5)	128	0
全连接层+Softmax(核数: 6)	6	774

为了和 4.4 节所搭建的残差收缩网络进行比较,对于卷积神经网络,网络的输入保持相同的大小为 (2, 2400) 的 I/Q 两路序列。网络的前三层是由卷积层所构成,第一层卷积核大小为 (1, 2),卷积核数目为 128;第二层卷积核大小为 (1, 4),卷积核数目为 64;第三层卷积核大小为 (2, 1),卷积核数目为 64。其中前两层卷积核提取单一维度的特征信息,通过这种卷积核的设置,可以保证对于本节采用的所有调制方式,其特征都可以被很好地提取到。第三层卷积层提取两个维度的联合信息。

在卷积层之后,采用三层全连接层来提取不同特征通道之间的联合信息并且用于分类,三层全连接层的神经元个数依次是 256、128 和 6。对于神经元的激活函数选择,最后一层全连接层采用 Softmax 函数,输出不同样本对应每一种调制类别的概率。其余层都采用带参数修正线性单元(PReLU),在提高模型非线性的同时保留特征图的负特征。另外,在神经网络中为了减少过拟合,在中间四层神经网络中选用了 Dropout 操作,在训练的过程中随机选择失活部分神经元来提高模型泛型,防止过拟合现象。为了提高模型的训练速度,在所有层后加上了数据中心归一化操作来改变数据分布。

4.5.2 识别结果及性能分析

对于卷积神经网络,模型的训练方式同样是具有不同信噪比的高斯信道下的仿真数据,测试集来自不同参数设置下的多径信道接收数据,在经过算法架构中采用的估计器和均衡器处理后送入训练好的网络进行测试。同样,本节重点分析当采用卷积神经网络时,不同的信号预处理算法对调制识别的影响,分析卷积神经网络在这种工作场景下是否表现稳健的问题,以及对比与深度残差收缩神经网络的性能差异。

图 4-18 展现了采用基于导频的信道估计器处理后,CNN-MI 的识别性能。从整体上看和 RSN-MI 有相似的结论,在采用相同均衡器的情况下,基于特征值分解(ED)的信道估计器性能最好,最差的是 LS 信道估计器,但是这种差距会随着信噪比(SNR)的增大而减小。对于同一种信道估计器,采用 MMSE 信道均衡器算法处理后的信号识别性能要明显好于 ZF 均衡器。另外,可以发现对于同一种处理算法的性能识别曲线,CNN-MI 要略差于 RSN-MI,在 10dB 信噪比下,采用 LS 信道估计器和 ZF 均衡器,RSN-MI 识别率为 60%,而 CNN-MI 只能达到 45%,从侧面反映了本章所提出的 RSN-MI 分类器在调制识别中的优良性能。

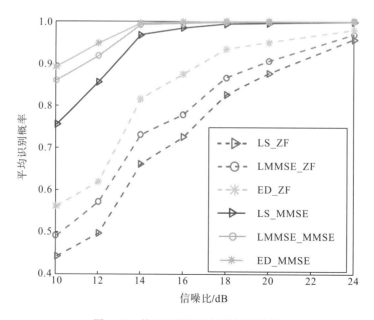

图 4-18 基于导频的估计器识别性能

　　图 4-19 展示了采用盲信道估计算法时，CNN-MI 的识别性能。可以很明显地看出，子空间(Sub)盲信道估计算法具有最好的识别性能，当采用 MMSE 信道均衡器时，随着信噪比的增大，最后识别率可以达到 100%，在 10dB 信噪比时，其识别精度也可以达到 85%，远超过其他几种信道估计算法处理后的信号识别性能，说明对于 CNN-MI 来说，子空间盲信道估计算法也具有很强的适应性。

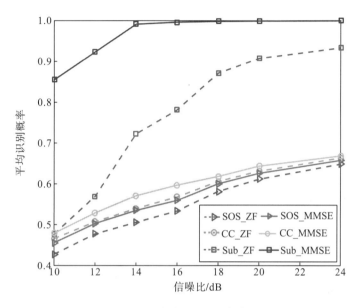

图 4-19　盲估计器识别性能

　　二阶统计量(SOS)盲信道估计算法和其改进的互相关(CC)算法性能则较差，在 10dB 信噪比下总体识别精度不超过 50%，随着信噪比的提升，其变化幅度不大。尤其是与 RSN-MI 相比较，可以发现其性能差了大约 30%，这说明 CNN-MI 不是对于所有的信号预处理算法都是稳健的。

　　图 4-20 展示了采用 MMSE 均衡器时，不同信道估计器对调制识别的影响。首先性能最好的是特征值分解(ED)估计器，其次是 LMMSE 信道估计器和子空间(Sub)盲估计器，这两种算法对识别精度影响有类似的性能，接着是 LS 信道估计器，而二阶统计量(SOS)盲估计器和其改进的互相关(CC)算法性能略差。整体上来说，CNN-MI 的识别性能不如 RSN-MI，但是其模型简单，容易实现，因此被广泛采用。

　　图 4-21 展现了当信噪比为 10dB 时，采用二阶统计量(SOS)盲信道估计算法和 MMSE 均衡算法的情况下，CNN-MI 的混淆矩阵，很明显可以看出其分类效果比较差。只有 BPSK、8PSK 识别准确度较高，QPSK 信号较多被识别为了 32QAM 信号。QAM 信号中，16QAM 识别情况较好，其他两类高阶 QAM 信号则无法识别，这是由于 CNN 对二阶统计量盲估计器处理后的信号不鲁棒。图 4-22 则展现了相同条件下，子空间盲信道估计器处理后的 CNN-MI 混淆矩阵。可以看出 6 类调制方式的信号都能够正确被识别，只有 QAM 信号类内识别出现稍微差错，因此子空间算法性能较好，并且适用于本章所创建的两类网络。

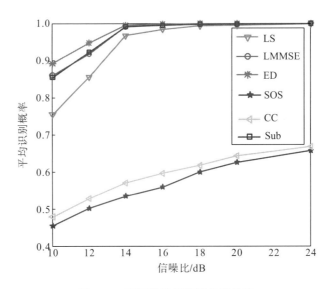

图 4-20　不同估计器识别性能比较

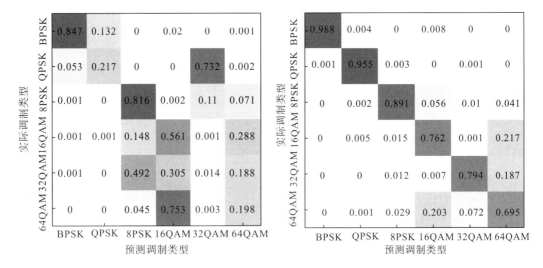

图 4-21　10dB 信噪比下二阶统计量盲估计混淆矩阵　　图 4-22　10dB 信噪比下子空间盲估计混淆矩阵

4.6　各类特定调制识别算法复杂度比较和讨论

　　本节分析本章所用到的所有调制识别算法的计算复杂度,有助于评估算法的实际使用价值。对于两个深度学习模型的分析,本章采用屋顶线模型(roofline model)理论的计算强度来定量分析两个模型在平台上的部署能力,其中计算强度定义为时间复杂度和空间复杂度的比值,它表示模型在计算过程中每个字节内存可以用于多少次浮点运算。

　　深度模型的时间复杂度根据浮点运算次数(floating-point operations per second,FLOPS)来衡量,同时利用总访存量衡量空间复杂度。由于 RSN-MI 产生计算量的结构主要为前三个卷积层和 RSBU 中的三个全连接层,文献[15]提供了一种可行的分析方法。单个卷积层的时间复杂度可以表示为 $\text{Time}_C \sim O(M^2 \cdot K^2 \cdot C_{\text{in}} \cdot C_{\text{out}})$，其中，$M$ 表示输出特征图的边长；K 表示卷积核边长；C_{in} 和 C_{out} 分别表示该卷积核输入和输出的通道数。

空间复杂度由网络参数和特征图大小两部分所组成，可以表示为 $\text{Space}_C \sim O(K^2 \cdot C_{\text{in}} \cdot C_{\text{out}} + M^2 \cdot C_{\text{out}})$，当数据类型为"float32"时，所占内存大小需要扩大四倍，单位为 Byte。全连接层可以看作特殊的卷积层，其每个核输出的特征图为一个标点，其时间和空间复杂度可以表示为 $\text{Time}_F \sim O(1^2 \cdot X^2 \cdot C_{\text{in}} \cdot C_{\text{out}})$ 和 $\text{Space}_F \sim O(X^2 \cdot C_{\text{in}} \cdot C_{\text{out}})$，其中 X 表示输入特征图的大小。

按照上述方法，本节分别计算了 RSN-MI 和 CNN-MI 的权重参数、浮点运算次数、内存以及计算强度来分析其算法可实施性。如表 4-4 所示，CNN-MI 的参数量比 RSN-MI 高出一个数量级。CNN-MI 中卷积核尺寸和通道数都远大于 RSN-MI，导致产生比较大的 FLOPS。经计算，CNN-MI 的计算强度是 RSN-MI 的 5 倍以上。根据屋顶线模型理论，CNN-MI 需要更强的算力支持，对实际部署条件要求更高。相比之下，RSN-MI 则更容易得到满足，并且能获取更好的分类性能。

表 4-4　RSN-MI 和 CNN-MI 的复杂度分析表

网络名称	权重参数	浮点运算次数(FLOPS)/G	内存/MB	计算强度/(FLOPS/B)
RSN-MI	3，735，406	11.63	1628.01	7.14
CNN-MI	39，893，062	70.44	1773.83	39.71

本节也分析了其他几种传统的调制识别方法的计算复杂度，包括平均似然比检验（average likelihood ratio test，ALRT）算法、KNN+HOC 和 TB+HOC。若 T 表示分类的总数目，S 表示每一样本的采样点数，则 ALRT 算法复杂度可以表示为 $O(T^S)$，其随 S 的扩大呈指数增长[16]。这是由于在每一种假设下，似然函数是单一样本点的未知参数概率密度函数乘积的结果。在模式识别方法中，基于 KNN 算法的计算复杂度可以表示为 $O(N \times D)$，其中 N 表示总的训练样本数，D 是选用的特征维数。基于 TB 算法的计算复杂度可以表示为 $O(N \times \log N \times D)$，可以看出，当 D 取合适值时，机器学习分类器的训练时间复杂度要明显小于其他几种算法，但是性能也是最差的。

为了更加直观地展现几种算法在实际平台上的运行能力，根据本章所提出的算法架构，在相同的运算配置下计算了不同的分类算法在整个算法架构中所花费的时间，包括预处理时间（preprocessing time，PT）、特征提取时间（feature extraction time，FET）、模型训练时间（model training time，TRT）、测试样本时间（test sample time，TST）。每一种特定算法没有采用的环节用"—"代替。如表 4-5 所示，信号到达接收端经过预处理的时间要大于特征提取的时间，但是预处理是每一种分类方法都要用到的，而特征提取只有基于模式识别的方法才使用，增加了额外的时间开销。另外，深度学习模型的训练时间要远大于传统算法，且 CNN-MI 的训练时间是 RSN-MI 的两倍以上。但是深度学习模型一旦完成训练就可以投入使用，无须重复训练。在实际应用中，同样完成一次测试，基于最大似然的 ALRT 算法消耗的时间要远高于其他算法，这导致其在实际任务中无法正常使用，有较大的时间延迟。对于其他几种算法，深度学习模型所耗费实际时间为 PT+TST，而统计模式方法所耗费的实际时间为 PT+FET+TST。虽然统计模式方法的 TST 要小于深度模型的 TST，但是总的消耗时间仍然是深度网络占优势，且 RSN-MI 的最优。因此基于深度学习的分类算法具有很高的实际应用价值。

表 4-5　不同分类算法时间成本

分类算法	PT/(s/样本)	FET/(s/样本)	TRT/(s/样本)	TST/(s/样本)
RSN-MI	4.12×10^{-2}	—	496	1.63×10^{-4}
CNN-MI	4.12×10^{-2}	—	1094	5.82×10^{-4}
ALRT 算法	4.12×10^{-2}	—	—	3.18×10^{-1}
KNN+HOC	4.12×10^{-2}	3.11×10^{-4}	5.58×10^{-1}	8.00×10^{-6}
DT+HOC	4.12×10^{-2}	3.11×10^{-4}	3.63	3.55×10^{-5}

4.7　本章小结

本章分析了算法架构中使用的各种分类器在调制识别中的算法性能及其各种信道估计算法和信道均衡算法对分类器的影响。其中重点介绍了基于深度残差收缩神经网络搭建的 RSN-MI，其在所有用到的分类器当中具有最好的分类性能，并且对于所有采用的预处理算法都具有稳定性。根据卷积神经网络所搭建的 CNN-MI，其结构简单，实现容易，在特定信号预处理算法的处理下，也具有出色的分类性能。同时也对比了传统的调制识别算法，可以清楚地看到传统的调制识别算法性能不够稳定，并且存在实际测试中复杂度较高的问题。最终通过对复杂度的分析，表明了本章所提出的 RSN-MI 无论是在性能还是在复杂度方面都表现出色。

参 考 文 献

[1] Cho Y S, Kim J. MIMO-OFDM 无线通信技术及 MATLAB 实现[M]. 孙锴, 黄威, 译. 北京: 电子工业出版社, 2013.

[2] Yuan H M, Ling Y Z, Sun H, et al. Research on channel estimation for OFDM receiver based on IEEE 802.11a[C]//2008 6th IEEE International Conference on Industrial Informatics. July 13-16, 2008, Daejeon. IEEE, 2008: 35-39.

[3] Muquet B, de Courville M. Blind and semi-blind channel identification methods using second order statistics for OFDM systems[C]//1999 IEEE International Conference on Acoustics, Speech, and Signal Processing. Proceedings. ICASSP99. March 15-19, 1999, Phoenix, AZ, USA. IEEE, 1999: 2745-2748.

[4] Muquet B, de Courville M, Duhamel P, et al. A subspace based blind and semi-blind channel identification method for OFDM systems[C]//1999 2nd IEEE Workshop on Signal Processing Advances in Wireless Communications. May 9-12, 1999, Annapolis, MD, USA. IEEE, 1999: 170-173.

[5] Isogawa K, Ida T, Shiodera T, et al. Deep shrinkage convolutional neural network for adaptive noise reduction[J]. IEEE Signal Processing Letters, 2017, 25 (99) : 224-228.

[6] Hu J, Shen L, Albanie S, et al. Squeeze-and-Excitation networks[J]. IEEE Transactions on Pattern Analysis and Machine Intelligence, 2020, 42(8): 2011-2023.

[7] Peng S L, Jiang H Y, Wang H X, et al. Modulation classification using convolutional Neural Network based deep learning model[C]//2017 26th Wireless and Optical Communication Conference (WOCC). April 7-8, 2017, Newark, NJ, USA. IEEE, 2017: 1-5.

[8] Hermawan A P, Ginanjar R R, Kim D S. et al. CNN-based automatic modulation classification for beyond 5G communications[J]. IEEE Communications Letters, 2020, 24(5): 1038-1041.

[9] Zeng Y, Zhang M, Han F, et al. Spectrum analysis and convolutional neural network for automatic modulation recognition[J]. IEEE Wireless Communications Letters, 2019, 8(3): 929-932.

[10] Meng F, Chen P, Wu L, et al. Automatic modulation classification: a deep learning enabled approach[J]. IEEE Transactions on Vehicular Technology, 2018, 67(11): 10760-10772.

[11] Wu H, Li Y, Zhou L, et al. Convolutional neural network and multi-feature fusion for automatic modulation classification[J]. Electronics Letters, 2019, 55(16): 895-897.

[12] Zhang H, Wang Y, Xu L, et al. Automatic modulation classification using a deep multi-stream neural network[J]. IEEE Access, 2020, 8: 43888-43897.

[13] Wang Y, Liu M, Yan J, et al. Data-driven deep learning for automatic modulation recognition in cognitive radios[J]. IEEE Transactions on Vehicular Technology, 2019, 68(4): 4074-4077.

[14] Huynh-The T, Hua C, Pham Q, et al. MCNet: an efficient CNN architecture for robust automatic modulation classification[J]. IEEE Communications Letters, 2020, 24(4): 811-815.

[15] He K, Sun J. Convolutional neural networks at constrained time cost[C]//2015 IEEE Conference on Computer Vision and Pattern Recognition(CVPR), Boston, 2015: 5353-5360.

[16] Hameed F, Dobre O A, Popescu D C. On the likelihood-based approach to modulation classification[J]. IEEE transactions on wireless communications, 2009, 8(12): 5884-5892.

第5章　稳态信号射频指纹特征提取

通信信号除了极少部分的瞬态信号，还包含了大量的稳态信号。在稳态信号部分，整个通信过程发射机基本稳定，信号与数据信息相互交织，易于从接收信号中分离。基于稳态信号的射频指纹识别技术反映了相比瞬态信号更多的射频信息，且对设备的要求不高，易于展开研究。本章首先讨论无导频结构下的稳态信号射频指纹提取方法，其传输信号往往不包含具有先验信息的导频结构，因此这种技术也被称作雷达辐射源识别技术，常用于军用领域。5.1 节主要从分形特性、高阶矩特性和相位噪声谱三个方面对无导频结构下的信号指纹进行提取。此外，随着无线通信设备的普及，特别是 5G 的成熟和广泛应用，安全认证等问题日益突出，射频指纹识别技术不再局限于军用领域。在日常生活中，大量的通信数据都是带有导频头的，基于导频结构的射频指纹技术能有效地利用通信信号的帧结构。鉴于此，5.2 节研究在导频结构下载频相位精估特征、星座图特征、功率谱统计特征的产生机理及计算方法。

5.1　无导频结构的射频指纹特征提取

5.1.1　分形特征

分形几何学是一门以不规则几何形态为研究对象的几何学，不同于研究对象为整数维几何的欧氏几何。分形理论被学者描述为大自然的几何，甚至被誉为最美丽的数学。1975 年，Mandelbrot[1]首次提出了分形几何的概念，随着分形理论的不断完善，他指出，世界上任何一种事物的局部都有可能在某一个过程中或一定的条件下，其某一方面表现出与整体的相似性，并且维数的变化可以是连续的，也可以是离散的，使人们不再局限于欧氏几何。

分形理论研究的是由非线性系统产生的不光滑和不可微的几何形体(迭代函数系统和多重分形)，通过混乱现象和不规则构型，揭示隐藏在它们背后的局部与整体的本质联系和运动规律。分形一般具有如下特点：

(1)由于其不规则性，往往难以用欧氏几何描述。

(2)没有特征长度但具有一定意义上的近似或者统计意义上的自相似性。

(3)具有在精细结构，即在任意小的比例尺度内包含整体。

(4)它定义的"分形维数"往往比拓扑维度大。

(5)分形维数往往通过递归来计算。

设 $A \in F(X)$，其中 (X,d) 是度量空间，R 是 X 的非空紧集族，对于每一个 $\varepsilon(\varepsilon > 0)$，令 $N(A,\varepsilon)$ 表示覆盖 A 所需的以 $\varepsilon > 0$ 为直径的闭球的最小数目，则有

$$N(A,\varepsilon) = \left\{ M : A \subset \sum_{i=1}^{M} N(x_i,\varepsilon) \right\} \tag{5-1}$$

其中，$x_1, x_2, \cdots, x_M$ 是 X 的不同点。

定义：设 f 为定义在 R 的闭集 A 上的连续函数，F 为 R^2 上的集合：

$$F = \left\{ (x,y) : x \in T \subset R, y = f(x) \subset R \right\} \subset R^2 \tag{5-2}$$

如果存在：

$$D_B(f) = \lim_{\varepsilon > 0} \frac{\ln N(F,\varepsilon)}{\ln\left(\dfrac{1}{\varepsilon}\right)} \tag{5-3}$$

则 $D_B(f)$ 就叫作函数 F 的盒维数。

设 $\{A_j\}(j=1,2,\cdots,K)$ 是集合 F 的一个有限 ε 覆盖，P_j 表示 F 的元素落在集合 A_j 中的概率。令信息熵：

$$I(\varepsilon) = -\sum_{j=1}^{K} P_j \lg P_j \tag{5-4}$$

定义：如果信息熵满足

$$I(\varepsilon) \sim -\lg \varepsilon^{D_I(f)} \tag{5-5}$$

则 $D_I(f)$ 就叫作集合 F 的信息维数。

　　分形理论因为能够有效度量复杂不规则的信号并且成功应用于雷达信号而取得广泛关注。无线通信信号和雷达信号类似，其主要特征也主要来源于频率、相位和幅度的变化，因此可以通过测量信号的复杂度来识别信号脉冲。分形理论的盒维数可以反映分形集的几何尺度，信息维数则可以反映区域空间中分形集的分布。无线通信信号作为时间序列，自然也能够使用分形维数来表征。

1. 分形特征算法

1）盒维数

无线通信信号的盒维数计算方法如下。

（1）将通信信号预处理并提取信号包络，得到的信号序列表示为 $\{s(i), i=1,2,\cdots,N\}$，其中 N 表示信号的长度。

（2）将信号序列 $\{s(i)\}$ 按照横坐标的最小间隔 $d = 1/N$ 放置于单位正方形里，令

$$N(d) = N + \frac{\left\{ \sum_{i=1}^{N-1} \max\left[s(i), s(i+1)\right]d - \sum_{i=1}^{N-1} \min\left[s(i), s(i+1)\right]d \right\}}{d^2} \tag{5-6}$$

（3）计算盒维数：

$$D_B = -\frac{\ln N(d)}{\ln d} \tag{5-7}$$

　　分形盒维数只能反映分形集的几何尺度。为了反映区域空间中分形集的分布信息，可以使用信息维数来反映区域空间中分形集的分布疏密。

2）信息维数

无线通信信号的信息维数计算方法如下。

（1）将通信信号预处理并提取信号包络，得到的信号序列表示为 $\{s(i), i=1,2,\cdots,N\}$，其中 N 是信号的长度。

（2）将信号序列按如下方式重构，以减弱部分带内噪声影响，同时也便于信息维数的计算。

$$s_0(i) = s(i+1) - s(i) \quad (i=1,2,\cdots,N-1) \tag{5-8}$$

（3）计算信息维数，令

$$\begin{cases} S=\sum_{i=1}^{N-1} s_0(i) \\ p(i)=\dfrac{s_0(i)}{S} \end{cases} \tag{5-9}$$

则信息维数可以表示为

$$D_I = -\sum_{i=1}^{N-1}\left\{ p(i) \times \lg\left[p(i) \right] \right\} \tag{5-10}$$

3）波形复杂度

Lempel-Ziv 复杂度（LZC）是一种刻画波形变化规律的方法，通过复制和添加两种操作来描述信号序列的特性，并将所需的添加操作次数做序列的复杂性度量，从而用于信号特征的研究。

（1）信号预处理，提取包络序列 $\{s(i), i=1,2\cdots,N\}$，N 为序列长度。对包络信号去掉直流部分，同时减少噪声对 LZC 稳定性的影响。

$$s_a(i) = s(i) - E\left[s(i) \right] \quad (i=1,2,\cdots,N) \tag{5-11}$$

（2）对信号序列按照下面方法重构，以减弱部分带内噪声的影响。

$$s_c(i) = \left| s_a(i+1) - s_a(i) \right| \quad (i=1,2,\cdots,N) \tag{5-12}$$

（3）对 $s_c(i)$ 量化。

$$s_q(i) = \begin{cases} 0, & s_c(i) < E\{s_c(i)\} \\ 1, & s_c(i) \geqslant E\{s_c(i)\} \end{cases} \quad (i=1,2,\cdots,N-1) \tag{5-13}$$

（4）量化后由符号 0、1 构成的信号序列为 $\{s_q(i), i=1,2,\cdots,N-1\}$。

（5）将信号序列 $\{s_q(i)\}$ 转化为符号序列，表示为 $Q = q(1)q(2)\cdots q(M)$，$M = N-1$，其中 $q(i) = s_q(i), i=1,2,\cdots,M$。

（6）设生成池为空，初始添加次数 AN $=0$，将 $q(1)$ 添加进生成池。

$$\text{AN} = \text{AN} + 1 \tag{5-14}$$

（7）假定生成池已有符号串 $q(1)q(2)\cdots q(m)$，且 $m < M$，$Y = q(m+1)$，$X = q(1)q(2)\cdots q(m)$，将符号串 X 和 Y 联结，并删除右边最后一个符号，得到的符号串用

$XY\pi$ 来表示。判断 Y 是否是子串，若是，则 $Y = q(m+1)q(m+2)$，若不是，则 $X = q(1)q(2)\cdots q(m+1)$，$Y = q(m+2)$。重复上述操作。

（8）计算 LZC：

$$\text{LZC}_s = \frac{\text{AN} \cdot \lg M}{M} \tag{5-15}$$

2. 性能分析

假设 i 时刻的接收信号用 $f(i) = s(i) + n(i)$ 表示，信号 $s(i)$ 和噪声 $n(i)$ 相互独立，不同时刻的噪声服从独立的高斯分布，即 $n(i) \sim N(0, \sigma^2/2)$，则 $n(i) - n(i+1)$ 依然服从高斯分布，即 $n(i) - n(i+1) \sim N(0, \sigma^2)$。其 j 时刻的信号波形落在以 ε 为边长的正方形的概率为

$$
\begin{aligned}
\overline{p}_i(\varepsilon) &= \frac{\overline{N}_i(\varepsilon)}{N(\varepsilon)} \\
&= \frac{\sum\limits_{j=1}^{N} H\left(\varepsilon - \left| f(i) - f(j) \right|\right)}{N(\varepsilon)} \\
&= \frac{\sum\limits_{j=1}^{N} H\left(\varepsilon - \left| s(i) - s(j) + n(i) - n(j) \right|\right)}{N(\varepsilon)}
\end{aligned}
\tag{5-16}
$$

其中，$H(\cdot)$ 为阶跃函数。令 $\mu = s(i) - s(j)$，则 $y = s(i) - s(j) + n(i) - n(j)$ 的分布为 $N(\mu, \sigma^2/2)$，其概率密度函数为

$$
f(y) = \begin{cases} \dfrac{1}{\sigma\sqrt{2\pi}}\left\{ \exp\left[-\dfrac{(y-\mu)^2}{2\sigma^2} \right] + \exp\left[-\dfrac{(y+\mu)^2}{2\sigma^2} \right] \right\}, & y \geqslant 0 \\ 0, & y < 0 \end{cases}
\tag{5-17}
$$

其均值为

$$
E(y) = \int_{-\infty}^{\infty} y f(y) \mathrm{d}y = \int_{-\infty}^{\infty} y \frac{1}{\sigma\sqrt{2\pi}}\left\{ \exp\left[-\frac{(y-\mu)^2}{2\sigma^2} \right] + \exp\left[-\frac{(y+\mu)^2}{2\sigma^2} \right] \right\} \mathrm{d}y
\tag{5-18}
$$

令 $u = \dfrac{y+\mu}{\sqrt{2}\sigma}, m = \dfrac{y-\mu}{\sqrt{2}\sigma}$，则 $y = \sqrt{2}\sigma u - \mu = \sqrt{2}\sigma m + \mu$，式 (5-18) 可变换为

$$
\begin{aligned}
E(y) &= \sqrt{\frac{2}{\pi}}\sigma\exp\left(-\frac{\mu^2}{2\sigma^2} \right) + \frac{\mu}{\sqrt{\pi}} \int_{\frac{-\mu}{\sigma\sqrt{2}}}^{\frac{\mu}{\sigma\sqrt{2}}} \exp(-m^2) \mathrm{d}m \\
&= \sqrt{\frac{2}{\pi}}\sigma\exp\left(-\frac{\mu^2}{2\sigma^2} \right) + \mu\left[2\Phi\left(\frac{\mu}{\sigma} \right) - 1 \right]
\end{aligned}
\tag{5-19}
$$

$$
\begin{aligned}
E(y^2) &= \int_{-\infty}^{\infty} y^2 f(y) \mathrm{d}y \\
&= \int_{-\infty}^{\infty} y^2 \frac{1}{\sigma\sqrt{2\pi}}\left\{ \exp\left[-\frac{(y-\mu)^2}{2\sigma^2} \right] + \exp\left[-\frac{(y+\mu)^2}{2\sigma^2} \right] \right\} \mathrm{d}y
\end{aligned}
\tag{5-20}
$$

表 5-1 列出了均值 $E(y)$ 随 μ/σ 的变化情况。

表 5-1　$E(y)$ 随 μ/σ 的变化情况

μ/σ	1	2	3	4	5
$E(y)$	1.16663094μ	1.00849070μ	1.0002547μ	1.00000357μ	1.0000002μ

通常情况下，噪声功率比信号功率小，即 $\mu > \sigma$，$\exp\left(-m^2\right)$ 随 m 增大而迅速减小为 0，由表 5-1 可知：

$$\Phi\left(\frac{\mu}{\sigma}\right) \approx 1 , \quad \sqrt{\frac{2}{\pi}}\sigma\exp\left(-\frac{\mu^2}{2\sigma^2}\right) \approx 0 \tag{5-21}$$

$$E(y) \approx \mu \tag{5-22}$$

又因为

$$
\begin{aligned}
E\left(y^2\right) &= \sqrt{\frac{2}{\pi}}\sigma\exp\left(-\frac{\mu^2}{2\sigma^2}\right) + \frac{\mu}{\sqrt{\pi}}\int_{-\frac{\mu}{\sqrt{2}\sigma}}^{\frac{\mu}{\sqrt{2}\sigma}}\exp\left(-m^2\right)\mathrm{d}m \\
&= \sqrt{\frac{2}{\pi}}\sigma\exp\left(-\frac{\mu^2}{2\sigma^2}\right) + \mu\left[2\Phi\left(\frac{\mu}{\sigma}\right)-1\right] \\
&= \frac{1}{\sqrt{\pi}}\left(\mu^2\sqrt{\pi} + 2\sigma^2\frac{\sqrt{\pi}}{2}\right) \\
&= \mu^2 + \sigma^2
\end{aligned}
\tag{5-23}
$$

由式 (5-22) 和式 (5-23) 易得

$$D(y) = E\left(y^2\right) - E^2(y) \approx \sigma^2 \tag{5-24}$$

综上所述，噪声对 $N_i(\varepsilon)$ 影响很小，i 时刻的信号 $s(i)$ 落在 A_i 中的个数可表示为

$$\bar{N}_i(\varepsilon) = N_i(\varepsilon) + \delta_i(\varepsilon) \tag{5-25}$$

其中，$N_i(\varepsilon)$ 表示 i 时刻信号落在 A_i 中的个数；$\delta_i(\varepsilon)$ 表示干扰。其概率可以表示为

$$\bar{p}_i(\varepsilon) = \frac{\bar{N}_i(\varepsilon)}{N_i(\varepsilon)} = \frac{N_i(\varepsilon) + \delta_i(\varepsilon)}{N_i(\varepsilon)} = p_i(\varepsilon) + \Delta_i(\varepsilon) \tag{5-26}$$

其中，$\Delta_i(\varepsilon) = \frac{\delta_i(\varepsilon)}{N(\varepsilon)}$，因为 $N_i(\varepsilon)$ 较大，$\delta_i(\varepsilon)$ 较小，故 $\Delta_i(\varepsilon)$ 非常小，其概率对噪声的影响不敏感。把式 (5-26) 代入式 (5-4) 可得

$$
\begin{aligned}
\bar{I}(\varepsilon) &= -\sum_i \bar{p}_i(\varepsilon)\lg\bar{p}_i(\varepsilon) = -\sum_i\left[p_i(\varepsilon) + \Delta_i(\varepsilon)\right]\lg\left[p_i(\varepsilon) + \Delta_i(\varepsilon)\right] \\
&= -\sum_i p_i(\varepsilon)\lg p_i(\varepsilon) - \sum_i p_i(\varepsilon)\lg\left[1 + \frac{\Delta_i(\varepsilon)}{p_i(\varepsilon)}\right] \\
&\quad - \sum_i \Delta_i(\varepsilon)\lg p_i(\varepsilon) - \sum_i \Delta_i(\varepsilon)\lg\left[1 + \frac{\Delta_i(\varepsilon)}{p_i(\varepsilon)}\right]
\end{aligned}
\tag{5-27}
$$

又因为

$$\lg\left[1+\frac{\Delta_i(\varepsilon)}{p_i(\varepsilon)}\right]=\frac{\Delta_i(\varepsilon)}{p_i(\varepsilon)}+o\left[\frac{\Delta_i(\varepsilon)}{p_i(\varepsilon)}\right] \tag{5-28}$$

所以

$$\overline{I}(\varepsilon)\approx I(\varepsilon)-\sum_i\Delta_i(\varepsilon)\left[\frac{1}{\ln 10}+\lg p_i(\varepsilon)\right] \tag{5-29}$$

将式(5-29)代入式(5-27)可得

$$\overline{D}_I=-\lim_{\varepsilon\to 0}\frac{\overline{I}(\varepsilon)}{\lg\varepsilon}\approx D_I \tag{5-30}$$

由以上结果可知，信息维数对噪声敏感度较小，在一定的 SNR 范围内，其影响均是可接受的。通过使用盒维数和信息维数对信号频谱的不规则性进行测量，能有效地反映信息频率、相位和幅度的特征。

3. 实测结果分析

图 5-1 为盒维数作为分类特征时，使用三种分类器在不同信噪比下的识别率曲线。当信噪比低于 0dB 时，识别率均趋于稳定，其中，袋装树(Bagged Tree)和加权 k 最近邻(Weighted KNN)低于 60%，精细高斯支持向量机(Fine Gaussian SVM)则接近 68%。随着信噪比增加，识别率缓慢提升。当信噪比高于 6dB 时，识别率再次稳定。整个过程中 Fine Gaussian SVM 比 Bagged Tree 和 Weighted KNN 具有更好的识别能力。

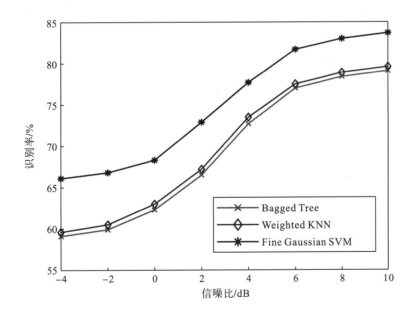

图 5-1　盒维数识别率曲线

图 5-2 为信息维数作为分类特征时，使用三种分类器在不同信噪比下的识别率曲线。三种分类器在-4dB 时，识别率均低于 60%，并随着信噪比增加而升高。Weighted KNN 略优于 Bagged Tree 的识别性能。由图 5-1 和图 5-2 可以看出，在单一特征作为识别向量时，

盒维数的识别性能优于信息维数。又由于低信噪比时，盒维数和信息维数识别性能趋于稳定，可以验证盒维数和信息维数对噪声的敏感度较低。

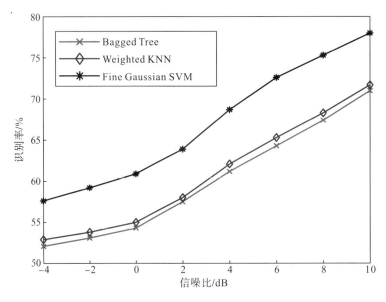

图 5-2　信息维数识别率曲线

5.1.2　高阶矩特征

信号包络包含了丰富的非线性特征，这些特征是通信发射机固有的指纹特性，且具有一定的稳定性。另外，尽管信号包络存在其硬件的细微特征，但通过信道衰减、多径效应，同时受到噪声等其他杂波干扰影响，其信号包络形状会受到影响，且极有可能失真。找到合适的参数对信号包络进行描述即可作为通信发射机有效的指纹特征。

常见的表征信号包络的特征有脉冲宽度、脉冲上升时间、上升角、脉冲下降时间、下降角、脉冲拐点等，但这些特征极其容易受噪声等杂波干扰。据研究发现，高阶矩特征从宏观角度描述了脉冲包络波形且不易受噪声影响，本节将详细描述三种高阶矩特征。

1. 高阶矩特征算法

1) 包络提取

设恒包络信号为 $s(t)$，受加性白高斯噪声影响的接收信号为 $f(t)=s(t)+v(t)$，其中 $s(t)=A(t)\cos\left[2\pi f_c t+\phi(t)\right]$，$v(t)=n(t)$，$\phi(t)=2\pi f_c t+\varphi(t)+\theta$，$v(t)$ 是方差为 σ_n^2 的白高斯噪声，$\phi(t)$ 是瞬时幅度，f_c 是调制相位，θ 是初相位。

包络提取：

$$\xi(t)=\sqrt{f^2(t)+\hat{f}^2(t)}=\sqrt{A^2(t)+2A(t)a(t)+c^2(t)} \tag{5-31}$$

其中，$a(t)=v(t)\cos\left[\phi(t)\right]+\hat{v}(t)\sin\left[\phi(t)\right]$，$c^2(t)=v^2(t)+\hat{v}^2(t)$。

2) R、J 特征

恒包络信号 $s(t)$ 的二阶矩 (m_2) 和四阶矩 (m_4) 分别为

$$m_2 = E\left[\xi^2(t)\right] = E\left[A^2(t)\right] + 2\sigma_n^2 \tag{5-32}$$

$$m_4 = E\left[\xi^4(t)\right] = E\left[A^4(t)\right] + 8\sigma_n^2 E\left[A^2(t)\right] + 8\sigma_n^4 \tag{5-33}$$

R 特征[2]、J 特征[3]可以通过式(5-34)和式(5-35)分别求解:

$$R = \left|\frac{m_4 - m_2^2}{m_2^2}\right| = \left|\frac{E\left[A^4(t)\right] - E^2\left[A^2(t)\right]}{E^2\left[A^2(t)\right]}\right| \tag{5-34}$$

$$J = \left|\frac{m_4 - 2m_2^2}{4P_s}\right| = \left|\frac{E\left[A^4(t)\right] - 2E^2\left[A^2(t)\right]}{4P_s}\right| \tag{5-35}$$

3) 估计信噪比

对于受加性白高斯噪声 $n(t)$ 干扰的窄带信号 $s(t)$,其接收信号可表示为 $f(t) = n(t) + s(t)$,其中 $s(t) = \left[s_I(t) + js_Q(t)\right]e^{j\omega_0 t}$,$n(t) = \left[n_I(t) + jn_Q(t)\right]e^{j\omega_0 t}$。

接收信号的二阶矩和四阶矩分别为

$$m_2 = E\left[f^*(t)f(t)\right], m_4 = E\left\{\left[f^*(t)f(t)\right]^2\right\} \tag{5-36}$$

若 P_s、P_n 分别为信号和噪声的功率,根据窄带随机信号理论对于恒包络信号 $s(t)$ 可以得

$$\begin{cases} E\left[s^{*2}(t)s^2(t)\right] = \left\{E\left[s^*(t)s(t)\right]\right\}^2 = P_s^2 \\ E\left[n^{*2}(t)n^2(t)\right] = \left\{E\left[n^*(t)n(t)\right]\right\}^2 = P_n^2 \end{cases} \tag{5-37}$$

$$m_2 = P_s + P_n, m_4 = P_s^2 + 4P_s P_n + 2P_n^2 \tag{5-38}$$

求解可得信噪比(SNR):

$$\mathrm{SNR} = 10 \cdot \lg\left(\frac{P_s}{P_n}\right) = 10 \cdot \lg\left(\frac{\sqrt{2m_2^2 - m_4}}{m_2 - \sqrt{2m_2^2 - m_4}}\right) \tag{5-39}$$

2. 性能分析

正交相移键控(quadrature phase shift keying,QPSK)调制的信号 $s(t)$ 可以表示为

$$s(t) = \sum_{i=1}^{N} A\sin\left(2\pi f_c t + \varphi_i + \theta\right)g_T(t - iT), \quad \varphi_i \in \left(\frac{\pi}{2}(m-1), m = 1, 2, 3, 4\right)$$

其二阶矩和四阶矩分别可表示为

$$E\left[A^2(t)\right] = \frac{1}{4}\sum_{i=0}^{3} A^2 \tag{5-40}$$

$$E\left[A^4(t)\right] = \frac{1}{4}\sum_{i=0}^{3} A^4 \tag{5-41}$$

则 R 特征和 J 特征可以分别表示为

$$R_{\text{QPSK}} = \left| \frac{\frac{1}{4}\sum\limits_{t=0}^{3}A^4 - \left\{ \frac{1}{4}\sum\limits_{i=0}^{3}A^2 \right\}^2}{\left\{ \frac{1}{4}\sum\limits_{i=0}^{3}A^2 \right\}^2} \right| = 0 \tag{5-42}$$

$$J_{\text{QPSK}} = \frac{\frac{1}{4}\sum\limits_{t=0}^{3}A^4}{\left\{ \frac{1}{4}\sum\limits_{i=0}^{3}A^2 \right\}^2} - 2 = -1 \tag{5-43}$$

由此可知，QPSK 调制下的信号在理想情况下 R_{QPSK} 和 J_{QPSK} 理论值分别为 0 和-1。

3. 仿真结果分析

图 5-3 为 R 特征作为分类特征时，使用三种分类器在不同信噪比下的识别率曲线。当信噪比等于-4dB 时，Bagged Tree 和 Weighted KNN 识别率低于 50%，Fine Gaussian SVM 识别率则接近 55%。随着信噪比增加，识别率迅速提升。当信噪比高于 7dB 时，三种分类器识别率均高于 80%。整个过程中 Fine Gaussian SVM 比 Bagged Tree 和 Weighted KNN 具有更好的识别能力。

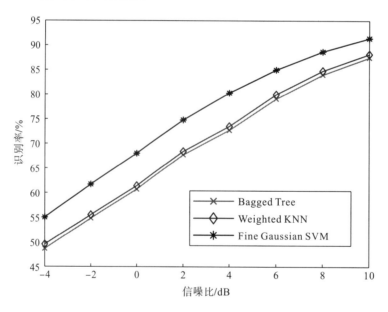

图 5-3 R 特征识别率曲线

图 5-4 为 J 特征作为分类特征时，使用三种分类器在不同信噪比下的识别率曲线。当信噪比等于-4dB 时，Bagged Tree 和 Weighted KNN 识别率接近 45%，Fine Gaussian SVM 识别率则超过 50%。随着信噪比增加，三种分类器识别率迅速提升。当信噪比高于 6dB 时，三种分类器识别率均高于 70%。整个过程中 Fine Gaussian SVM 比 Bagged Tree 和 Weighted KNN 具有更好的识别能力。

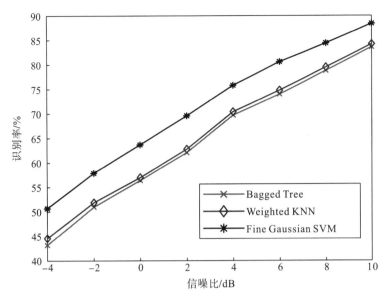

图 5-4 J 特征识别率曲线

图5-5为估计信噪比作为分类特征时,使用三种分类器在不同信噪比下的识别率曲线。当信噪比等于-4dB 时,Bagged Tree 和 Weighted KNN 识别率低于40%,Fine Gaussian SVM 识别率则微高于 40%。随着信噪比增加,识别率迅速提升。当信噪比高于 6dB 时,三种分类器识别率均高于 80%。整个过程中 Fine Gaussian SVM 较 Bagged Tree 和 Weighted KNN 具有较好的识别能力。

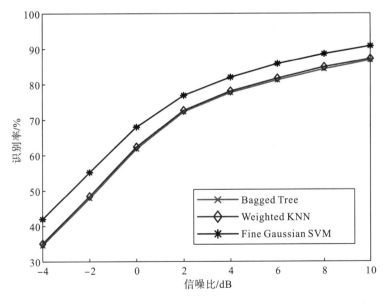

图 5-5 估计信噪比识别率曲线

综上所述，单一特征输入在低信噪比时，R 特征性能优于 J 特征和估计信噪比，而随着信噪比增加其识别性能都能达到 80%以上。由识别率曲线的平滑程度也可以看出，高阶矩特征对信噪比的要求极高，在恶劣的信噪比下难以达到识别效果。

5.1.3 相位噪声谱

频率稳定度表征频率源保持稳定的能力，是衡量信号源好坏的重要因素。理想情况下的频率源一般看作一个单一频率下的输出，即频谱是一根无线窄的谱线。但实际情况下，信号的频谱都不是纯净的，往往掺杂着周期性的杂散干扰和随机性的相位噪声。杂散干扰往往可以通过改善信号源发射环境进行改善。相位噪声由信号源内部噪声引起，表现为频率的随机起伏，是衡量信号短期频率稳定度非常重要的指标，在信号处理和通信领域，也是衡量系统性能的关键指标。本章中，相位噪声谱将作为一种新型指纹特征进行研究。

经典的谱估计方法主要分为直接法和间接法[4]。其中，间接法通过求随机序列 $x(n)$ 的自相关函数 $R(n)$，再作傅里叶变换得到 $R(n)$ 的功率谱估计值，因此间接法也被称作自相关法；直接法则被称作周期图法，设随机序列 $x(n)$ 是能量有限的序列，首先取 $x(n)$ 的 N 个观测数据并计算出对应的离散傅里叶变换 $X(n)$，然后求出 $X(n)$ 幅值平方的 $1/N$，即为序列 $x(n)$ 功率谱的估计值。上述两种经典谱估计方法方差性能都比较差，因此，本章采用了基于周期法改进后的 Welch 法，其思想主要是通过对数据样本进行适当的分段即合适的窗函数来减少方差。接下来将对经典谱估计法做详细的介绍。

1. 相位噪声谱估计法

1) 周期图法

周期图（periodogram）法是最常用的一种功率谱估计方法，由 Schuster 提出。对于离散信号 $x(k)$，数据长度为 N，则其主要计算过程如下。

(1) 求信号 $x(k)$ 的傅里叶变换。

$$X(\omega) = \sum_{k=1}^{N} x(k)\mathrm{e}^{-\mathrm{j}\omega k} \tag{5-44}$$

(2) 对其结果的平方除以信号长度 N，结果即为功率谱估计值。

$$\hat{\Phi}_p(\omega) = \frac{1}{N}\left|\sum_{k=1}^{N} x(k)\mathrm{e}^{-\mathrm{j}\omega k}\right|^2 \tag{5-45}$$

周期图法由 FFT 直接计算得来，故称为直接法。由式(5-45)可知，在数据长度为 N 的情况下，周期图法估计的频谱的分辨率最小为 $1/N$，其性能随 N 的增大而提升，但方差性能却不改变，因此周期图法的性能需要被改善。

2) 巴特利（Bartlett）法

Bartlett 法作为周期图法改进方法之一，其计算过程如下。

(1) 将离散信号 $x(k)$ 分成 L 个子样本，每一个子样本的长度为 $M=N/L$。

$$x_j = x[(j-1)M+k] \quad (k=1,2,\cdots,M; j=1,2,\cdots,L) \tag{5-46}$$

其中，j 和 k 表示 x_j 是第 j 个子样本的第 k 个数据。

(2) 对每一个子样本进行周期图谱估计，式 (5-47) 为第 i 个样本的周期图谱估计。

$$\hat{\Phi}_i(\omega) = \frac{1}{N}\left|\sum_{k=1}^{N} x_i(k)\mathrm{e}^{-\mathrm{j}\omega k}\right|^2 \tag{5-47}$$

(3) 对 L 个估计结果求平均。

$$\hat{\Phi}_B(\omega) = \frac{1}{L}\sum_{i=1}^{L}\hat{\Phi}_i(\omega) \tag{5-48}$$

Bartlett 方法通过数据平均能有效减少周期图方法的方差问题，降低了估计结果的波动性。由于 Bartlett 法估计序列长度为 M，其分辨率最小为 $1/M$，是周期图法分辨率的 $1/L$，方差对应也为其 $1/L$。

3) Welch 法

Welch 法[4]允许相邻子样本间相互重叠，并对每个子样本数据加适当的窗函数，再利用周期图法计算功率谱估计。

(1) 将长度为 N 的信号序列分成 L 段，每段有 M 个采样点，同式 (5-46)。

(2) 选择合适的窗函数并分别对每一段信号进行加权处理，确定每一段的周期图，式 (5-49) 为第 i 个样本的功率谱估计。

$$\hat{\Phi}_i(\omega) = \frac{1}{MU}\left|\sum_{m=1}^{M} x_i(m)d(m)\mathrm{e}^{\mathrm{j}\omega n}\right|^2 \tag{5-49}$$

(3) 计算 L 个估计结果的平均值。

Welch 法在实际选择中常常选择 $K=M/2$，即样本之间数据重叠度为 50%，此时样本的数量为

$$S = \frac{N - M/2}{M/2} \tag{5-50}$$

Welch 功率谱估计推导过程为

$$\begin{aligned}\tilde{P}_{\mathrm{W}}(\omega) &= \frac{1}{L}\sum_{i=1}^{L}\hat{\Phi}_i(\omega) \\ &= \frac{1}{MUL}\sum_{i=1}^{L}\left|\sum_{m=1}^{M} x_i(m)d(m)\mathrm{e}^{-\mathrm{j}\omega m}\right|^2\end{aligned} \tag{5-51}$$

其中，$\tilde{P}_{\mathrm{W}}(\omega)$ 表示估计的噪声；$\hat{\Phi}_i(\omega)$ 表示第 i 段信号的估计频谱；$x_i(m)$ 表示第 i 段信号；$d(m)$ 表示所用的窗函数；$U = \frac{1}{M}\sum_{m=1}^{M}|d(m)|^2$ 表示归一化因子。式 (5-51) 可进一步简化为

$$\begin{aligned}\tilde{P}_{\mathrm{W}}(\omega) &= \frac{1}{MUL}\sum_{i=1}^{L}\left|\sum_{m=1}^{M} x_i(m)d(m)\mathrm{e}^{-\mathrm{j}\omega m}\right|^2 \\ &= \frac{1}{MU}\sum_{m=1}^{M}\sum_{n=1}^{M}d(m)d^*(m)\left[\frac{1}{L}\sum_{i=1}^{L} x_i(m)x_i^*(m)\right]\mathrm{e}^{-\mathrm{j}\omega m} \\ &\approx \sum_{\tau=-(M-1)}^{M-1} W(\tau)\tilde{r}(\tau)\mathrm{e}^{-\mathrm{j}\omega m}\end{aligned} \tag{5-52}$$

其中，$W(\tau)=\dfrac{1}{MU}\sum_{m=1}^{M}d(m)d^{*}(m-\tau)$ 代表时间窗的归一化功率。

2. 窗函数及其长度和重叠长度选择

Welch 法中，使用不同的窗函数，其分辨率和方差也不相同。常见的窗函数包括矩形窗、汉明窗、布莱克曼窗和凯泽窗，本节将分析不同的窗函数对 Welch 法的影响。仿真过程中使用的信号为 $\sin(400\pi t)+\sin(460\pi t)$，白高斯噪声为 10dB，窗函数长度为 256，其重叠长度为 128，FFT 长度为 512，图 5-6 分别为不同窗函数下的 Welch 估计谱。从图 5-6 中可知，矩形窗分辨力高于其他窗函数，但其底噪较高；其他窗函数旁瓣衰减较高，噪声也较低，但分辨率也较低。

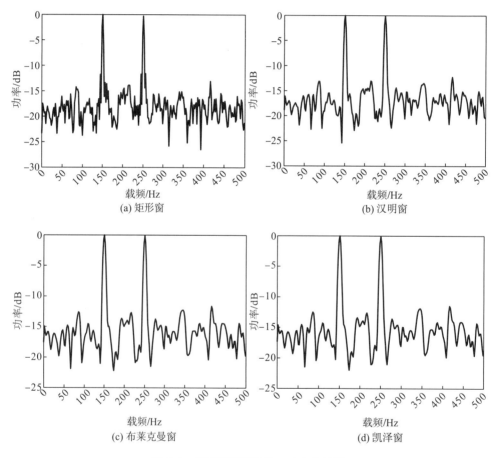

图 5-6　不同窗函数下的 Welch 估计谱

不同长度的窗函数对频谱估计的影响各不相同，图 5-7 是窗长度分别为 256 和 512，重叠长度为 128 的频谱估计图。可以看出窗函数越长，则频谱精度越高，其分辨率也越高，但其时域分辨率就越低。

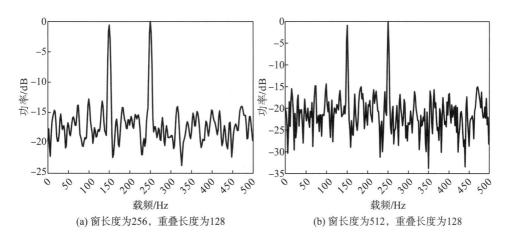

(a) 窗长度为256，重叠长度为128　　(b) 窗长度为512，重叠长度为128

图 5-7　不同窗长度的汉明窗估计频谱

图 5-8 为窗函数长度为 256，重叠长度分别为 128 和 32 的频谱估计图。随着重叠长度降低，其分辨率增高，但其方差性能明显变差。故在后文相位噪声的提取过程中，选取的窗函数长度为 512，其重叠长度为 128。

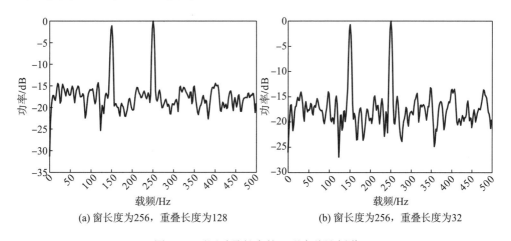

(a) 窗长度为256，重叠长度为128　　(b) 窗长度为256，重叠长度为32

图 5-8　不同重叠长度的汉明窗估计频谱

一方面，在总样本数固定的情况下，Welch 法增加子样本个数并允许相邻子样本间重合，能改善谱估计值的方差性能；另一方面，由于不同窗函数的选择，Welch 法估计的分辨率和偏差性能也能得到灵活控制。Welch 法能对频率源内部噪声有比较精确的估计。

3. 仿真结果分析

图 5-9 为相位噪声谱作为分类特征时，使用三种分类器在不同信噪比下的识别率曲线。当信噪比等于-4dB 时，识别率均高于 80%，其中 Bagged Tree 和 Weighted KNN 识别率在 82%左右，Fine Gaussian SVM 识别率则超过 84%。随着信噪比增加，识别率缓慢提升。当信噪比高于 6dB 时，识别率趋于稳定，且均高于 87%。整个过程中 Fine Gaussian SVM

比 Bagged Tree 和 Weighted KNN 具有更好的识别能力。从图中可以看出，相位噪声谱对噪声的敏感度极低，在低信噪比下依然具有良好的识别性能。

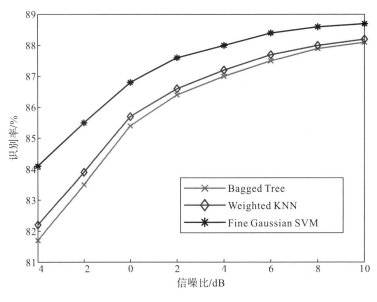

图 5-9   相位噪声谱识别率曲线

5.2   导频结构的稳态信号射频指纹提取

稳态信号的射频指纹提取方便，具有普适性，但无导频结构的稳态信号中常包含信号波动部分。如何提取信号的有效部分，避免其中的不稳定部分却是一个问题。随着民用领域无线通信过程中导频结构的广泛应用，利用导频结构提取射频指纹成为稳态信号射频指纹提取的热点。基于导频结构的射频指纹提取方法不仅能更精确地提取一些对精确度要求极高的指纹特征，又有效地增加了信号帧结构的利用率。本节将针对在无导频结构下难以精确提取的载频、相位、星座图及其 I/Q 偏移等特征作分析。

5.2.1   载频相位精估特征

在通信发射机中，理想情况下的基带传输信号一般可以表示为 $s(t)=a\mathrm{e}^{\mathrm{j}2\pi f_0 t}, 0\leqslant t\leqslant T$。通常情况下，载波信号并非理想的正弦信号，由于硬件差异及相位噪声等影响，其信号可以表示为

$$s(t)=a\mathrm{e}^{\mathrm{j}\left[2\pi f_0 t+\theta(t)\right]}\qquad(0\leqslant t\leqslant T)\qquad\qquad(5\text{-}53)$$

其中，$\theta(t)=2\pi\int_0^t u(\tau)\mathrm{d}\tau$，$u(t)$ 是高斯白噪声。图 5-10 分别为理想情况和 SNR 为 2dB 时载频为 15kHz 的信号频谱，从图中可知当载频信号频率发生抖动时，如果能精确地描述载频频率的抖动信息，则可以对不同通信发射机进行识别。本书把这种衡量载频频率抖动信息的指纹称为载频精估特征。

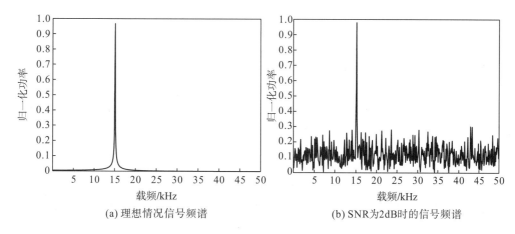

(a) 理想情况信号频谱　　　　　　　(b) SNR为2dB时的信号频谱

图 5-10　理想情况和实际频谱图

设 $X(t)$ 为发射机基带传输信号，f_{TX} 为发射机载频，则发射机发射的信号为

$$S(t) = X(t)\mathrm{e}^{-\mathrm{j}2\pi f_{TX}t} \tag{5-54}$$

在信道和发射机均理想的情况下，其接收机接收到的信号为 $R(t) = S(t)$。则接收机对接收信号做下变频处理，可得

$$Y(t) = R(t)\mathrm{e}^{\mathrm{j}2\pi f_{RX}t+\varphi} \tag{5-55}$$

其中，f_{RX} 为接收机载频；φ 为相位误差。当 $f_{RX} \neq f_{TX}$ 时，接收机下变频的基带信号为

$$Y(t) = X(t)\mathrm{e}^{\mathrm{j}2\pi\theta t+\varphi} \tag{5-56}$$

其中，$\theta = f_{RX} - f_{TX}$。不同的发射机，其解调信号的残留频率偏差 θ 是不一样的。正是频率偏差导致的相位旋转因子，导致星座图整体旋转。相干解调系统往往通过频偏和相偏估计，对接收信号进行频偏和相偏补偿，从而解调出正确的信号。在射频指纹识别系统中，其目的并不是解调出正确的信号符号，而且频偏和相偏本身便可以作为射频指纹表征不同的发射机。接下来将对频偏和相偏的估计方法做简单介绍。

正弦信号常见的频率估计方法主要有低分辨率 FFT 法、高分辨率谱估计法、数字鉴相法、谱线相位法、基于相位差分的 Kay 法[5]。

1）低分辨率 FFT 法

假设信号采样点数为 N，采样频率为 f_s，对长度为 N 的信号序列做 FFT，得到长度同样为 N 的频域序列。若频谱中最大的谱线值为 $|X(K_0)|$，则对应的估计频率可以表示为 $k_0 f_s / N$，且频率分辨率可以表示为 f_s / N。FFT 法是一种频率粗估计常用的方法，很容易实现，但由于其分辨率较低，很难分辨信号频率相近的两种信号。

2）高分辨率谱估计法

高分辨率谱估计法包括线性预测法、多信号分类法以及普罗尼（Prony）法等，这些方法能避免 FFT 法带来的低分辨率问题，但由于其自身运算量极大、计算复杂等特点难以被广泛应用。

3）数字鉴相法

数字鉴相法通过求取延迟前后两个时间点内的信号相位关系，根据几个采样点的信号，估计出信号的频率。由于信号脉冲的带宽不同，其对应的延迟时间也会发生变化，因此数字鉴相法具有极好的瞬时性和自适应性，也能实现较好的分辨效果。但由于数字鉴相法在多信号同时传输时，信号频率容易计算错，不适合多信号传输场景。

4）谱线相位法

谱线相位法利用信号离散傅里叶变换（discrete Fourier transform，DFT）后的相位信息对正弦信号的频率进行估计。设单频信号为 $s(t) = a\cos(2\pi f_0 t + \phi_0), 0 \leqslant t \leqslant T$。其中，$a$ 为振幅；f_0 为载频；ϕ_0 为初始相位。$s(t)$ 的解析信号为

$$\hat{s}(t) = a\mathrm{e}^{\mathrm{j}(2\pi f_0 t + \phi_0)} \tag{5-57}$$

取解析信号上两段长度分别为 N 和 M 的序列，对两段序列分别做 DFT，设 k_0、k_1 分别对应这两个序列 DFT 谱线上的最大值位置，则频率估计值可以表示为

$$f_0 = \frac{1}{(N-M)T_s}\left[\frac{N-1}{N}k_0 - \frac{M-1}{M}k_1 - \frac{\beta}{\pi}\right] \tag{5-58}$$

其中，T_s 为采样周期；β 随 k_0、k_1 变化。谱线相位法计算比较简单，但存在相位模糊。

5）基于相位差分的 Kay 法

针对复正弦信号，可使用基于相位差分的 Kay 法。假设含噪声的离散复信号为

$$y(n) = A\mathrm{e}^{\mathrm{j}(2\pi f_0 n + \theta)} + w(n) \tag{5-59}$$

其中，A 为信号幅度；f_0 为信号载频；θ 为初始相位；$w(n)$ 为均值为 0、方差为 σ_w^2 的复高斯白噪声，且 $w(n) = w_i(n) + \mathrm{j}w_q(n)$，$w_i(n)$、$w_q(n)$ 均为方差为 $\sigma_w^2/2$ 的高斯白噪声。

设 $v(n) = \left[1 + \dfrac{w(n)}{A}\mathrm{e}^{-\mathrm{j}(\omega_0 n + \theta)}\right]$，则原信号可以写成

$$y(n) = A\mathrm{e}^{\mathrm{j}(2\pi f_0 n + \theta)}v(n) \tag{5-60}$$

当 $\sigma_w^2/A^2 \ll 1$，$v(n) \approx \mathrm{e}^{\mathrm{j}\mathrm{Im}[v(n)]}$ 时，信号可以近似为

$$y(n) \approx A\mathrm{e}^{\mathrm{j}(2\pi f_0 n + \theta + \mathrm{Im}[v(n)])} \tag{5-61}$$

利用相位差分可得

$$\begin{aligned}\Delta\phi(n) &= \arg\{y^*(n)y(n+1)\} \\ &= 2\pi f_0 + \mathrm{Im}[v(n+1)] - \mathrm{Im}[v(n)] \\ &= 2\pi f_0 + \Delta v\end{aligned} \tag{5-62}$$

其中，$n = 0,1,\cdots,N-2$。式（5-62）为滑动平均模型（moving average model），利用最小二乘法，得到 ω 的无偏估计：

$$\hat{\omega} = \sum_{n=0}^{N-2} h(n)\Delta\phi(n) \tag{5-63}$$

其中

$$h(n) = \frac{3N/2}{N^2-1}\left\{ 1 - \left[\frac{n-(N/2-1)}{N/2} \right]^2 \right\} \tag{5-64}$$

基于相位差分的 Kay 法的运算量不大，其性能在高信噪比的条件下逼近克拉默-拉奥（Cramér-Rao）界，但当信噪比较低时，其估计值的偏差较大，特别是当信噪比低于门限值 8dB 时，结果迅速偏离实际值。

1. 载频相位精估算法

由于信号序列包含导频结构，本节将结合以上频率估计的方法对信号载频和相位进行精确估计。设 QPSK 调制信号的导频结构是长度为 N_{chip} 的信号，用 $z_i^*(n)$ 表示，则其载频可以通过导频相关峰的位置进行粗估计。

$$\underset{\Delta f_{coarse}}{\arg\max} \sum_{n=1}^{N_{preamble}} \left| y(t+nT_s) \cdot e^{-j2\pi\Delta f_{coarse}nT_s} \cdot z^*(n) \right| \tag{5-65}$$

其中，T_s 是信号采样率。接收信号通过粗略的频率补偿后可以表示为

$$y'(t) = y(t)e^{-j2\pi\Delta f_{coarse}t} \tag{5-66}$$

接下来，构造信号 $z_i^*(n)$，其表达式为

$$s(k) = \sum_{n=1}^{N_{chip}} y'\left[N_{chip}(k-1)T_s + nT_s \right] \cdot z_{i\,corr}^*(n) \tag{5-67}$$

对构造信号做差分处理：

$$d(k) = s(k) \cdot s^*(k+1) \tag{5-68}$$

则载频误差部分可以表示为

$$\Delta f_{fine} = \text{angle}\left[\frac{1}{K-1} \sum_{k=1}^{K-1} d(k) \right] \cdot \frac{1}{2\pi N_{chip} T_s} \tag{5-69}$$

其中，K 代表符号估计数。信号载频精估计可以表示为

$$\Delta f = \Delta f_{coarse} + \Delta f_{fine} \tag{5-70}$$

载频估计出来后，其相位精估计也可以表示为

$$\hat{\psi} = \text{angle}\left[\frac{1}{K} \sum_{k=1}^{K} s(k) \cdot e^{-j2\pi\Delta f_{fine}kN_{chip}T_s} \right] \tag{5-71}$$

通过精确估计得到的载频和相位精估计是对发射机射频指纹比较准确的描述，同时也对 5.2.2 节的研究提供了帮助。

2. 仿真结果分析

图 5-11 为载频精估特征作为分类特征时，使用三种分类器在不同信噪比下的识别率曲线。当信噪比等于-4dB 时，Bagged Tree 和 Weighted KNN 识别率低于 40%，Fine Gaussian SVM 识别率则接近 43%。随着信噪比增加，识别率迅速提升。当信噪比高于 6dB 时，三种分类器识别率均高于 80%，并在 10dB 时接近 90%。整个过程中 Fine Gaussian SVM 比 Bagged Tree 和 Weighted KNN 具有更好的识别能力。

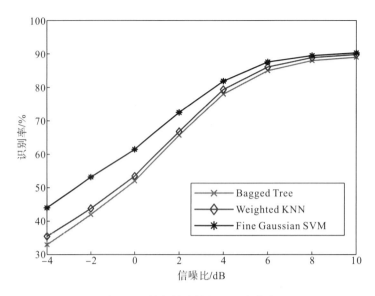

图 5-11　载频精估特征识别率曲线

图 5-12 为相位精估特征作为分类特征时，使用三种分类器在不同信噪比下的识别率曲线。当信噪比等于-4dB 时，Bagged Tree 和 Weighted KNN 识别率低于 40%，Fine Gaussian SVM 识别率则接近 43%。随着信噪比增加，识别率迅速提升。当信噪比高于 6dB 时，三种分类器识别率均高于 70%，并在 10dB 时越过 80%。整个过程中 Fine Gaussian SVM 比 Bagged Tree 和 Weighted KNN 具有更好的识别能力。

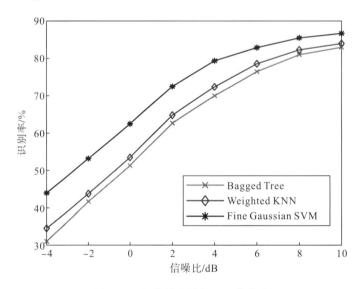

图 5-12　相位精估特征识别率曲线

由图 5-11 和图 5-12 可以看出，当信噪比较低时，载频和相位精确估计困难，影响了对不同待识别端的识别。相位精估特征和载频估计特征相关，其曲线趋势相近，载频精估特征略优于相位精估特征的识别能力。

5.2.2　星座图特征

　　星座图在数字通信中是由采样信号经处理后直接绘制在复平面中的图形。星座图是信号经过整个通信环节后稳态信号的直观显示，既包含了各射频器件非线性因素影响，也包含了线性因素影响。对星座图有效特征的提取，能作为区分不同发射机的重要指纹信息[6]。

　　数字通信中常用 I/Q 两路描述正交调制——以独立的信号分别对相位相差 π/2 的两个载波分类。如图 5-13 所示，Q 轴是 I 轴逆时针旋转 90°，也就是 π/2。将复信号分别按同向分量和正交分量置于复平面的直观表示，即为星座图。根据接收信号星座图的差异，能区分出不同发射机幅度失衡、正交误差、相位幅度噪声、相位误差等的差异。

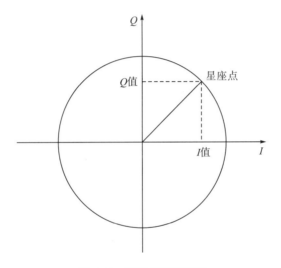

图 5-13　正交调制星座图

　　正交调制原理图如图 5-14 所示，通信设备理想星座图星座点集中于一个或几个点，由于发射机中直流偏移、I/Q 不平衡以及正交误差等因素，信号会受到发射机很大的影响，星座点往往在理论值附近呈散点图分布。由于受到调制误差、信道条件及噪声环境等条件干扰，其星座点偏移方向、集中程度都会不同。如图 5-15 所示，为实际环境中 QPSK 调制下的星座图，其中，"∗"为理想情况下的星座点位置；"."为实际的符号位置。

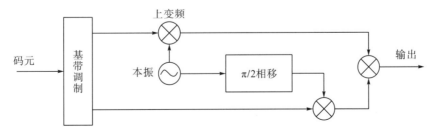

图 5-14　正交调制原理图

1. 星座图简单特征算法

图 5-15 为 SNR=10dB 时 QPSK 调制下的星座图，分别取 4 个星座点集的中心 M_1、M_2、M_3、M_4 构成四边形。其中，A_1、A_2、A_3、A_4 分别表示四条边长；K_1、K_2 表示两条对角线的长度。

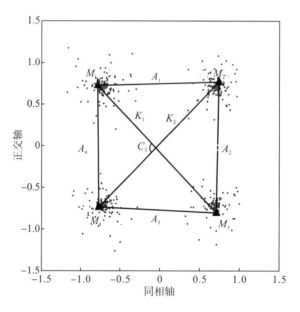

图 5-15   SNR=10dB 时 QPSK 调制下的星座图

为了进一步阐述发射机射频指纹，本节对星座图特征分别作如下定义。

c_1 表示边长最长与最短的比值，其表达式为

$$c_1 = \frac{\max(A_1, A_2, A_3, A_4)}{\min(A_1, A_2, A_3, A_4)} \tag{5-72}$$

c_2 表示对角线最长与最短的比值，其表达式为

$$c_2 = \frac{\max(K_1, K_2)}{\min(K_1, K_2)} \tag{5-73}$$

c_3 表示对角线之间的最大夹角，其表达式为

$$c_3 = \pi - \arccos\left(\frac{\boldsymbol{K}_1 \cdot \boldsymbol{K}_2}{|\boldsymbol{K}_1| \times |\boldsymbol{K}_2|}\right) \tag{5-74}$$

2. 星座图 I/Q 偏移特征

上述三种星座图特征表现了调制信号经不同发射机后星座图的大致变化。上文从星座点的变化描述了星座图特征，并且阐述了直流偏移、I/Q 不平衡以及正交误差等因素导致星座图发生偏移的原因[7]。I/Q 偏移则是对星座图偏移最直观的描述，接下来将对 I/Q 偏移做详细描述。由于本章中发射机发射信号为 QPSK 调制信号，其星座图如图 5-15 所示，

理想的星座点可用 C_1、C_2、C_3、C_4 表示。在不同信噪比下，其接收端经频偏 Δf 和相偏 $\hat{\psi}$ 补偿的接收信号可以表示为

$$y''(t) = y(t) \cdot e^{-j(2\pi\Delta ft + \hat{\psi})} \tag{5-75}$$

其星座点将集中在理想星座点附近。将接收信号的星座图按坐标轴分成 4 个区域，并对每一个区域进行聚类，N_n 表示第 n 个区域的星座点数，则其聚类中心为

$$\boldsymbol{M}_n = \frac{1}{N_n} \sum_{i=1}^{N_n} y''(t_i)_n \tag{5-76}$$

如图 5-16 所示，其星座点误差向量可以表示为

$$\boldsymbol{R}_n = \boldsymbol{C}_n - \boldsymbol{M}_n \tag{5-77}$$

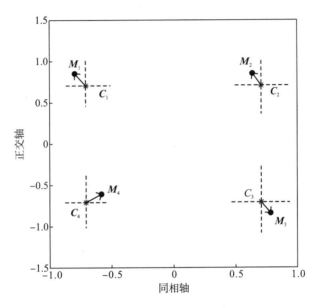

图 5-16　星座误差向量图

星座图 I/Q 偏移也可以表示为

$$M_{I_n} = \sum_{n=1}^{N_x} \left(C_{\chi_n} \cos \angle C_{\chi_n} \right) \tag{5-78}$$

$$M_{Q_n} = \sum_{n=1}^{N_x} \left(C_{\chi_n} \sin \angle C_{\chi_n} \right) \tag{5-79}$$

3. 仿真结果分析

图 5-17 为星座图边长比作为分类特征时，使用三种分类器在不同信噪比下的识别率曲线。当信噪比等于-4dB 时，Bagged Tree 和 Weighted KNN 识别率低于 40%，Fine Gaussian SVM 识别率则接近 43%。随着信噪比增加，识别率迅速提升。当信噪比高于 6dB 时，三种分类器识别率均高于 90%，并在 10dB 时达到 95%。整个过程中 Fine Gaussian SVM 比 Bagged Tree 和 Weighted KNN 具有更好的识别能力。

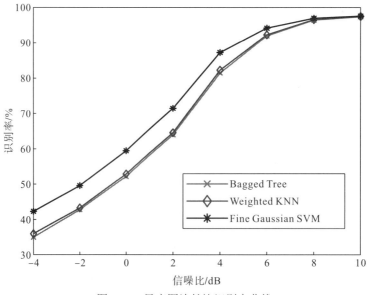

图 5-17　星座图边长比识别率曲线

图 5-18 为星座图对角线比作为分类特征时，使用三种分类器在不同信噪比下的识别率曲线。当信噪比等于-4dB 时，Bagged Tree 和 Weighted KNN 识别率约为 30%，Fine Gaussian SVM 识别率低于 40%。随着信噪比增加，识别率迅速提升。当信噪比高于 10dB 时，三种分类器识别率均高于 80%。整个过程中 Fine Gaussian SVM 比 Bagged Tree 和 Weighted KNN 具有更好的识别能力。

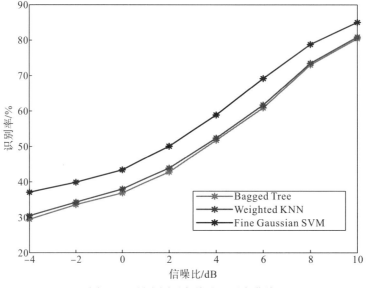

图 5-18　星座图对角线比识别率曲线

图 5-19 为星座图夹角作为分类特征时，使用三种分类器在不同信噪比下的识别率曲线。当信噪比等于-4dB 时，Bagged Tree 和 Weighted KNN 识别率约为 30%，Fine Gaussian

SVM 识别率约为 40%。随着信噪比增加，识别率迅速提升。当信噪比高于 6dB 时，三种分类器识别率均高于 80%，并在 10dB 时超过 90%。整个过程中 Fine Gaussian SVM 比 Bagged Tree 和 Weighted KNN 具有更好的识别能力。

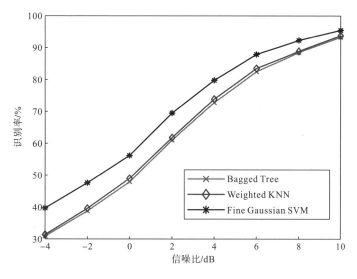

图 5-19 星座图夹角识别率曲线

图 5-20 为同相偏移特征作为分类特征时，使用三种分类器在不同信噪比下的识别率曲线。当信噪比等于-4dB 时，Bagged Tree 和 Weighted KNN 识别率约为 35%，Fine Gaussian SVM 识别率约为 45%。随着信噪比增加，识别率迅速提升。当信噪比高于 6dB 时，三种分类器识别率均高于 80%，并在 10dB 时达到 90%。整个过程中 Fine Gaussian SVM 比 Bagged Tree 和 Weighted KNN 具有更好的识别能力。正交偏移特征和同相偏移识别率曲线相似，此处不再赘述。

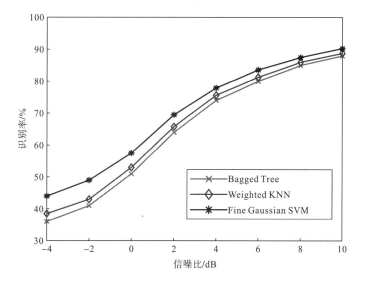

图 5-20 同相偏移特征识别率曲线

考虑到待识别发射机为 4 台，即在不含任何识别信息时，识别率理论值为 25%，因此在信噪比极低的情况下，星座特征极难实现对待识别设备的识别。但随着信噪比的提升，星座图特征的分类效果明显得到提升，在高信噪比条件下部分特征识别率甚至达到 95%。同时比较几种星座图特征识别效果图可知，星座图对角线比的识别效果要优于其他特征。

5.2.3 功率谱统计特征

在统计学中，均值、方差、偏度、峰度、对称度是常用来描述统计量的特征。均值、方差用来计算变量与总体均值之间的差异，表现了对于期望的离散程度。偏度是对信号构成分布对称情况的描述，表征了概率分布密度函数曲线相对于均值的不对称程度。常见正态分布的偏度为 0，偏度小于 0 时，其概率密度函数曲线尾部向左偏移，偏度大于 0 时，其概率密度函数曲线尾部向右偏移。峰度是对分布峰值在均值处是否突兀或是平坦的描述，同标准差下，峰度越大其极端值越多。对称度是信号分布相对中心线的偏移特征量，理想情况下将与中心线对称分布。如果直接使用频谱来区分不同设备，高复杂度可能会限制数据处理的性能。使用方差、偏度和峰度等统计特征，能减少用于分类的内存和计算负担[7]。

除时间函数外，信号的功率谱函数描述了信号功率随频域的分布特点，包含了谐波构成、幅频、相频等重要信息。对通信设备功率谱差值的研究，也是一种有效的射频识别方法。

1. 功率谱统计特征算法

为了简化计算量，方便本节对功率谱的探讨，本书在功率谱研究中使用周期图法，即简单的 FFT 法[8]。为了方便计算，本节对离散信号 $x_2(k)$ 做长度为 1024 的 FFT 运算，其中，离散信号的数据长度为 N，由此可得其理想功率频谱为

$$X_1(\omega) = \sum_{k=1}^{N} x_1(k) e^{-j\omega k} \tag{5-80}$$

设接收到的信号为 $x_2(k)$，数据长度为 N，则接收信号的功率谱为

$$X_2(\omega) = \sum_{k=1}^{N} x_2(k) e^{-j\omega k} \tag{5-81}$$

信号的功率谱差值可以表示为

$$X(\omega) = X_2(\omega) - X_1(\omega) \tag{5-82}$$

功率谱差值的均值、方差、偏度、峰度和对称度分别表示为

$$\mu_x = \frac{1}{N_x} \sum_{k=1}^{N_x} |x(k)| \tag{5-83}$$

$$\sigma_x^2 = \frac{1}{N_x} \sum_{k=1}^{N_x} [x(k) - \mu_x]^2 \tag{5-84}$$

$$\gamma_x = \frac{\dfrac{1}{N_x}\displaystyle\sum_{k=1}^{N_x}[x(k)-\mu_x]^3}{\left\{\dfrac{1}{N_x}\displaystyle\sum_{k=1}^{N_x}[x(k)-\mu_x]^3\right\}^{3/2}} \tag{5-85}$$

$$\kappa_x = \frac{\dfrac{1}{N_x}\displaystyle\sum_{k=1}^{N_x}[x(k)-\mu_x]^4}{\left\{\dfrac{1}{N_x}\displaystyle\sum_{k=1}^{N_x}[x(k)-\mu_x]^2\right\}^2} \tag{5-86}$$

$$\lambda_x = \frac{\dfrac{1}{N_x}\displaystyle\sum_{k=1}^{N_x/2}|x(k)|}{\dfrac{1}{N_x}\displaystyle\sum_{k=N_x/2+1}^{N_x}|x(k)|} \tag{5-87}$$

2. 仿真结果分析

图 5-21 为功率谱差值方差作为分类特征时，使用三种分类器在不同信噪比下的识别率曲线。当信噪比等于 0dB 时，三种分类器识别率均高于 70%，其中 Bagged Tree 和 Weighted KNN 趋于 75%，Fine Gaussian SVM 则接近 80%。随着信噪比增加，识别率缓慢提升。当信噪比高于 6dB 时，识别率趋于稳定，且三种分类器均高于 85%。整个过程中 Fine Gaussian SVM 比 Bagged Tree 和 Weighted KNN 具有更好的识别能力。

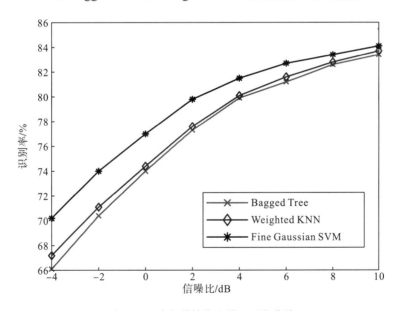

图 5-21　功率谱差值方差识别率曲线

图 5-22 为功率谱差值偏度作为分类特征时，使用三种分类器在不同信噪比下的识别率曲线。当信噪比等于-4dB 时，Bagged Tree 和 Weighted KNN 识别率约为 65%，Fine Gaussian SVM 则接近 70%。随着信噪比增加，识别率迅速提升。当信噪比高于 6dB 时，

三种分类器识别率均高于90%并趋于稳定。整个过程中 Fine Gaussian SVM 比 Bagged Tree 和 Weighted KNN 具有更好的识别能力。

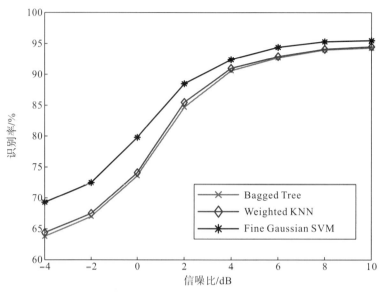

图 5-22　功率谱差值偏度识别率曲线

　　图 5-23 为功率谱差值峰度作为分类特征时，使用三种分类器在不同信噪比下的识别率曲线。当信噪比等于-4dB 时，Bagged Tree 和 Weighted KNN 识别率约为 75%，Fine Gaussian SVM 则接近 79%。随着信噪比增加，识别率缓慢提升。当信噪比高于 6dB 时，识别率趋于平缓。整个过程中 Fine Gaussian SVM 比 Bagged Tree 和 Weighted KNN 具有更好的识别能力。

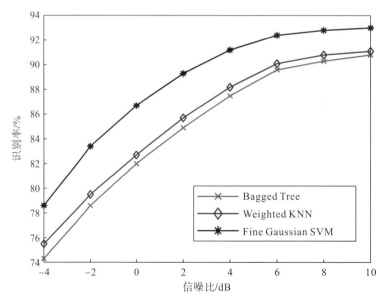

图 5-23　功率谱差值峰度识别率曲线

图 5-24 为功率谱差值对称度作为分类特征时，使用三种分类器在不同信噪比下的识别率曲线。整个识别率曲线比较平滑，随着信噪比增加，识别率也仅有微小的提升，可以看出信噪比对功率谱差值对称度识别率的影响较小。整个过程中 Fing Gaussian SVM 比 Bagged Tree 和 Weighted KNN 具有更好的识别能力。

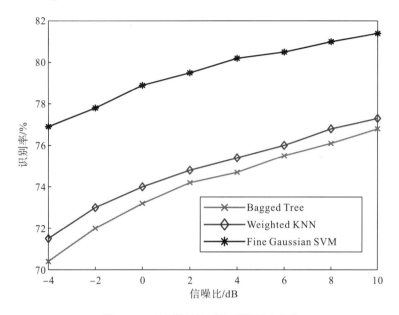

图 5-24　功率谱差值对称度识别率曲线

比较以上不同识别率曲线图，功率谱差值统计特征在低信噪比下均有相对较高的识别效果。其中功率谱差值对称度与其他特征相比具有更好的抗噪声能力，但其识别率即使在高信噪比环境下也只能达到 80%。方差、偏度和峰度虽然在低信噪比下识别率稍低，但随着信噪比提升，它们的识别能力显著增强。

5.3　本 章 小 结

本章主要介绍了稳态信号射频指纹特征提取。首先分别介绍了基于分形特征、高阶矩特征、相位噪声谱三种不同类型的特征提取方法。其中，分形特征主要包括盒维数、信息维数和波形复杂度；高阶矩特征包括 R 特征、J 特征和估计信噪比。其次对常见的载频估计方法进行了简要描述，再根据本章的导频先验信息提出了载频相位精估方法。再次从星座图的角度出发，提取了几种简单的星座图指纹特征。最后根据已提取的载频相位精估特征，对信号星座图的 I/Q 偏移特征进行提取。测试结果表明，本章提取的基于导频结构的信号指纹都能在不同程度上对发射机进行识别。其中，功率谱统计特征具有较好的抗噪能力，但整体识别率较低。载频相位估计特征和星座图特征尽管在低信噪比时几乎无法识别，但在信道条件较好的情况下识别效果较好。

参 考 文 献

[1] Mandelbrot B B. The fractal geometry of nature[J]. American Journal of Physics, 1983, 21(3): 51-286.

[2] Chan Y T, Gadbois L G. Identification of the modulation type of a signal[J]. Signal Processing, 1989, 16(2): 149-154.

[3] 蔡权伟. 多分量信号的信号分量分离技术研究[D]. 成都: 电子科技大学, 2006, 113-126.

[4] Stoica P, Moses R. Spectral Analysis of Signals[M]. 吴仁彪, 韩萍, 等, 译. 北京: 电子工业出版社, 2012.

[5] 安瑞. 相位噪声测量中的谱估计方法研究[D]. 西安: 西安电子科技大学, 2011: 61-72.

[6] 陈媛媛. 雷达辐射源个体识别研究[D]. 南京: 南京理工大学, 2008: 12-15.

[7] 李晓峰. 通信原理[M]. 北京: 清华大学出版社, 2014: 277-282.

[8] 谢非伕, 李雨珊, 陈松林, 等. 基于射频指纹识别技术的轻量级接入认证研究[J]. 通信技术, 2017, 50(1): 129-132.

第6章　低信噪比电磁环境下的
射频指纹识别方法

在射频指纹识别相关系统的实现任务中，原始信号数据的预处理是下游识别任务的重要基础。在实际的射频指纹识别应用场景中，由于电磁环境复杂多变，存在大量的冗余信号和无关信息，这些信息在存储、传输和处理上往往需要耗费大量的存储空间以及计算开销，不仅使得工程应用的成本变得高昂，而且会使系统的实时性难以保证[1]。当射频指纹识别模型采用深度神经网络时，无须对原始数据进行专业的特征提取，可直接利用原始采样的射频信号进行特征的抽象和判别。如果大量无关信息输入深度神经网络模型进行训练，不仅会降低收敛的速度和识别的准确率，甚至会导致模型无法实现收敛。对于通过全频段频谱快照采集的海量射频数据，需要进行相应针对性的筛选，选择当前时段中高频次出现的信号频点作为重点关注信号频点。同时，对重点关注信号频点上的活动情况和异常情况进行跟踪和预测，对高频次信号进行二次筛选，得到重点信号的相应频段，再对重点信号频点上的所有信号进行采样和抽取特征以进行聚类分析，完成发射端设备的标注，构建训练集以进行下一步识别模型的训练与测试。射频信号预处理组合模型包含三个步骤，分别是高频次信号筛选、重点信号活动预测以及信号的发射源设备标注，下面对该组合预处理过程进行详细的介绍。

6.1　预处理组合模型算法设计

由于原始数据的采集是通过天线接收空间射频信号，生成全频段的频谱快照，然后经硬件电路对信号进行处理得到中频信号，最后将中频信号数据转换为文本的形式保存的，即信号的 I/Q 数据，便于读取和后续的特征分析识别。采集到的数据包括射频信号的时频信息、空时信息、特征参数以及报文信息。采集数据通过硬件解析后得到信号数据和特征数据，分别以文本形式格式化存储到数据库中[2]，其主要内容包括快速载波检测和精确载波特征检测的相关属性，快速载波检测包括信号序号、中心频率、带宽、频偏、调制速率和帧格式等属性；精确载波特征检测包含引导中心频率、引导带宽、幅度均值、幅度方差和功率谱均值等属性。因为信号库包含所有频谱快照的快速载波检测结果，其中有着大量重复冗余的信号以及突发的非信号噪声成分被误识别为信号，因此需要对其进行筛选，具体步骤为：首先通过 Sketch 算法筛选出高频次信号，同时使用时序预测网络找到频域中常驻或者存在异常的重点信号；然后，将快速载波检测中重点信号的中心频率、带宽与特征库中保存精确载波特征检测结果的中心频率、带宽相关联，获取重点信号的特征属性，利用基于网络增长式自组织映射图(growing self-organizing map，GSOM)的聚类算法获取重点信号发射设备的标注；最后将标注结果与信号片段的 I/Q 数据相关联，获得发射端射频指纹识别的 I/Q 数据集，整体的预处理流程如图 6-1 所示[3]。

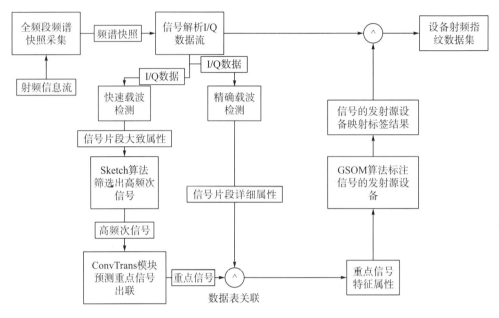

图 6-1   射频信号组合预处理流程图

6.1.1   基于 Sketch 的流算法的高频次信号筛选

针对硬件接收器采集、载波检测得到的大量射频快检信号结果，本章重点关注的是反复出现的高频次信号，原因有两个：一是高频次出现的信号记录，说明在一个时期内该信号所在频段可能活动着大量的用频设备，不仅在电磁态势分析中具有重要分析价值，而且高频次出现的信号对应的大量原始 I/Q 数据也是下一步射频指纹识别建模的基础；二是低频次出现的信号，主要包括偶发的非信号噪声成分被误检为信号记录，还有就是短暂出现的信号[4]。这些信号记录难以区分是偶发噪声还是短暂信号，无法进行时间维度上的态势分析，而且对于过少的原始 I/Q 数据也无法支撑射频指纹识别的训练。如何解决海量射频快检信号中的高频次信号冗余问题和低频次信息无关问题成为筛选算法的主要目的。

使用 Sketch 算法对信号进行初次筛选，选择高频次出现的信号作为下一步时序预测的重点信号样本。由于 Sketch 算法的主要思想是通过散列函数来构造统计频率的数据结构，可以通过牺牲记录项统计准确率的方式来换取空间的节省，而大量原始射频信号往往都是重复出现的信号片段，存在着大量的冗余信号片段，需要进行去重统计。所以 Sketch 算法可以有效地构造出信号注册表，信号注册表可视为所有信号记录去重后得到的数据表。射频信号的标识由其所在的中心频点 f_n 和频宽 b_n 所决定，如射频信号 n 由 $\langle f_n, b_n \rangle$ 所标识。但是由于频移误差的存在，中心频点和频宽都会发生波动，无法固定成一个确切的数值，再加上散列函数本身具有雪崩效应的特性，原始数据微小的变化都会导致散列结果大相径庭。因此，需要对原始射频信号的中心频点和频宽进行截尾操作，同时，为了防止频宽较小的信号片段被邻近的其他具有较大频宽的信号片段所兼并，影响 Sketch 算法的统计精度，本章增加了自增标识符 idx 以及信号片段的区分规则。具体来说，某信号记录通过比较中心频点 f_n 和频宽 b_n，将相同或相近中心频点 f_n 和频宽 b_n 的信号记录归属到同一信号记录表中。当某个信号记录的中心频点 f_n 和频宽 b_n 符合 $0.9f_n < f_n < 1.1f_n$，$0.9b_n < b_n < 1.1b_n$ 条件时，将该信号记录判定为信号 (中心频点 f_n 和频宽 b_n) 所属的记录。

　　综合上面的分析，本章将原始射频信号的标识扩展为一个五元组 $\langle f_n', b_n', \text{idx}, f_n, b_n \rangle$，来唯一标识具体的每一个信号片段。同时，使用 f_n'、b_n'、idx 这三个固定值进行散列计算来实现 Sketch 算法的射频信号频率统计。其中，当新的信号记录到达时，通过对比上面的阈值条件与 Sketch 散列映射中保存的原始信号，判断该新到达数据记录是否与映射中保存信号为同一信号。如果是，则正常进行散列映射的更新；如果该映射为空，则进行散列映射的初始化、更新。若新到达数据记录与映射中保存信号不一致，则需要判断是出现了散列碰撞还是宽频信号兼并。如果是散列碰撞，则正常进行散列映射的更新；如果是宽频信号兼并，则根据冲突记录的自增标识符 idx 进行自增来实现唯一标识。

　　完成了对原始射频信号的标识规整、判定规则以及新的信号记录处理流程的制定后，下面具体设计相应的 Sketch 算法[5]。Sketch 的数据结构通过 $h_k(f_n', b_n', \text{idx})$ 来具体映射每一个单元，每个单元除了维护计数器，还保存着相应信号的原始中心频点和频宽以及寿命计数器 (time to live，TTL)。Sketch 算法的主要流程是根据当前到达的信号 $\langle f_n, b_n \rangle$ 得到规整 f_n'、b_n'，然后每次更新时，映射从 $h_k(f_n', b_n', 0)$ 开始遍历。每次遍历都对其中保存的 f_n 和 b_n 进行判定，如果满足同一信号的阈值判定、散列映射为空映射、出现散列碰撞三种情况，则更新相应计数器并重置该单元的 TTL；否则对当前映射 $h_k(f_n', b_n', \text{idx})$ 中的 idx 进行自增，进入下一轮映射判别。完成当前信号 $\langle f_n, b_n \rangle$ 的更新后，对全局 Sketch 单元中的 TTL 进行减 1 操作，然后根据 TTL 对 Sketch 二维表中长期未更新的记录信号进行清除。此外，Sketch 算法维护一张 top-K 表，保存当前频次最高的前 K 个信号。每次计数器更新时，同时判断是否需要更新 top-K 表。Sketch 算法基本流程图和具体伪代码如图 6-2、表 6-1 和表 6-2 所示。

表 6-1　完整 Sketch 算法伪代码表示

输入：到达的信号流 $\langle f_1, b_1 \rangle, \langle f_2, b_2 \rangle, ..., \langle f_N, b_N \rangle$
初始化：$w, d, K, \{C[k, \cdot] \mid 1 \leqslant k \leqslant d\}, \{g_k \mid 1 \leqslant k \leqslant d\}, \{h_k \mid 1 \leqslant k \leqslant d\}, \text{table\_}K\{\}, \hat{c}$
// g_k 和 h_k 为散列函数，w 为 h_k 的映射空间，g_k 的映射空间为 $\{-1, 1\}$，table_$K\{\}$ 保存当前频次最高的前 K 个信号，$\hat{c}$ 代表当前散列函数族 H 中映射的计数器保存的最小值
1：for $i=1 \rightarrow N$
2：$\langle f_i', b_i' \rangle = \langle \lfloor f_n / 1M \rfloor, \lfloor b_n / 1K \rfloor \rangle$
3：for $k=1 \rightarrow d$
4：idx=0
5：while not is_same_signal$\left(\langle f_i, b_i \rangle, \text{get\_signal}\left(h_k\left(f_i', b_i', \text{idx} \right) \right) \right)$
// 判断信号 i 与当前 h_k 映射中保存的信号是否在阈值区间
6：if $h_k\left(f_i', b_i', \text{idx} \right) ==\text{None} \mid \text{is\_hash\_collision}\left(\langle f_i, b_i \rangle, \text{get\_signal}\left(h_k\left(f_i', b_i', \text{idx} \right) \right) \right)$
// 判断当前 $h_k\left(f_i', b_i', \text{idx} \right)$ 是否为空或者与 $\langle f_i, b_i \rangle$ 发生散列碰撞
7：break

8：end if

9：$\mathbf{idx}\leftarrow\mathbf{idx}+1$

10：end while

11：if $C[\,j,\ h_k\big(\boldsymbol{f}'_{l'}\ \boldsymbol{b}'_{l'}\ \mathbf{idx}\big)\,]<\hat{c}$

12：$C[\,k,\ h_k\big(\boldsymbol{f}'_{l'}\ \boldsymbol{b}'_{l'}\ \mathbf{idx}\big)\,]\leftarrow C[\,j,\ h_k\big(\boldsymbol{f}'_{l'}\ \boldsymbol{b}'_{l'}\ \mathbf{idx}\big)\,]+g_k\big(\boldsymbol{f}'_{l'}\ \boldsymbol{b}'_{l'}\ \mathbf{idx}\big)$

13：update $\hat{c}$

14：end if

15：end for

16：update_clean_TTL（）//更新全局 TTL 并清除低频次映射的存储

17：update table_K{}//更新 top-K 表

18：end for

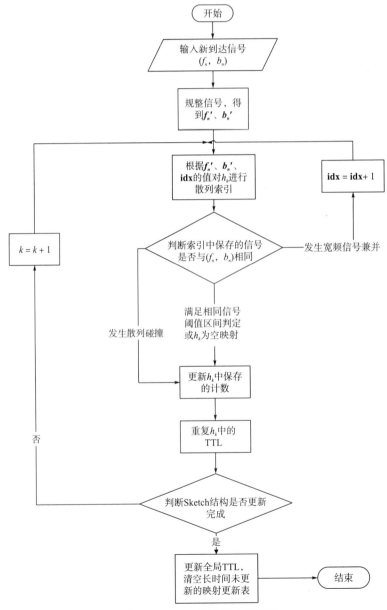

图 6-2　Sketch 算法基本流程图

表 6-2　Sketch 算法查询过程

输入：待查询信号的中心频率和频宽 $\langle f_i,\ b_i \rangle$

返回：对应的计数值 C_t

初始化：array_C[]，n_e // array_C[] 为计数值临时数组，n_e 是噪声估计值

1：for $k=1 \to d$

2：idx=0

3：while not is_same_signal $\left(\langle f_i,\ b_i \rangle,\ \text{get\_signal}(h_k(f_i',\ b_i',\ \textbf{idx})) \right)$

4：if $h_k\left(f_i',\ b_i',\ \textbf{idx} \right)$ ==None | is_hash_collision $\left(\langle f_i,\ b_i \rangle,\ \text{get\_signal}\left(h_k\left(f_i',\ b_i',\ \textbf{idx} \right) \right) \right)$

5：break

6：end if

7：idx←idx+1

8：end while

9：array_C.append $\left(C\left[k,\ h_k\left(f_i',\ b_i',\ \textbf{idx} \right) \right] \right)$

10：end for

11：$\hat{C}_t = \text{find\_median(array\_C)}$

12：n_e $= \left(\sum_j C\left[k,\ j \right] - C\left[k,\ h_k\left(f_i',\ b_i',\ \textbf{idx} \right) \right] \right) / (w-1)$ // $\sum_j C\left[k,\ j \right]$ 代表第 k 行的计数总和

13：return $C_t \leftarrow \hat{C}_t - \text{n\_e}$

6.1.2　基于 ConvTrans 时序预测网络的重点信号活动预测

通过 Sketch 算法筛选出需要重点关注的高频次信号后，为了进一步缩小重点关注信号范围，本部分结合近年来广泛应用的注意力机制，引入了基于 Transformer 的卷积多头自注意力时序预测网络模块[6]。该模块可以对上一步得到的高频次重点信号进行时间维度上的活动分析，通过对既往高频次信号出现、消失以及复现等情况进行综合分析，拟合该信号在时间维度的演化规律，预测信号在未来一段时间的活动趋势。

将重点信号 $\text{signal}_{\text{h\_feq}}^i$ 按若干个时点进行分段，然后对每个分段分别进行求和取平均的计算，获取信号在大时间粒度上的出现比例，即占空比 $\text{duty\_cycle}\left(\text{signal}_{\text{h\_feq}}^i \right)$。通过信号的活动（异常）情况的提取，可以获得该信号在一段时期内的活动情况。为了实现信号的预测，本部分将重点信号定义为：在未来的 N 个时间序列的窗口 W 内，信号 i 活动情况处于高位"1"的时间平均比例要大于等于阈值 α，即

$$\text{signal}_{\text{imp}}^i = \left\{ \text{signal}_{\text{h\_feq}}^i \middle| \frac{1}{N} \sum_{k=i+1}^N \frac{\sum_{|W|} \text{duty\_cycle}(\text{signal}_{\text{h\_feq}}^k)}{W} \middle| \alpha \right\} \tag{6-1}$$

其中，$\text{duty\_cycle}\left(\text{signal}_{\text{h\_feq}}^k \right)$ 代表信号 $\text{signal}_{\text{h\_feq}}^k$ 在一个时间窗口 W 处于高位"1"的时间，定义公式：

$$\text{duty\_cycle}\left(\text{signal}_{\text{h\_feq}}^i \right) = \frac{\sum \text{split}\left(\text{signal}_{\text{h\_feq}}^i, M \right)}{M} \tag{6-2}$$

其中，$\sum \mathrm{split}\left(\mathrm{signal}^{i}_{\mathrm{h\_feq}},\mathrm{M}\right)$ 代表将信号序列 $\mathrm{signal}^{i}_{\mathrm{h\_feq}}$ 按 M 个时点进行分组求和。重点信号活动预测的流程图如图 6-3 所示，下面详细阐述基于 ConvTrans 时序预测模块的设计结构。

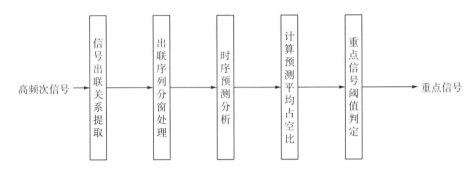

图 6-3　重点信号活动预测的流程图

1. ConvTrans 预处理及输入层设计

经过上文对高频次信号活动关系的提取之后，生成了相应的序列 X 以及对应的时间戳索引，接着根据时间窗口 W 的长度将序列 X 分成 $\{x_1,x_2,\cdots,x_k\}$，其中 $|x_i|=W$，$k=|X|/W$，序列片段 x_i 即 ConvTrans 模块的原始输入数据[6]。在 Transformer 中，查询值与键值的匹配相乘与序列前后关系，可能会使得自注意模块混淆当前观察值，导致无法区分其是异常值、变化点还是正常的模式，并带来潜在的优化问题。为了引入序列片段 x_i 中的上下文联系，本章使用 1D 卷积对序列片段 x_i 进行 Same 卷积操作，生成一维特征图。这里的 1D 卷积不是使用内核大小为 1 与步长为 1(矩阵乘法)的普通卷积，而是使用内核大小为 k 与步长为 1 的因果卷积将输入(带有适当的填充)转换为查询值和键值，这样可以确保每个卷积的结果只能关联到当前位置的前序信息，而无法访问未来信息，确保不会发生预测信息泄露。通过使用因果卷积，生成的查询值和键值可以更清楚地了解本地上下文，这种局部性视野感知可以表征得到序列最相关的特征。此外，为了保留每个序列片段在输入的序列中的位置关系，在进行因果卷积之前序列片段 x_i 需要叠加位置编码，用序列片段的位置信息对序列中的每个片段进行二次表示，这样模型就具备了学习序列顺序信息的能力，位置编码公式为

$$\mathrm{PE}\left(\mathrm{pos},j\right)=\begin{cases}\sin\left(\dfrac{\mathrm{pos}}{10000^{\frac{2j}{W}}}\right),& j=2k\\[4mm]\cos\left(\dfrac{\mathrm{pos}}{10000^{\frac{2j}{W}}}\right),& j=2k+1\end{cases} \tag{6-3}$$

其中，pos 代表序列片段在输入序列中的位置；W 代表时间窗口的长度。ConvTrans 预处理及输入层的处理过程如图 6-4 所示。

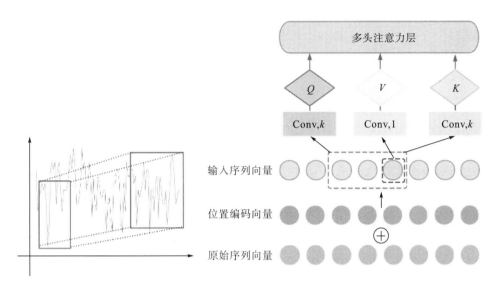

图 6-4　ConvTrans 预处理及输入层的处理过程

2. Transformer 注意力机制

Transformer 架构通过利用多头自注意机制来捕获时间序列中存在的长期和短期依赖特征，并且使用多个不同的注意头去关注序列依赖特征的不同方面。这些优点使 Transformer 成为时间序列预测的一个很好的解决方案[6]。

Transformer 使用缩放点积来实现注意机制，旨在使模型能够专注于长序列中最相关的元素。这是通过计算值(V)的加权和来实现的，其中，将 Softmax 函数应用于键(K)和查询(Q)的点积乘来计算权重，该点积由键的维度 d_k 的平方根来缩放，具体的公式[7]为

$$\text{Attention}(\boldsymbol{Q},\boldsymbol{K},\boldsymbol{V}) = \text{Softmax}\left(\frac{\boldsymbol{Q}\boldsymbol{K}^{\mathrm{T}}}{\sqrt{d_k}}\right)\boldsymbol{V} \tag{6-4}$$

其中，$\boldsymbol{Q}$、$\boldsymbol{K}$ 和 $\boldsymbol{V}$ 一般是输入序列片段 x_i 的线性变换，即 $\boldsymbol{Q}=\boldsymbol{W}_Q x_i$、$\boldsymbol{K}=\boldsymbol{W}_K x_i$ 和 $\boldsymbol{V}=\boldsymbol{W}_V x_i$（$\boldsymbol{Q}\in \boldsymbol{R}^{m\times d_k}, \boldsymbol{K}\in \boldsymbol{R}^{m\times d_k}, \boldsymbol{V}\in \boldsymbol{R}^{m\times d_v}$）；$\boldsymbol{W}_Q$、$\boldsymbol{W}_K$、$\boldsymbol{W}_V$ 是线性变换的矩阵，m 是输入序列片段的数量。多头注意力则是在此基础上，重复 g 次以上步骤，并且对获得的结果进行拼接和线性转换 $\boldsymbol{W}_O$，得到最终的输出，公式为[8]

$$\text{Attention}(\boldsymbol{Q},\boldsymbol{K},\boldsymbol{V}) = \text{concat}\left(\text{head}_1,\text{head}_2,\cdots,\text{head}_g\right)\boldsymbol{W}_O \tag{6-5}$$

$$\text{head}_i = \text{Soft max}\left(\frac{\boldsymbol{Q}_i\boldsymbol{K}_i^{\mathrm{T}}}{\sqrt{d_k}}\right)\boldsymbol{V}_i \tag{6-6}$$

在编码器和解码器中均使用了多头注意机制。在编码器中，所有注意力层的输入 $\boldsymbol{Q}$、$\boldsymbol{K}$ 和 $\boldsymbol{V}$ 均是前一层或者输入层的输出，每一层都可以学习到全部的序列信息。而在解码器中，第一个注意力层是包含掩码(mark)的多头注意层，保证解码器的输入信息中仅包含历史位置信息，通过计算解码器的最大概率输出和掩码信息的交叉熵来实现模型的训练。解码器的第二个注意力层与编码器的类似，不过输入 $\boldsymbol{Q}$、$\boldsymbol{K}$ 均来自编码器的最终输出，$\boldsymbol{V}$ 来

自前一层或者输入层的输出。解码器的最终输出通过线性变换和 Softmax 计算得到预测的未来序列。

6.1.3　基于 GSOM 聚类算法的信号发射源设备标注

完成了上述信号的时序预测之后，将会得到重点信号的中心频点和频宽两个参数，可以结合特征库中保存精确载波特征检测结果的中心频率和带宽，关联到重点信号表。重点信号表中包含了信号射频指纹特征属性[9]。这些特征可以通过聚类分析，形成相应的簇来代表不同发射端。

采用自组织神经网络聚类算法来获取重点信号发射设备的标注，该模型相较于 k 均值 (k-means)等聚类算法，训练前无须提前选定 k 值，因此不用对 k 值进行反复的参数搜索的迭代试验。所以当数据量非常大时，自组织神经网络可以有效地节省聚类分析的时间开销。由于原始的自组织神经网络(self-organizing map，SOM)结构是固定的，竞争层的神经元个数在训练的时候不能动态改变，只能机械地使用经验值来初始化网络规格，如果神经元个数太多则影响网络收敛速度，太少则无法完整表征出数据分布规律。而且基于主观评估标准生成的 SOM 大小不适合处理实时数据和非固定数据集，无法满足射频信号的发射源设备标注功能的实时性要求。所以为了解决这个问题，本章提出在网络训练期间，通过自适应的方式，动态确定网络的形状和大小，即提出了一种动态自组织映射模型，称为 GSOM[10]。不断到达的重点信号特征通过 GSOM 的训练实现动态的增长，达到在当前重点信号中心频点上通信的射频发射端数量的自适应。同时为了避免网络过度生长，GSOM 算法通过邻近集合中的邻节点数量抑制机制对每个达到邻近阈值的竞争神经元进行修正，使其在减少资源开销的同时达到更好的聚类效果。GSOM 算法标注射频发射端的完整流程如图 6-5 所示，下面对 GSOM 算法进行详细的阐述。

1. GSOM 算法初始化阶段

GSOM 算法在开始阶段竞争层只有四个初始神经元，因为该结构是实现二维网络平面结构的最佳初始状态，所有起始节点均为边界节点，每个节点都有向外生长的空间[11]。随着信号特征数据的不断进入，GSOM 算法进行特征映射来识别区分设备簇，一旦有新的信号类别，竞争层可以进一步展开映射生长并获得更精细的簇。GSOM 算法主要有两组初始化参数，分别是：①初始神经元的权重向量；②根据系统需求初始化生长阈值 $GT(t)$ 和神经元误差 $TE_j(t)$。

初始神经元的权重向量用输入数据向量值范围中的随机值进行初始化，并进行归一化处理。$TE_j(0)$ 在初始化时为零，此变量将跟踪网络中每个最佳神经元与输入向量之间的误差值。对输入向量进行过归一化处理，所以 $GT(t) \leqslant D$，D 为输入数据的维度，这就导致了 $GT(t)$ 的值取决于输入向量的维度，无法代表当前网络聚类的程度。针对这个问题，可以通过引入扩展因子(spreading factor，SF)来衡量生长阈值 $GT(t)$ 的动态变化尺度，这里 SF 的取值为(0，1]。SF 可以控制 GSOM 的增长，并且与所用数据集的维度无关。

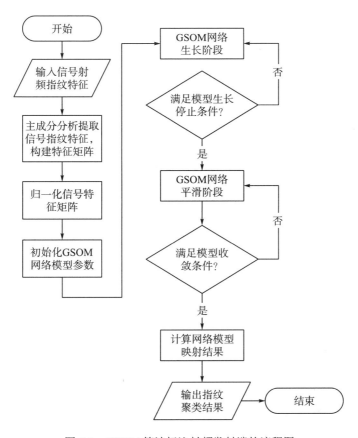

图 6-5　GSOM 算法标注射频发射端的流程图

此外，原始输入向量需要使用主成分分析（principal component analysis，PCA）进行特征的降维，在保留信号大部分特征的同时，减少输入 GSOM 的权重维度以节省计算资源[12]。

2. GSOM 算法生长阶段

在 GSOM 生长期间，神经元的权重值会根据与上文提到的基本 SOM 类似的方法进行迭代。首先计算输入向量 $\boldsymbol{x}_i$ 和每个竞争神经元权重向量 $\boldsymbol{w}_j(t)$ 之间的欧氏距离 $\boldsymbol{d}_j(t)$，比较得到权重向量最接近输入向量 $\boldsymbol{x}_i$ 的获胜神经元 $\hat{\boldsymbol{w}}_j$。每次得到获胜神经元 $\hat{\boldsymbol{w}}_j$ 后，将 $\hat{\boldsymbol{w}}_j$ 与输入向量 $\boldsymbol{x}_i$ 之间的欧氏距离叠加到 $\mathrm{TE}_j(t)$ 中，其计算公式为[13]

$$\mathrm{TE}_j(t+1) = \mathrm{TE}_j(t) + \sqrt{\sum_{k=1}^{N}\left[\boldsymbol{x}_{ik} - \hat{\boldsymbol{w}}_{jk}(t)\right]^2} \tag{6-7}$$

每轮次神经元权重更新结束后进行判定：

（1）当 $\mathrm{TE}_j(t)$ 大于阈值 $\mathrm{GT}(t)$ 时，说明网络中没有足够的神经元，网络边缘的神经元上累积了大量输入向量，需要将这些向量分散到新增的神经元，则在获胜神经元 $\hat{\boldsymbol{w}}_j$ 的空闲邻域增加新的神经元，其权值为当前所有神经元权重的均值。

（2）当 $\mathrm{TE}_j(t)$ 小于阈值 $\mathrm{GT}(t)$ 时，网络对获胜神经元及其领域神经元的权重向量进行调整，调整方法和 SOM 一致。更新的公式为

$$\boldsymbol{w}_j(t+1)=\begin{cases}\boldsymbol{w}_j(t), & j>N_{t+1}\\ \boldsymbol{w}_j(t)+\alpha(t)\times\boldsymbol{d}_j(t), & j<N_{t+1}\end{cases} \tag{6-8}$$

其中，$\alpha(t)$ 为学习率，取值为 $(0,1]$，一般随着迭代轮次增加而减小，即当 $t\to\infty$ 时，$\alpha(t)=0$；N_{t+1} 为第 $t+1$ 轮中获胜神经元 $\hat{\boldsymbol{w}}_j$ 的领域神经元；领域宽度 $\sigma(t)$ 为时间衰变参数。

显然，阈值 $\mathrm{GT}(t)$ 决定了何时启动新神经元增长，同时也决定了要生成的映射网络的扩展量。当 $\mathrm{GT}(t)$ 较大时，收敛速度会变快，但只能实现较为粗糙的聚类效果；当 $\mathrm{GT}(t)$ 较小时，网络生长量就会增加，收敛速度变慢的同时聚类的精度提高。同时，阈值 $\mathrm{GT}(t)$ 也使用时间衰变的方法进行更新：

$$\mathrm{GT}(t+1)=\frac{D\times(1-\mathrm{SF})^2}{1+1/t} \tag{6-9}$$

其中，D 代表输入向量的维度；t 代表迭代轮次。这样的设计可以保证 SF 越大 $\mathrm{GT}(t)$ 取值越小，网络的聚类粒度越精细。同时，$1+1/t$ 可以保证初始 $\mathrm{GT}(t)$ 取值较小，网络生长速度快。随着迭代轮次 t 的增大，$1+1/t$ 趋近于 1，$\mathrm{GT}(t)$ 会趋向于稳定。

3. GSOM 算法平滑修正阶段

GSOM 算法平滑修正阶段在新神经元生长阶段之后，一般是完成了一轮输入向量数据的迭代，神经元点增长达到饱和后，网络训练进入平滑修正阶段[14]。此时网络将以低学习率进行竞争层神经元权重的更新，并且在此阶段不会增加新节点。该阶段目的是平滑现有的量化误差，尤其是在生长阶段后期生长的节点。在平滑修正阶段，网络的输入与生长阶段的输入类似，不过平滑修正阶段的学习率应该小于生长阶段，同时学习率的衰减率也应进行相应的减小。因为在平滑修正阶段，神经元权重更新如果出现较大的波动，可能会影响最后聚类收敛的结果。同时获胜神经元邻域宽度 $\sigma(t)$ 设置为 1（即获胜神经元的直接邻域），避免神经元权重值更新范围过大。输入数据被反复输入网络进行训练，当竞争层与输入数据集之间的误差值变得非常小时，平滑修正阶段停止。综上所述，GSOM 算法三个阶段的具体伪代码如表 6-3 所示。

表 6-3   完整 GSOM 算法伪代码表示

//GSOM 算法初始化阶段

输入：重点信号特征样本 $X=\{x_1,x_2,\cdots,x_M\}$

输出：映射标签 $Y=\{y_1,y_2,\cdots,y_{n\_\mathrm{class}}\}$

初始化：初始神经元权重值 $W=\{w_1,\ w_2,\ w_3,\ w_4\}$，神经元误差 $\mathrm{TE}(t)=\{\mathrm{TE}_1(0),\ \mathrm{TE}_2(0),\ \mathrm{TE}_3(0),\ \mathrm{TE}_4(0)\}$，扩展因子 SF，生长阈值 $\mathrm{GT}(0)$，学习率 $\alpha_1,\ \alpha_2$，收敛阈值 η

//GSOM 算法生长阶段

1: for $i=1\to M$

2: $\quad t=i$ //t 为轮次系数

3: $\quad$ for $j=1\to|W|$ //计算输入 x_i 与神经元权重的欧氏距离

4: $\quad\quad d_j(t)=\sum_{k=1}^{N}\left(x_{ik}-w_{jk}(t)\right)^2$

5：end for

6：$\hat{w}(t) \equiv \arg\min_j d_j(t)$　　　　//比较获取最佳匹配神经元 $\hat{w}(t)$

7：update $\mathrm{TE}_{\hat{w}(t)}(t+1) \leftarrow \mathrm{TE}_{\hat{w}(t)}(t) + \sqrt{\sum_{k=1}^{N}\left(x_{ik} - \hat{w}_{jk}(t)\right)^2}$

8：if $\mathrm{TE}_{\hat{w}(t)}(t) \geqslant \mathrm{GT}(t)$

9：node_growth$\left(\hat{w}(t)\right)$　　　　　// $\hat{w}(t)$ 领域增加新的神经元

10：else

11：update_neighborhood$\left(\hat{w}(t), \ \alpha_1\right)$ //更新 $\hat{w}(t)$ 领域神经元权重

12：end if

13：$\mathrm{GT}(t+1) = |x_i| \cdot (1-\mathrm{SF})^2 / (1+1/t)$

14：end for

//GSOM 算法平滑修正阶段

15：do-while MEAN$\left(\mathrm{TE}(t)\right) \geqslant \eta$

16：reset $\mathrm{TE}(t)$　　　　　　//重置神经元累计误差 $\mathrm{TE}(t)$

17：for $i=1 \rightarrow M$

18：$t = i$

19：for $j=1 \rightarrow |W|$

20：$d_j(t) = \sum_{k=1}^{N}\left(x_{ik} - w_{jk}(t)\right)^2$

21：end for

22：$\hat{w}(t) \equiv \arg\min_j d_j(t)$

23：update $\mathrm{TE}_{\hat{w}(t)}(t+1) \leftarrow \mathrm{TE}_{\hat{w}(t)}(t) + \sqrt{\sum_{k=1}^{N}\left(x_{ik} - \hat{w}_{jk}(t)\right)^2}$

24：update_neighborhood$\left(\hat{w}(t), \ \alpha_2\right)$

25：end for

26：end while

6.1.4　算法结果分析

1. Sketch 算法参数配置与实验结果

Sketch 算法在使用时需要配置两个用户选择的参数，分别是宽度 w 和深度 d[15]。其中，宽度 w 代表散列函数映射域的大小，由碰撞误差系数 ε 决定，其公式为

$$\varepsilon \approx 1 - \exp\left[-\frac{N(N-1)}{2w}\right] \tag{6-10}$$

其中，N 代表输入数据的取值空间，即去重信号的总数。所以宽度 w 的近似计算如下：

$$w = \frac{1}{2\varepsilon} \tag{6-11}$$

深度 d 由控制误差超过界限 ε 的概率 δ 来决定，其公式为

$$d = \lg\left(\frac{1}{\delta}\right) \tag{6-12}$$

因此，针对 ε 和 δ 这两个参数，本章采用网格搜索算法进行调参。网格搜索算法是一种常见的调参算法，可以对待调参数进行枚举设置，然后进行两两组合，逐一进行算法训

练和验证。本章基于 1816835 条射频信号记录作为调参测试集，计算所有射频信号在频点上的精确计数，并且根据信号出现的频次划分低频次(1000 条及以下)、中频次(1000～10000 条)和高频次信号(10000 条以上)，频次具体分布如图 6-6 所示。

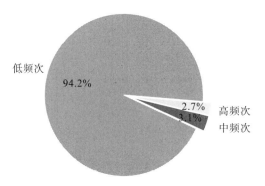

低频次
94.2%
2.7% 高频次
3.1% 中频次

图 6-6 测试集信号频次分布图

可以看到，测试集中的信号大部分为低频次出现的信号。为了比较各种参数组合在不同频次上的计数误差，本章把测试集分为低频、中频和高频组，计算每个组的平均相对误差(mean relative error，MRE)。平均相对误差定义为预测值(y_{est})和精确值(y_{exa})之间的绝对差值除以每个组中所有信号统计精确值的平均值，即

$$\text{MRE} = \frac{1}{N}\sum_{N}\frac{\left|y_{est}-y_{exa}\right|}{y_{exa}} \tag{6-13}$$

利用网格搜索算法进行参数优化，优化的过程见表 6-4。

表 6-4 ε、δ 参数优化范围及步长

主要参数	设定范围	步长
ε	(0，0.01)	0.001
δ	0.005，0.02，0.05，0.1，0.3	—

分组搜索算法的结果如图 6-7～图 6-9 所示。

综上分析，由于在本章中 Sketch 算法的优化目标是尽可能获取中高频次信号的近似估计，同时减少存储空间的开销，所以宽度 w 和深度 d 的最优取值分别为 250 和 4。根据最优取值，设计如下测试实验：在信号库的所有记录中抽取 50 万条、100 万条、200 万条、500 万条和 1000 万条记录，分别计算 Sketch 算法在所有数据中不同频次组的平均相对误差，同时比较 Sketch 算法的时空开销。

从表 6-5 可以得到，Sketch 算法通过牺牲低频次信号的统计精确性，换取了存储空间上的压缩。统计完成后 Sketch 结构表大小仅有 1.21MB，极大节省了存储资源的空间。同时，Sketch 算法在高频次信号的估计误差可以控制在 15%以内，中频次信号的估计误差可以控制在 25%以内，不影响在整体预处理模型中对高频次信号的判定以及后续的时序预测和聚类分析。同时，算法的执行效率和处理速度相当可观，1000 万条记录处理时间仅仅为 40s 左右，可以满足后续系统设计中对实时性的要求，具体算法时间的开销如图 6-10 所示。

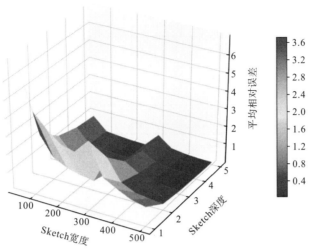

图 6-7 高频组网格搜索可视化结果

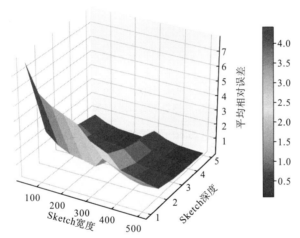

图 6-8 中频组网格搜索可视化结果

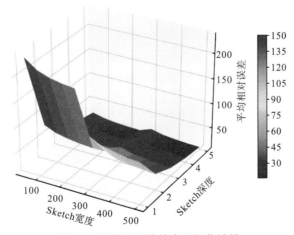

图 6-9 低频组网格搜索可视化结果

表 6-5　　Sketch 算法综合表现验证（MRE）

记录条数/万	原始记录大小	高频次组估计误差	中频次组估计误差	低频次组估计误差	Sketch 结构表大小/MB
50	214.70MB	0.0504	0.1245	12.9529	
100	432.24MB	0.1133	0.1753	17.3575	
200	857.90MB	0.1216	0.1666	17.9834	1.21
500	2.07GB	0.1090	0.2053	21.9703	
1000	4.27GB	0.1438	0.2426	29.5066	

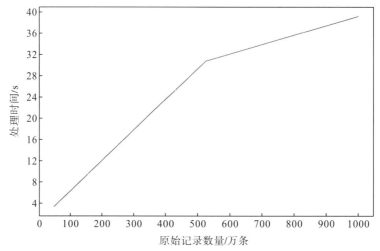

图 6-10　Sketch 算法处理的时间开销

2. ConvTrans 网络的配置与实验结果

完成了初步的高频次信号筛选后，根据 ConvTrans 网络输入数据的预处理设计，首先要对信号记录进行活动（异常）状态的提取。其中，需要将提取得到的状态序列进行转换，将时点序列转换成时期序列。转换过程中要考虑每个时期包含的时点数 M 对网络训练的影响，因为过少时点数聚合会导致时期序列出现稀疏情况，序列仅仅在时变点附近陡升陡降，影响预测的准确性；而过多时点数聚合会使时期序列趋于均值，失去了预测的价值。为了量化重点信号，本章将重点的判定阈值 α 设定为 0.5，即表示在一段时期内重点信号的状态持续占比大于或等于 50%。下面从高频次信号中随机挑选 5 个信号（top-2，top-7，top-15，top-27，top-35）进行时点数 M 的对比实验，其聚合时期数据分布如表 6-6 所示。

表 6-6　　在不同时点聚合长度下重点时期数的分布情况

M	top-2		top-7		top-15		top-27		top-35	
	$x \geqslant 0.5$	$x < 0.5$	$x \geqslant 0.5$	$x < 0.5$	$x \geqslant 0.5$	$x < 0.5$	$x \geqslant 0.5$	$x < 0.5$	$x \geqslant 0.5$	$x < 0.5$
10	41631	1068	21823	4231	12612	5961	9598	5843	3256	5284
20	20925	424	11803	1224	7298	1988	5768	1952	1939	2331
30	13935	298	7767	917	4635	1556	3574	1573	1029	1817
50	8380	159	4711	499	2846	868	2246	842	603	1105
100	2103	31	1196	106	748	180	628	144	138	289

为了评估 ConvTrans 网络时序预测的准确性，本章使用 ρ 分位数误差（R_ρ）指标，其定义如下[16]：

$$R_\rho(\boldsymbol{y}, \hat{\boldsymbol{y}}) = \frac{2 \times \sum_i D_\rho(y_i, \hat{y}_i)}{\sum_i |y_i|}, \quad D_\rho(x, x') = (\rho - \boldsymbol{I}_{\{x \leqslant x'\}})(x - x') \tag{6-14}$$

其中，$\boldsymbol{y}$ 代表真实值向量；$\hat{\boldsymbol{y}}$ 代表预测值向量；x' 代表预测值的 ρ 分位数；$\boldsymbol{I}_{\{x \leqslant x'\}}$ 代表指示函数。ρ 分位数误差指标侧重于衡量预测值的合理区间值，可以放缩预测值中的离群项带来的误差，防止序列中的误差指标被平均化。时间窗口数 M 对比实验结果如图 6-11 所示，其中 ConvTrans 网络时序预测的时间窗口长度设置为 12，输入时间窗口默认数量为 3，预测目标默认窗口数量为 1，即预测目标是根据之前的 3 个时间窗口数据点预测最后 1 个时间窗口的数据点。此外，所有数据在进入模型之前使用高阶差分法进行序列平稳，避免时序预测出现滞后性。

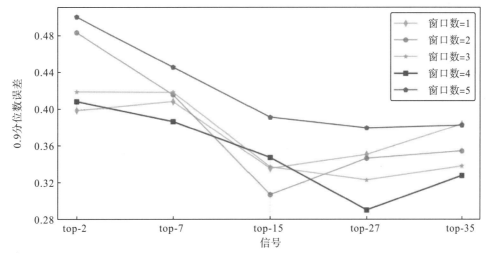

图 6-11　时间窗口数对比实验结果

当 M=30 时，ConvTrans 网络时序预测的中位数误差相对最佳，可以最大保留信号占空比变化的趋势。此外，可以看到 top-2、top-7 等持续时间长的高频次信号出现了较大的预测误差，其主要原因是高频次信号在时域上出现的持续时间长，即占空比较高。所以无论是信号的原始时期序列还是处理后的高阶差分序列，其序列值都趋于稳定，仅在少数时间内出现抖动，造成了数据稀疏性，故模型无法精确预测序列短期抖动的规律。不过，由于重点信号的预测目标是判断未来一段时期信号占空比是否超过阈值，持续时间长的信号预测结果仍是重点信号。模型没有预测到长期持续信号序列的短期抖动不影响最终的重点信号预测任务，预测任务的重心应集中在 top-27、top-35 等持续时间间隔跨度大的信号上面。

接着，为了测试 ConvTrans 网络时序预测最大窗口数，以便评估算法的最佳预测区间，本章在上述实验的基础上，根据控制变量法增设一组对照实验。该实验使用固定之前的三个时间窗口作为输入，测试算法在预测之后窗口数为 1、2、3、4 和 5 时的预测误差量，具体结果如图 6-11 所示。

可以看到，当输入的窗口数和预测的窗口数相差较大时，模型的预测效果较差，适当地选取预测窗口数可以将预测误差量减少 23.5%。综上分析，当时点窗口数 M=30，预测窗口数为 4 时，ConvTrans 网络时序预测效果最佳。由于时序预测属于回归预测任务，为了对比 ConvTrans 预测的表现，本章选取 LSTM 模型作为基准模型，评估 ConvTrans 模型的预测误差，具体如表 6-7 所示。

表 6-7   不同预测算法的表现对比（$R_{0.5}$ / $R_{0.9}$）

模型	信号				
	top-2	top-7	top-15	top-27	top-35
LSTM	0.4803/0.4130	0.4680/0.4040	0.5018/0.3523	0.4861/0.3087	0.5253/0.3450
ConvTrans	0.3950/0.4083	0.4289/0.3866	0.4513/0.3475	0.3847/0.2904	0.4309/0.3279

从表 6-7 可知，ConvTrans 模型表现总体优于 LSTM 模型。ConvTrans 模型的可视化预测结果如图 6-12 所示。

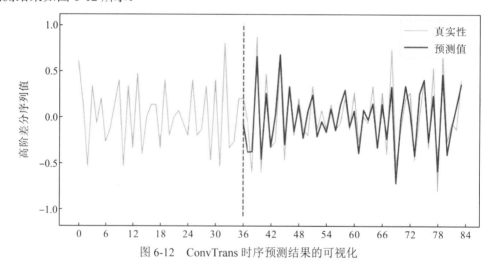

图 6-12   ConvTrans 时序预测结果的可视化

3. GSOM 算法实验结果

基于筛选、预测得到重点信号与特征库中保存精确载波特征检测结果，关联得到的重点信号特征表，通过对特征聚类分析，可以形成相应的簇来标注不同射频信号发射端，以此构建设备射频指纹识别的数据集，下面从重点信号中随机挑选 20 个信号进行聚类对比分析实验。在 GSOM 算法聚类分析之前，由于原始的信号指纹特征有 22 个字段，需要使用 PCA 法进行特征的降维，消除线性相关的特征，减少输入 GSOM 的权重维度以节省计算资源。PCA 法重构完成所有原始特征后，需要选择保留的新特征维数 k。过小的 k 值会导致数据丢失相应的核心信息，影响聚类效果；而过大的 k 值则会失去数据降维带来的效果。所以需要对保留维数 k 进行选择。为了评估 k 值聚类的影响，使用戴维森-堡丁指数（Davies-Bouldin index，DBI）进行评估。此外，使用 k-means 算法作为基准算法，以此对比衡量 GSOM 算法在聚类效果上的表现，对比实验的结果如表 6-8 所示。

表 6-8　PCA 降维保留维数对比验证结果（DBI）

算法	$k=2$	$k=3$	$k=4$	$k=5$	$k=6$	$k=7$	$k=8$	$k=9$	$k=10$
k-means	0.4278	0.5243	0.2680	0.3496	0.4528	0.5154	0.5436	0.5548	0.5673
GSOM	0.4993	0.2707	0.2644	0.5058	0.6545	0.6602	0.4924	0.7118	0.5234

分析实验结果，如果 PCA 保留的维数过多就会使得聚类效果变差，尤其是 GSOM 算法，因为过多的冗余维数会增加 GSOM 算法竞争层获胜拟合的难度。可以看到，当 $k=4$ 时 k-means 算法和 GSOM 算法的聚类效果最佳，故对重点信号指纹特征的 PCA 保留维数设置为 4。为了体现 GSOM 算法在聚类效果和时间开销上的优势，本节设计对比实验，对比 GSOM 算法和常见无监督算法（如 k-means、DBSCAN 和原始 SOM）的聚类表现，实验结果如表 6-9 所示。

表 6-9　GSOM 算法和常见无监督算法对比结果

算法	DBI	时间开销
k-means	0.2680（−1.36%）	8.55s（+260.7%）
DBSCAN	0.3736（−41.3%）	5.28s（+122.8%）
原始 SOM	0.3127（−18.2%）	1.46s（−38.4%）
GSOM	0.2644（+0%）	2.37s（+0%）

6.2　基于注意力机制的射频指纹识别模型

在实际的应用场景下，任何环境因素的改变都会影响射频信号的物理特性，如收发设备的间距移动造成的多普勒效应，需要对特征的提取流程做相应的调整。复杂的特征提取，以及不同特征生成的训练数据分布不同，每种机器学习算法都有侧重点，因此在一些任务的识别中表现不错，但在其他方面表现不佳。这就导致了在实际的应用环境中，传统机器学习技术无法满足射频指纹识别在系统的数据处理和识别过程中的一致性要求。

随着深度学习在各领域的迅速发展和优异表现，基于深度学习的射频指纹识别研究也在陆续进行。深度学习凭借其强大的数据特征表征能力以及数据分布拟合能力，可以省去射频指纹特征提取的过程，直接对原始数据输入网络进行训练和识别。同时深度学习在射频指纹识别的应用上仍然面临着诸多的挑战。

（1）真实的电磁环境中存在各种的噪声和干扰，如多用户的同频干扰以及多径衰落等。在低信噪比的环境下，噪声和信号的衰变会掩盖设备之间的微小差异，基于深度学习的方法在低信噪比的环境下容易提取到局部的噪声无关特征，造成模型过拟合，无法实现高准确率的识别。

（2）设备的射频信号在不同环境下的衰变情况不同，目前基于深度学习的射频指纹识别研究使用的大多为实验室简单模拟或仿真生成的数据，往往忽略了物联网设备分布环境的多样性，造成在实际场景运用中的不可复现。

（3）由于在真实应用环境下，不同信号出现的频次和通信的持续时间长短各异，造成了不同设备采集的 I/Q 数据量分布不平衡。如果通过常规的交叉熵函数进行模型的优化训练，则原始采集数据上样本量过少的设备在模型训练中很难拟合，模型会更偏好将少样本类错划到多样本上。这就会导致模型难以识别新注册的、样本量少的设备。

针对以上问题，本节提出了一种基于通道注意力机制的残差网络 RCAN①-RFF。具体流程如下：首先，RCAN-RFF 利用卷积层对射频指纹特征进行特征提取，压缩输入数据大小以降低模型的空间复杂度；然后，RCAN-RFF 借鉴通信中的动态阈值降噪算法，将其改造为自定义的非线性激活函数，通过通道注意力机制的旁路分支结构来获得具体的动态阈值；最后，通过残差跨层连接的方式构造动态阈值的滤噪结构。在损失函数的选择上，RCAN-RFF 采用焦点损失函数来代替传统的交叉熵损失函数，有效防止了由于类别不平衡带来的模型性能退化问题。

6.2.1　基于通道注意力机制的残差网络（RCAN-RFF）模型设计

由于 RCAN-RFF 基于传统的卷积神经网络的结构进行改造，结合了近年来业界最新提出的残差连接、注意力机制和（Inception）等新模型架构，极大地提升了其在高强度电磁噪声环境下的射频指纹抽象和识别能力[17]。RCAN-RFF 输入数据无须进行专门的特征工程处理，可以直接使用射频设备原始的 I/Q 信号作为样本来训练、识别物联网设备。该网络由卷积网络常见网络层组件构成，例如，卷积层、批量归一化（batch normalization，BN）、ReLU、全局平均池（global average pooling，GAP）、全连接层（fully connected cayers，FC）[18]。卷积神经网络中最重要的组成单元是卷积层中执行卷积运算的滤波器，由于卷积运算能够很好地描述图像特征，因此被广泛应用于图像识别任务中。

在 RCAN-RFF 中，针对 I/Q 数据本身具有的物理意义，设计了相应卷积层抽象表征过程，通过使用二维卷积核来极大保留 I/Q 两路数据的相位特征信息，保证了在进入注意力增强模块前保留 I/Q 两路数据的独立。完成了 I/Q 数据的特征抽象后，进入注意力增强模块。在深度网络中的创新主要体现在基于残差跨层连接结构的注意力增强模块单元。该单元是深度残差网络的一种的改进版本，实质是深度残差网络、注意力机制和动态阈值函数的集成。其中动态阈值化是很多信号降噪算法的核心步骤，其原理是通过设置一组动态阈值，代表不同阶段信号的背景噪声，然后将绝对值小于阈值的特征值置为零，大于阈值的特征值朝着零的方向进行收缩。在一定程度上该单元的工作原理可以理解为：注意力增强单元通过通道注意力机制注意到卷积层抽象表征得到的特征图中冗余的无关特征，通过动态阈值函数将它们置为零，而对于卷积特征图中重要的特征，注意力增强单元会将它们保留下来，然后通过残差跨层连接结构将重要特征增强到卷积层输出的特征图，从而加强深度神经网络从含噪声信号中提取有用特征的能力，最后使用全连接层和 Softmax 函数获得射频信号来自各设备发射端的概率。此外，为了消除信号的文本相关性，信号在输入RCAN-RFF 时需要对 I/Q 数据进行相应的整形处理，总体网络结构如图 6-13 所示，下面按照网络层次从前往后依次介绍模型的实现细节。

---

① RCAN：residual channel attention networks，残差通道注意网络。

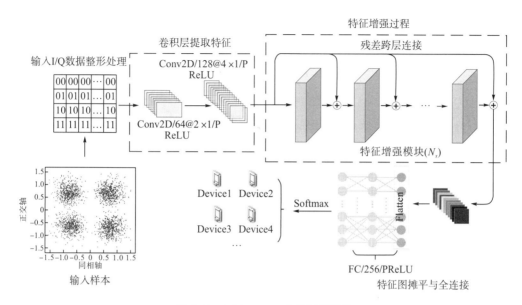

图 6-13　RCAN-RFF 总体网络结构

1. 基于调制方式的 I/Q 信号输入数据整形处理

根据射频指纹产生的机理，射频发射终端设备由于硬件固有缺陷产生 I/Q 偏移、幅度不平衡及正交偏差等公差效应都会对 I/Q 信号产生特有的影响，形成设备的射频指纹。尽管大多数现代通信系统都受到频率相关 I/Q 不平衡的影响，但为简单起见，现有文献通常假设频率独立。本章假设 I/Q 不平衡与频率无关，调制完成信号通过不同的信道（如 AWGN）传输，具体定义为

$$s(t) = \cos(2\pi f_0 t)x_i(t) - \text{j}\sin(2\pi f_0 t)x_q(t) \tag{6-15}$$

其中，$x_i(t)$ 和 $x_q(t)$ 分别为 I 和 Q 路径中的基带信号；f_0 为固定载频。

由于硬件存在的公差，与理想信号相比，不同设备调制的实际信号在幅度和相位上可能存在细微差别。因此，通过 I/Q 不平衡调制器的基带信号可以表示为

$$\hat{s}(t) = (1+\Delta)\cos(2\pi f_0 t + \theta)x_i(t) - \text{j}\sin(2\pi f_0 t)x_q(t) \tag{6-16}$$

发射机的增益不平衡由 Δ 表示，发射机的相位不平衡由 θ 表示。在没有 I/Q 不平衡的理想的发射机中 $\Delta=0$，$\theta=0$。

根据 I/Q 不平衡的定义，原始的 I/Q 双路信号包含了设备的指纹特征，可以直接作为数据样本送入网络进行训练和识别，其中 I/Q 信号是根据上层协议编码产生的比特流通过调制不同相位和幅度产生的。在以往实验室仿真测试中，当环境噪声在 15dB 以上时，比特流的顺序对识别结果影响不大，即使用原始 I/Q 信号数据训练也具有文本无关性。但是在低信噪比的情况下，随着噪声能量的增强，调制信号与相位和幅度边界会越模糊，如图 6-14 所示。

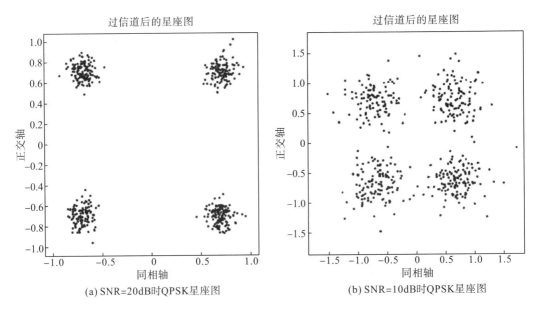

图 6-14　不同噪声下 QPSK 星座图

原始 I/Q 信号数据在训练时会出现明显的文本相关性，即模型在噪声的干扰下无法区分不同调制相位和存在的 I/Q 不平衡。为了在低信噪比的情况下消除序列的影响，考虑根据信号的调制方式，重新对原始的 I/Q 两路信号进行排列，然后将它们输入到网络进行训练。以 QPSK 调制为例，将代表"00""01""10""11"的四个 I/Q 信号分开，然后进行排序，将原来的 2×N 大小的 I/Q 信号重新排列为 $8\times\lfloor N/4\rfloor$ 格式。QPSK 调制重排示意图如图 6-15 所示。

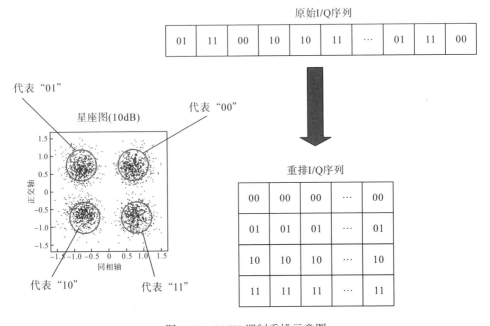

图 6-15　QPSK 调制重排示意图

2. 卷积层提取特征

在 RCAN-RFF 中，I/Q 信号的特征提取是通过卷积层抽象表征完成的。卷积层通常包含了卷积、池化和激活三个操作。由于 I/Q 信号中每个点位都包含了调制完成后的相位、幅度信息，其中就隐藏了设备指纹特异性公差，与图像识别任务中相邻像素信息存在大量冗余的情况不同，使用池化处理会造成 I/Q 信号包含的射频指纹特征信息的丢失。所以 RCAN-RFF 在卷积层提取特征的过程中舍弃了池化处理。由于使用的是输入 I/Q 两路并行数据流，以 QPSK 调制为例，进行输入数据整形处理，得到输入网络大小为(8，128，1)的数据张量。在卷积操作中，选用了两次堆叠二维卷积的工作方式，具体参数如表 6-10 所示。

表 6-10　卷积参数设置

层名称	参数			
	过滤器	内核大小	步长	填充
Conv1	64	(1，2)	(1，1)	有效填充
Conv2	128	(1，4)	(1，1)	有效填充

多次堆叠卷积的目的是以不同大小的感受野对 I/Q 数据进行抽象，提高网络抽象能力。同时为了保留 I/Q 两路的独立性，对卷积核大小与卷积步长进行特别的设置，避免 I/Q 两路特征提前进行合并。因为提前合并可能丧失一些星座映射点的相位信息，甚至产生新的无关特征值，导致最终识别精度下降。二维卷积的工作方式如图 6-16 所示。

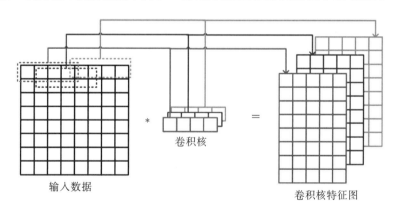

输入数据　　　　　卷积核　　　　　卷积核特征图

图 6-16　二维卷积的工作方式

如图 6-16 所示，经过二维卷积处理得到的每一个特征图仍具有 I/Q 两路独立的特征，经过两次堆叠卷积后形成(8，126，128)的特征图张量。也就是说二维卷积的工作方式只专注于单一 I 或 Q 的特征提取，在进入注意力增强模块前会保留 I/Q 两路的独立，保证 I/Q 两路的信息在高度抽象的同时不会丢失相位上的特征，在后续的注意力增强模块中可以更好地实现全局感受野的表征。同时，为了极大保留 I/Q 数据的信号相位特征，RCAN-RFF 将常用的激活函数 ReLU 升级为 PReLU（PReLU 实质上是带参数的 ReLU 变形版），当输入值为负数时，PReLU 不会置零，而是会进行放缩，在激活值中保留负值。具体的公式如下：

$$\mathrm{PReLU}\left(x_i\right)=\begin{cases}x_i, & x_i>0\\ a_ix_i, & x_i\leqslant 0\end{cases} \tag{6-17}$$

其中，a_i 为可训练的参数，以设定学习率 ϵ、动量 μ 的方式进行更新：

$$\Delta a_{i+1}\leftarrow \mu\Delta a_i+\epsilon\frac{\partial\mathrm{PReLU}\left(x_i\right)}{\partial a_i} \tag{6-18}$$

3. 注意力增强模块

注意力增强模块是 RCAN-RFF 模型的核心，主要目的是增强在高强度电磁噪声环境下 I/Q 数据中隐藏的设备指纹特征。该模块工作流程可以分为三个部分，分别是通道注意机制的权重值训练、动态阈值抑噪以及残差跨层连接。其中动态阈值的确定是在通道注意权重值训练中根据数据的噪声情况得到的，而动态阈值抑噪的结果将会通过残差跨层连接叠加到前序层的输出，以此来增强数据的有效设备指纹特征，抑制无关信息。下面依次详细介绍模块的结构、原理和工作方式。

在通信信号处理领域中，动态阈值法通常是许多信号降噪方法的关键步骤，如小波软收缩降噪法。作为一种经典的信号降噪方法，小波软收缩降噪法通常由三个步骤组成：小波分解信号、动态阈值过滤和小波重构信号。为了保证良好的信号降噪性能，小波软收缩降噪法处理的一个关键任务是设置一组滤波器参数，根据参数将分解信号中的有效信息转换为显著特征，将噪声信息转换为接近零的特征值。但是设置这样的参数具有挑战性，需要信号处理方面的专业知识，固定参数无法自适应环境噪声的变化。不过，近年来广泛发展的深度学习为解决这个问题提供了一种新思路，深度学习不需要由专家人工计算滤波器参数，而是在模型训练的过程中使用梯度下降算法自动学习参数。因此，通过动态阈值法可以有效地激活低信噪比 I/Q 数据中隐藏的设备指纹特征。具体的函数为

$$F(x,t)=\mathrm{sgn}(x)\max[(|x|-t),0] \tag{6-19}$$

其中，$\mathrm{sgn}(\bullet)$ 代表符号函数；t 代表阈值。$F(x,t)$ 的原理是将接近零的特征值设置为零，阈值外的特征值向零的方向进行收缩，这样可以在保留前序网络层传递的有用正负特征值的同时，对特征图中的背景噪声进行过滤，动态阈值的激活函数如图 6-17 所示。

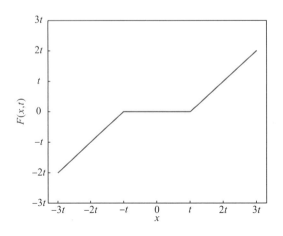

图 6-17　动态阈值的激活函数示意图

同时可以观察到，$F(x, t)$ 对 x 的导数为 1 或 0，如图 6-18 所示。这就意味着如果将动态阈值激活函数和残差连接结构同时运用在注意力增强模块中，可以有效防止网络层数过深引发反向传播中梯度消失和梯度爆炸问题，从而允许注意力增强模块进行多次堆叠，大大提高了模型在射频指纹特征提取过程中的抑噪能力。

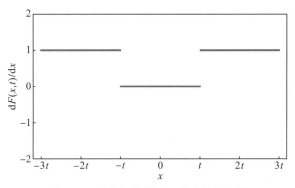

图 6-18　动态阈值激活函数求导示意图

为了确定训练数据噪声阈值，本章使用通道注意机制对 I/Q 数据进行动态阈值激活函数的阈值计算。该机制是通道注意力机制（channel attention module）和 Inception 多分支网络结构相结合的一个变体，其中参考了 SENet，对前序层输入的卷积特征图进行特征值的重新校准，这种机制通过明确建模卷积特征通道之间的相互依赖关系来提高网络抽象的表征能力，其模块可以通过对全局信息的学习来选择性地强调不同通道的重要性，以此抑制冗余特征。由于需要对全局信息进行提取和学习，其中包含了对输入的卷积特征图求全局平均池化，而 I/Q 数据的相位特征可能会丢失。为此，本模块在通道注意力机制设计中特别引入了 Inception 多分支网络结构，该结构允许在卷积特征图全局平均池化前使用多种尺寸的卷积核对 I/Q 数据进行特征提取，并自适应地进行选择特征图操作，即在多个不同大小的核之间进行"选择性核"卷积，以此来提高噪声阈值估计准确性。通道注意力机制的架构如图 6-19 所示。

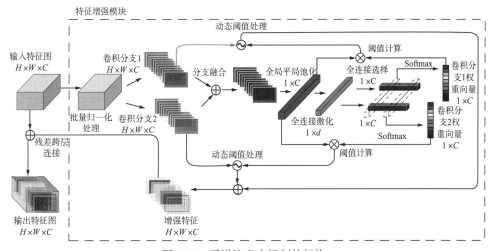

图 6-19　通道注意力机制的架构

可以看到，为了减少总体模型内部层与层之间的协变量偏移，降低模型训练难度，针对每一个输入的卷积特征图，首先需要进行批量归一化(BN)处理。作为一种特征规范化技术，BN 层可以在网络训练的过程中适应不断变化的中间层数据分布。BN 首先是将输入张量进行标准化正态分布的变换，然后根据训练过程中学习到的调节参数将标准化正态分布调整为理想分布，以此保证模型的表达能力。BN 的过程表示为

$$\mu \leftarrow \frac{1}{N_{\text{batch}}} \sum_{i=1}^{N_{\text{batch}}} x_i \tag{6-20}$$

$$\sigma^2 \leftarrow \frac{1}{N_{\text{batch}}} \sum_{i=1}^{N_{\text{batch}}} \left(x_i - \mu \right)^2 \tag{6-21}$$

$$\hat{x}_i \leftarrow \frac{x_i - \mu}{\sqrt{\sigma^2 + \epsilon}} \tag{6-22}$$

$$y_i \leftarrow \gamma \hat{x}_i + \beta \tag{6-23}$$

其中，x_i 和 y_i 分别表示同一批次中第 i 次输入和输出 BN 层的张量；γ 和 β 表示两个可训练参数，用来调整理想分布的放缩和偏移；ϵ 表示一个接近于零的常数，防止分母为零。

完成了批量归一化处理后，对当前数据进行动态阈值的训练。为了在动态阈值中保留更多有效的 I/Q 信号特征，从多个卷积尺度对 I/Q 信号数据进行抽象提取，如图 6-19 所示。由于实验硬件的限制，所以在本章实现中只选取 1~3 个不同大小卷积内核的分支，但是该模块可以支持扩展到多个分支的实现，下面以两个分支的结构为例：对于输入数据张量 $X \in \mathbf{R}^{H \times W \times C}$，首先通过具有不同尺寸核的卷积层卷积形成两个分支，即 $\tilde{\mathcal{F}}(X) = \tilde{U} \in \mathbf{R}^{H \times W \times C}$ 和 $\hat{\mathcal{F}}(X) = \hat{U} \in \mathbf{R}^{H \times W \times C}$，参数设置如表 6-11 所示。

表 6-11　分支卷积参数设置

参数	过滤器	内核大小	步长	填充
$\tilde{\mathcal{F}}(X)$	256	(2, 2)	(1, 1)	有效填充
$\tilde{\mathcal{F}}(X)$	256	(4, 4)	(1, 1)	有效填充

由于多个分支训练的目标是使网络能够根据梯度下降自适应地调整其特征感受野大小，其实现方法是使用 Softmax 函数来控制从多个分支到下一层神经元的信息流，这些分支分别携带不同规模的特征信息，所以在开始需要整合所有分支信息，通过元素求和对两个分支的卷积结构进行融合，即 $U = \hat{U} + \tilde{U}$。接着在融合特征图 U 的通道维度进行特征压缩得到 s，$s \in \mathbf{R}^C$，即在通道维度的每个二维的特征图变成一个实数，相当于具有全局感受野的池化操作，特征图通道数不变，高度和宽度变为 1，具体定义如下：

$$s = \text{GAP}(U) = \frac{1}{H \times W} \sum_{i=1}^{H} \sum_{j=1}^{W} U(i, j) \tag{6-24}$$

之后是激化操作，通过全连接层线性变换为每个特征通道生成权重，用来学习建模特征通道间的相关性：

$$z = \text{FC}(Ws) = \text{ReLU}(\text{BN}(Ws)) \tag{6-25}$$

其中，$W \in \mathbf{R}^{d \times C}$ 代表全连接层线性变换矩阵；d 代表全连接层的节点数。激化操作后接着根据卷积分支数进行全连接操作，并在通道方向使用 Softmax 函数进行权重计算，得到不同卷积分支下的通道权重，代表模型自适应地调整其特征感受野大小：

$$w_a = \frac{e^{\mathrm{FC}(Az)}}{e^{\mathrm{FC}(Az)} + e^{\mathrm{FC}(Bz)}}, w_b = \frac{e^{\mathrm{FC}(Bz)}}{e^{\mathrm{FC}(Az)} + e^{\mathrm{FC}(Bz)}} \tag{6-26}$$

其中，A、$B \in \mathbf{R}^{C \times d}$ 对应不同卷积分支的全连接层线性变换矩阵；w_a、$w_b \in \mathbf{R}^{C}$ 代表卷积分支的通道权重向量。最后将不同卷积分支通道权重与其全局平均池化的结果进行向量乘法，得到分支激活函数的动态阈值 t_a、t_b：

$$t_a = w_a \times \mathrm{GAP}(U), t_b = w_b \times \mathrm{GAP}(U) \tag{6-27}$$

将激活函数 $F(x, t)$ 运用于卷积分支输出，并将激活输出进行叠加，得到最后特征增强结果 V。

$$V = F\left(\tilde{U}, t_a\right) + F\left(\hat{U}, t_b\right) \tag{6-28}$$

在得到特征增强结果 V 之后，通过残差跨层连接的方式，将 V 添加到卷积层提取特征图后再传递给下一层网络，而不是直接将特征增强结果进行传递。这样设计的目的主要有两点：一是将特征增强结果 V 作为残差，通过残差跨层连接的方式，叠加在具有 I/Q 数据独立性的卷积层提取特征图上，可以保证输出结果保留 I/Q 相位信息，防止网络发生过拟合；二是残差跨层连接有利于损失梯度逐层反向传播，误差的渐变可以直接地流向网络的上层，这些层靠近输入层，可以更高效地更新参数，同时防止网络层数过深而导致的梯度爆炸和消失。在这种设计下，RCAN-RFF 允许在结构中堆叠多个注意力增强模块，组成深层网络来进行射频指纹特征的抽取和增强。

4. 输出层及损失函数设计

本节将注意力增强模块输出连接到多层感知器中，然后使用 Softmax 函数来获得最终预测概率。由于 RCAN-RFF 属于多分类识别模型，常用的损失函数为交叉熵损失函数，在射频指纹的识别数据中，发射端设备通信时长、频率不同，导致在指纹实时系统里面用于分析识别设备模型的数据集往往是类别不平衡数据集，而基础的交叉熵损失函数在训练时候优化方向并不像希望的那样，经常偏好于样本数量大、分类简单的类别，为了整体的准确率牺牲小类别的准确率。对于这个问题，通常会对大类别样本做下采样处理，但是这也会导致训练的数据量不足，模型出现过拟合情况。所以，考虑使用焦点损失(focal loss)函数，通过降低简单样本熵值内部加权来解决类别不平衡问题。2017 年 Lin 等[19]将焦点损失函数用于图像识别，实现目标信息和背景信息之间存在极端不平衡的检测任务，具体的公式为

$$\mathrm{loss}_{\mathrm{FL}} = -\sum_{i=1}^{K} \alpha_i \left(1 - p_i\right)^\gamma \log\left(p_i\right) \tag{6-29}$$

其中，α_i 代表类别权重，根据样本数量用来平衡样本的相对重要性，类别数量越多，α_i 越小，对 $\mathrm{loss}_{\mathrm{FL}}$ 的贡献越小，通常 $\alpha_i = \sqrt{1/N_i}$，N_i 为类别 i 的数量；γ 为难度权重，主要是为了给易分类样本的损失进行降权，防止模型偏好于学习简单样本，忽略困难样本，γ 通常设置为 2。

6.2.2　注意力机制射频指纹识别实验验证

为了测试具体设计模型在射频指纹数据集上的表现，本部分选择真实采集数据与仿真数据相结合的方式，多角度对 RCAN-RFF 模型进行测试。通过清洗和标注，得到自建数据集 WX_RF_Dataset。其中包含了 3 个相近频段的 12 个设备原始 I/Q 数据，如表 6-12 所示。

表 6-12　自建数据集数据情况

中心频点	频宽	设备名	数据量
1028MHz	25kHz	device1_1	31809
		device1_2	166437
		device1_3	92867
		device1_4	43883
		device1_5	5754
1040MHz	25kHz	device2_1	18110
		device2_2	77208
		device2_3	10514
1065MHz	28kHz	device3_1	23384
		device3_2	19797
		device3_3	106738
		device3_4	21060

为了能够进一步评估 RCAN-RFF 模型在不同环境信噪比以及不同信道衰落情况下识别精度的变化，本书作者在静态的室内办公环境中搭建了一个数据仿真采样平台，如图 6-20 所示。该硬件平台由 NI-PXIe 1085 设备和两个 USRP-RIO-2943 组成。USRP-RIO-2943 的所有发射器都可以通过 MATLAB WLAN 系统工具箱生成符合 IEEE 802.11a 标准的数据帧。

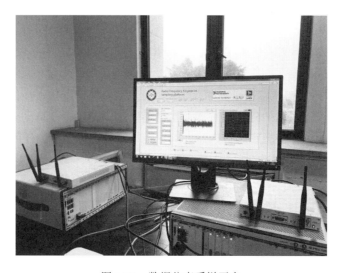

图 6-20　数据仿真采样平台

同时，为了扩充模型训练集的样本数量，满足信道衰落条件下的仿真测试，使用 MATLAB 模拟了 6 个需要识别的不同发射机。其中使用到了 GNU Radio companion（GRC）中的 set_iq_balance（）和 set_dc_offset（）函数，通过设置这两个单独的复杂校正因子，从而可以引入无线电中所需的损伤水平，形成设备的仿真射频指纹。在仿真设备中，信号发射机 1 是理想发射器，信号发射机 2 只有幅度偏移损伤，信号发射机 3 只有相位偏移损伤，其余发射机模式存在幅度和相位偏移损伤，发射机射频指纹的具体仿真设置如表 6-13 所示。

表 6-13　发射机射频指纹仿真设置

设备名	仿真设置
SIM_device1	无损伤
SIM_device2	直流偏置 offset_I = 0.1；offset_Q = 0.15
SIM_device3	相位偏移 theta = 1/32 * pi
SIM_device4	s1_I = −0.03；s1_Q = 0.1；s2_I = 0.08；s2_Q = −0.008； s3_I = −0.1；s3_Q = −0.02s4_I = 0.007；s4_Q = −0.02
SIM_device5	相位偏移+放大器非线性放大 theta = −1/64 * pi；nonlineCoe = 0.1
SIM_device6	s1_I = −0.06；s1_Q = 0.05；s2_I = −0.08；s2_Q = −0.008； s3_I = −0.04；s3_Q = −0.02；s4_I = 0.007；s4_Q = −0.02； offset_I = 0.04；offset_Q = 0.08

6.2.3　算法结果分析

1. 实验评价指标

在射频指纹识别的多分类任务中，需要有通用的指标对模型的性能进行评估。本节采用分类任务的常用评价指标：精确率、召回率与 F1 指标。其中多分类任务的指标计算加权公式为

$$\text{weight}P = \sum_{i=1}^{k} \frac{N_i}{N} P_i \tag{6-30}$$

$$\text{weight}R = \sum_{i=1}^{k} \frac{N_i}{N} R_i \tag{6-31}$$

$$\text{F1} = \frac{2 \times \text{weight}P \times \text{weight}R}{\text{weight}P + \text{weight}R} \tag{6-32}$$

其中，N 代表总样本数；N_i 代表样本 i 的数量；P_i 和 R_i 代表多分类中拆分的第 i 类样本二分类的精确率和召回率，即

$$P_i = \frac{\text{TP}_i}{\text{TP}_i + \text{FP}_i} \tag{6-33}$$

$$R_i = \frac{\text{TP}_i}{\text{TP}_i + \text{FN}_i} \tag{6-34}$$

其中，TP_i 代表类别 i 中正类样本预测正确的数量；FP_i 代表类别 i 中负类样本预测错误的数量；FN_i 代表类别 i 中正类样本预测错误的数量。

2. RCAN-RFF 参数对比分析

根据 6.2.1 节的设计，RCAN-RFF 模型中的特征增强模块可以进行多层堆叠，反复进行 I/Q 数据的卷积特征图通道的增强，同时，每个特征增强模块中的卷积分支也可进行扩展，容纳更多尺寸的卷积核来选择。网络结构在特征抽象提取的深化，一方面将提升网络对 I/Q 数据噪声的容忍度；另一面会大大增加训练的时间和资源开销，过度的特征抽象甚至会发生过拟合，模型拟合在无关噪声特征上。本节将讨论特征增强模块的堆叠数 N_x 与其中卷积分支数 M 的最佳配置，测试的 I/Q 数据背景噪声控制在 6dB 左右，具体交叉对比测试详情如表 6-14、表 6-15、图 6-21 和图 6-22 所示。

表 6-14　RCAN-RFF 参数对比分析结果（F1 指标）

卷积分支数	N_x=1	N_x=2	N_x=3	N_x=4	N_x=5
M=1	0.9210	0.9455	0.9491	0.9559	0.9537
M=2	0.9509	0.9578	0.9486	0.9615	0.9565
M=3	0.9529	0.9587	0.9546	0.9587	0.9583

表 6-15　RCAN-RFF 参数对比分析结果（收敛时间：s）

卷积分支数	N_x=1	N_x=2	N_x=3	N_x=4	N_x=5
M=1	379	403	516	619	732
M=2	560	889	1071	1580	1921
M=3	1121	1782	2553	1995	2452

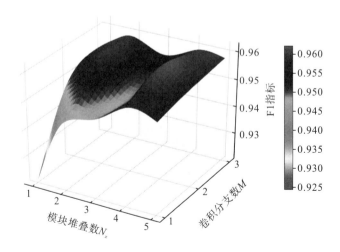

图 6-21　网络参数——F1 指标可视化

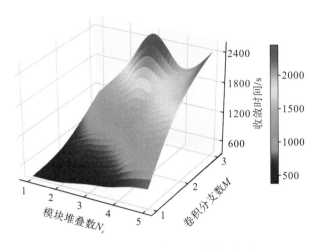

图 6-22　网络参数——收敛时间可视化

通过上面实验结果分析得知，在基于 RCAN-RFF 的多种不同模块的堆叠数和卷积分支数进行的交叉测试中，随着堆叠数量和卷积分支数的增加，网络对射频数据的特征抽象能力总体上逐渐增强，识别精度随之出现小幅的提升，整体的 F1 指标在 95%左右。综合考虑识别精度和模型收敛速度，最终选择堆叠数 $N_x=2$、分支数 $M=2$ 的模型。

3. 多个基准模型对比实验

针对低信噪比环境下噪声对识别的影响，RCAN-RFF 模型可以对 I/Q 数据中存在的环境噪声进行抑制，克服传统 CNN 模型对射频电磁环境敏感的问题，有效地提高设备识别的准确率。为了对比 RCAN-RFF 模型在不同信噪比环境下的表现，选取 VGG16、ResNet50、DenseNet 等经典的 CNN 模型进行对比评估，同时，针对数据集进行控制变量的处理，利用数据仿真采样平台对测试数据定量加入不同信噪比的零均值高斯白噪声过程成分，信噪比的计算公式为

$$SNR = 10 \cdot \lg\left(\frac{P_{signal}}{P_{noise}}\right) \tag{6-35}$$

其中，P_{signal} 为信号功率；P_{noise} 为噪声功率，是对测试的 I/Q 数据的零均值高斯白噪声的叠加。根据上述公式，本节将测试数据分别处理为 0dB、2dB、4dB、6dB、8dB 和 10dB 六个对照组，并对其进行测试，具体结果如图 6-23 所示。

由图 6-23 分析可知，RCAN-RFF 模型的平均识别准确率比其他模型高出 10%～27%，特别是当信噪比大于 6dB 时，RCAN-RFF 的识别准确率可以超过 95%。同时，在模型训练速度方面，RCAN-RFF 收敛的时间与 DenseNet 相当，仅用了 889s，远远小于 VGG16、ResNet50 的 3414s 和 2392s。在射频指纹识别任务中，RCAN-RFF 模型表现更优主要有以下几个原因：首先，该模型舍弃了一般 CNN 模型中常用的池化策略，避免了射频指纹相位特征的丢失；其次，通过改造的自注意力机制的网络结构和动态阈值激活机制，RCAN-RFF 模型在高强度电磁噪声环境下的射频数据集上仍具有强大的表征能力，可以有效地保证对低信噪比样本较高的识别准确率；最后，RCAN-RFF 模型在网络结构上的

残差跨层连接设计也极大降低了深层网络训练的难度，大大缩短了训练收敛的时间。

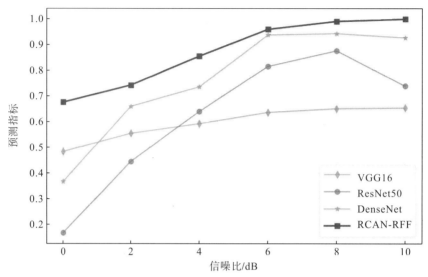

图 6-23　F1 指标对比可视化

4. 模型环境泛化测试

无线信号在传播过程中会遇到各种障碍，大至山川地形，小到楼房或树木。这些障碍会造成信号能量的损失和反射、散射以及绕射等，称为信道衰落。例如，大气层对电波的散射，电离层对电波的反射、折射，以及地面障碍对电波的反射都会造成信号的多径传播，最终导致接收端收到的信号是直达波和多个反射波，多径信号在接收端会产生叠加效应，造成幅度和相位的偏差[20]。

由于设备的射频信号在不同环境下的衰变情况不同，为了定量验证 RCAN-RFF 模型的泛化性，能够在复杂电磁环境中仍保持较高的设备识别准确率，本节通过数据仿真硬件平台模拟设置了瑞利衰落（Rayleigh fading）信道。对于瑞利衰落信道，本节采用圆形复高斯随机变量的形式对抽头系数建模，具体定义如下：

$$\alpha_k = A + jB \tag{6-36}$$

其中，α_k 是路径索引；A 和 B 是具有方差 σ^2 的零均值独立同分布高斯随机变量，σ^2 定义为

$$\sigma^2 = \frac{1}{2}\left\{\left[1 - \exp\left(\frac{-T_s}{T_{rms}}\right)\right]\exp\left(\frac{-kT_s}{T_{rms}}\right)\right\} \tag{6-37}$$

其中，T_s 是采样周期；T_{rms} 是通道的均方根（root mean square，RMS）延迟扩展。瑞利通道模型定义为

$$h(t,\tau) = \sum_{k=1}^{L}\alpha_k\delta(t - \tau_k T_s) \tag{6-38}$$

其中，τ_k 是由 T 归一化的第 k 条路径的延迟。综上所述，调制信号 $s(t)$ 经过瑞利衰落信道后可表示为

$$r(t) = s(t) * h(t,\tau) + n(t) \tag{6-39}$$

其中，*表示卷积；$n(t)$ 表示零均值高斯白噪声过程。

为了测试模型在复杂条件下的鲁棒性，本节设计并仿真了在不同瑞利衰落信道条件下的一组参数，如表 6-16 和表 6-17 所示。

表 6-16　不同路径的延迟选择 $(T_{\mathrm{rms}} = 100)$

多径数量	路径延迟														
	50	100	150	200	250	300	350	400	450	500	550	600	650	700	750
1	√	—	—	—	—	—	—	—	—	—	—	—	—	—	—
3	√	—	√	—	√	—	—	—	—	—	—	—	—	—	—
5	√	—	√	—	√	—	√	—	√	—	—	—	—	—	—
7	√	√	—	√	√	—	√	—	√	—	√	—	—	—	—

表 6-17　不同路径衰落系数的归一化方差 $(T_{\mathrm{rms}} = 100)$

多径数量	路径衰落系数 (σ_k^2)											
	50	100	150	200	250	300	350	400	450	500	550	600
1	1.0000	—	—	—	—	—	—	—	—	—	—	—
3	0.6652	—	0.2447	—	0.0900	—	—	—	—	—	—	—
5	0.6364	—	0.2341	—	0.0861	—	0.0317	—	0.0117	—	—	—
7	0.4153	0.2519	—	0.0927	0.0562	—	0.0207	—	0.0076	—	0.0028	—

信道条件随着路径数的增加而变差。信道估计采用 LS 法，信道均衡采用 MMSE 均衡算法。本节将测试数据分别处理为 0dB、2dB、4dB、6dB、8dB 和 10dB 六个对照组，并对其进行测试，具体结果如图 6-24 所示。

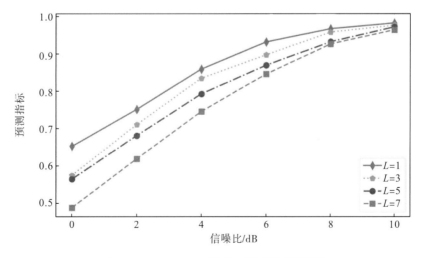

图 6-24　RCAN-RFF 模型环境泛化测试结果

通过上面对瑞利衰落信道中射频指纹特征识别精度的评估，在不同信噪比的条件下，RCAN-RFF 模型识别精度平均波动在 7%以内，表明其具有良好的泛化性，可以克服实际环境中信号衰落对射频指纹识别精度的影响，满足后续系统在实际场景中的应用。此外，当信噪比大于 6dB 时，RCAN-RFF 模型在瑞利衰落信道测试样本上的平均识别准确率可达 85%。

5. 不平衡数据集测试

在真实环境下的信号数据集中，由于设备通信的频次、时长不同，采集的样本量可能会出现极度不平衡。不平衡数据集在模型训练拟合期间，如果使用常规的交叉熵损失函数进行优化，样本量少的设备很难从中提取规律，模型往往无法识别出这些设备。针对这个问题，本节在对 RCAN-RFF 模型训练时，使用焦点损失函数进行模型的优化。为了评估 RCAN-RFF 模型在不平衡数据集上的表现，本节选取 6 个设备的 I/Q 数据样本，并对其中两个设备的样本进行下采样，具体设备样本量分布如表 6-18 所示。

表 6-18 不平衡数据集的分布情况

设备名	数据训练集/条	数据测试集/条	完整数据集/条
device3_1	18697	4675	23372
device2_1	14118	3530	17648
device3_4	16250	4063	20313
SIM_device5	10139	2535	12674
device1_2	400	100	500
SIM_device6	40	10	50

通过上面构造的不平衡数据集来对比交叉熵损失函数和焦点损失函数在 RCAN-RFF 模型优化方面的差异，具体测试结果如图 6-25 所示。

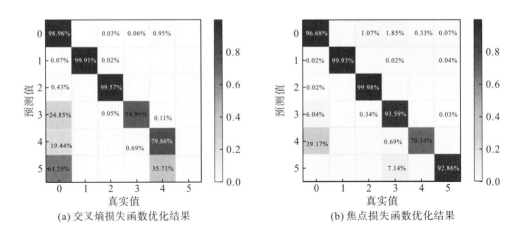

(a) 交叉熵损失函数优化结果　　　　(b) 焦点损失函数优化结果

图 6-25 不同损失函数优化结果的混淆矩阵对比

从图 6-25 可以看出，相对于交叉熵损失函数，经过焦点损失函数优化的 RCAN-RFF 模型可以有效识别出样本量极端不平衡的设备 5，其识别的精确率可达到 92.86%。因此，RCAN-RFF 模型训练的时候，使用焦点损失函数能有效解决不平衡数据集中样本量少的设备识别精确率低的问题。但是，由于焦点损失函数包含了两个静态的超参数，无法适应不平衡数据集出现动态分布改变的情况，会出现部分类别设备精确率被影响的情况，如在上面焦点损失函数的测试中，设备 4 识别精确率出现了 10%左右的回落。

6.3 本 章 小 结

针对在复杂的电磁环境中射频指纹识别研究遇到的问题，本章将残差网络、动态阈值激活函数、通道注意力机制以及焦点损失优化函数相结合，提出了一个基于通道注意力机制的残差网络 RCAN-RFF 模型。首先介绍 RCAN-RFF 模型的整体结构和组成该模型的各个组件，详细阐述了其中的设计原理和实现过程。其次，介绍了本章模型训练和测试中使用的自建数据集和仿真数据集的构建。最后，在上述数据集的支撑下，通过实验验证了 RCAN-RFF 模型在高强度的电磁噪声环境下仍具有较高的识别精确率和较强的泛化能力，能够有效地满足低信噪比、信道多径衰落和信号数据集不平衡等实际问题。

参 考 文 献

[1] Li S, Li D X, Zhao S. 5G internet of things: a survey[J]. Journal of Industrial Information Integration, 2018, 10: 1-9.

[2] Zhang K, Liang X, Lu R, et al. Sybil attacks and their defenses in the internet of things[J]. Internet of Things Journal IEEE, 2014, 1（5）: 372-383.

[3] D He, Zeadally S. An analysis of RFID authentication schemes for internet of things in healthcare environment using elliptic curve cryptography[J]. IEEE Internet of Things Journal, 2015, 2（1）: 72-83.

[4] De Rango F, Potrino G, Tropea M, et al. Energy-aware dynamic internet of things security system based on elliptic curve cryptography and message queue telemetry transport protocol for mitigating replay attacks[J]. Pervasive and Mobile Computing, 2020, 61: 101105.

[5] Zhao F, Jin Y. An optimized radio frequency fingerprint extraction method applied to low-end receivers[C]//2019 IEEE 11th International Conference on Communication Software and Networks（ICCSN）. IEEE, 2019: 753-757.

[6] 李泓余, 韩路, 李婕, 等. 电磁空间态势研究现状综述[J]. 太赫兹科学与电子信息学报, 2021, 19（4）: 549-555, 595.

[7] Ding G, Huang Z, Wang X. Radio frequency fingerprint extraction based on singular values and singular vectors of time-frequency spectrum[C]//2018 IEEE International Conference on Signal Processing, Communications and Computing（ICSPCC）. IEEE, 2018: 1-6.

[8] Bihl T J, Bauer K W, Temple M A. Feature selection for RF fingerprinting with multiple discriminant analysis and using zigbee device emissions[J]. IEEE Transactions on Information Forensics and Security, 2017, 11（8）: 1862-1874.

[9] 崔天舒. 面向天基电磁信号识别的深度学习方法[D]. 北京: 中国科学院大学, 2021.

[10] Huang Y. Radio frequency fingerprint extraction of radio emitter based on I/Q imbalance[J]. Procedia Computer Science, 2017, 107: 472-477.

[11] Patel H J, Temple M, Baldwin R O. Improving zigbee device network authentication using ensemble decision tree classifiers with radio frequency distinct native attribute fingerprinting[J]. IEEE Transactions on Reliability, 2015, 64(1): 221-233.

[12] 王培. 基于稳态信号的射频指纹算法的研究[D]. 成都: 电子科技大学, 2020.

[13] Sankhe K, Belgiovine M, Zhou F, et al. ORACLE: Optimized radio classification through convolutional neural networks[C]//IEEE INFOCOM 2019-IEEE conference on computer communications. IEEE, 2019: 370-378.

[14] Wu Q, Feres C, Kuzmenko D, et al. Deep learning based RF fingerprinting for device identification and wireless security[J]. Electronics Letters, 2018, 54(24): 1405-1407.

[15] Yu J, Hu A, Li G, et al. A robust RF fingerprinting approach using multisampling convolutional neural network[J]. IEEE Internet of Things Journal, 2019, 6(4): 6786-6799.

[16] Yu J, Hu A, Zhou F, et al. Radio frequency fingerprint identification based on denoising autoencoders[C]//2019 International Conference on Wireless and Mobile Computing, Networking and Communications (WiMob). IEEE, 2019: 1-6.

[17] Zhao M, Zhong S, Fu X, et al. Deep residual shrinkage networks for fault diagnosis[J]. IEEE Transactions on Industrial Informatics, 2019, 16(7): 4681-4690.

[18] 杨偲乐. 基于混合域注意力机制的卷积网络和残差收缩网络的轴承故障诊断[D]. 北京: 北京邮电大学, 2020.

[19] Lin T Y, Goyal P, Girshick R, et al. Focal loss for dense object detection[C]//Proceedings of the IEEE international conference on computer vision. 2017: 2980-2988.

[20] 陈爱军. 深入浅出通信原理[M]. 北京: 清华大学出版社, 2018.

第7章 射频指纹小样本识别方法

现有射频指纹识别技术主流方式有两类，一类是先从无线电信号中提取出信号特征，如频谱特征、统计特征、星座图特征等，然后筛选出合适有用的特征作为射频指纹特征，将其输入传统分类器如 SVM、决策树、k 最近邻算法等进行分类识别；另一类则是将无线电 I/Q 信号直接作为训练数据输入深度神经网络中，由神经网络自动学习射频指纹特征后再进行分类。值得注意的是，无论采取何种方式，都是在大型数据集的基础之上实现的。

虽然射频指纹识别技术日趋成熟，但在面对小样本情况时，已有的射频指纹识别技术的表现往往不尽如人意。原因在于，一个模型所能获取到的知识通常来源于两个方面，一方面是训练数据本身所携带的知识，另一方面是在模型的训练过程中，提供先验知识。当训练数据不足时，说明模型从原始数据中获取到的知识比较少，模型会出现过拟合现象，即模型在训练样本上的效果可能不错，但在测试样本上的效果不佳。此时，要保证模型的效果，就需要有更多的先验知识作为支撑。

一般来说，有两种方式提供先验知识：①作用于数据，即根据特定的先验假设条件去变换、调整、扩展、增强训练数据，使其能够提供更多有用的知识，以便用于模型的训练和学习；②作用于模型，设计一个特定的内在结构模型，对模型添加其他一些约束条件和假设，并对模型算法进行优化，保证模型在训练过程中能学到更多的知识。小样本学习正是基于这两种思想而提出的，利用先验知识进行数据增强、降低模型的复杂度、寻找最优初始化参数，从而在小样本数据集上训练得到一个效果不错的模型。

由此可见，射频指纹小样本识别的难点在于，当数据量不足以支撑模型学习更多的知识时，如何获取先验知识，并将已有的先验知识加入模型，从而提高模型的学习能力和识别效果。现有解决小样本问题的方法，主要集中于图像处理和自然语言处理等领域，关于射频指纹领域的小样本识别方法涉及较少。值得注意的是，无线电通信设备发出的 I/Q 信号可以看作是二维矩阵，能够类比于图像。但直接套用已有的图像识别小样本学习方法，显然不一定适用于射频指纹小样本识别。因此，本章将在已有的元学习模型基础之上，设计并实现适用于射频指纹小样本识别的方法。

7.1 基于匹配网络模型的射频指纹小样本识别方法

7.1.1 匹配网络模型整体结构

匹配网络主体框架如图 7-1 所示，可以分为分类器模块和全文嵌入(full context embeddings，FCE)模块(可选)两大部分[1]。其中，分类器模块包含处理支持集的嵌入函数

g 和处理查询集的嵌入函数 f, 以及一个注意力核函数 a。FCE 模块包含向嵌入函数 g 加入记忆力机制的双向 LSTM 以及向嵌入函数 f 加入注意力机制的 LSTM[2]。嵌入函数主要用于提取支持集与查询集中无线电设备 I/Q 信号样本的特征向量(无线电射频指纹)。注意力核函数 a 则用于计算查询集样本在支持集中的各个样本之间的权重。将计算支持集中一系列标签加权和得到的输出,作为该查询样本的预测标签。而 FCE 模块是可选部分,在某些情况下它可以有效提高模型的学习速率。

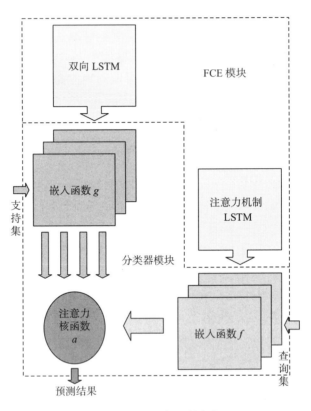

图 7-1   匹配网络主体框架

图 7-2 给出了匹配网络模型一个任务的训练流程[2]。首先,将一个任务的 I/Q 信号数据分为支持集与查询集作为输入,输送到模型中进行训练,使用嵌入函数分别计算支持集与查询集样本各自的特征向量;然后,判断是否向嵌入函数中加入 FCE 模块,若加入则对特征向量进行全文嵌入处理后,再使用注意力核函数计算查询样本与各个支持集样本之间的权值;最后,结合权值对所有支持集的标签进行加权求和,得到查询集样本在支持集中的概率分布,即可得到查询集样本的分类结果。接下来将介绍嵌入函数设计、注意力核函数以及 FCE 模块设计。

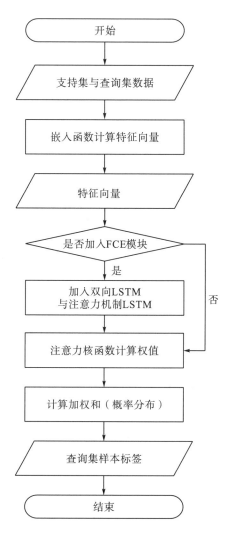

图 7-2　匹配网络模型一个任务的训练流程图

7.1.2　嵌入函数设计

嵌入函数是整个匹配网络构建的基础,可以将其视为 I/Q 信号射频指纹特征提取器[3]。嵌入函数训练得到的特征向量代表着每个无线电设备发射的I/Q信号所独有的特征。因此,嵌入函数设计的好坏决定了模型整体的识别效果。

一方面,从数据的角度考虑,本章采用的数据是无线电设备发射的 I/Q 信号,I 路和 Q 路数据组合起来,可以形成 $2 \times N$(N 代表数值个数)的二维矩阵,作为输入数据;另一方面,从模型角度考虑,一般来说,小样本数据不足以支撑深层次的深度神经网络,优化成百上千的模型参数,容易出现过拟合现象,所以只能选择较浅的网络。此外,据有关参考文献,CNN 模型是目前射频指纹识别技术从 I/Q 信号中提取无线电射频指纹特征的常用方法[4],因此,本章也选取 CNN 模型作为匹配网络的嵌入函数,提取 I/Q 信号特征向量。

为了保证嵌入函数能够提取到足够有用的射频指纹特征，且模型参数又不宜过大，只能对 I/Q 信号样本进行两次卷积操作。如图 7-3 所示，整个嵌入函数包含四个结构相同的卷积模块，每个模块由 Conv+BatchNorm ＋ ReLU(卷积层+批量归一化+非线性激活函数)组成。

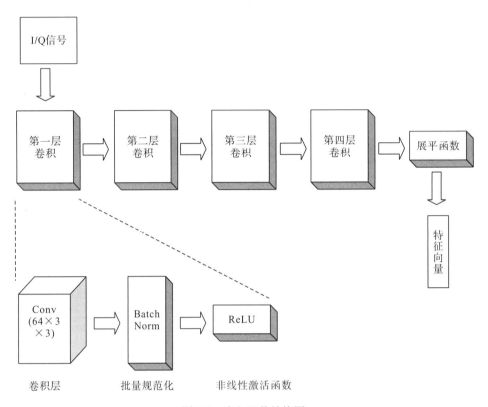

图 7-3 嵌入函数结构图

每个模块的卷积层采用尺寸为 3×3、填充为 1、步长为 1 的卷积核作为过滤器，得到输出为 64 通道的特征矩阵。每一次卷积后会进行一次批量归一化和非线性激活操作。随着网络深度加深或者在训练过程中数据分布会发生偏移或者变动，逐渐往非线性函数的取值区间的上下限两端靠近，为了避免梯度消失，加快网络的收敛速度，引入了归一化。ReLU 激活则是为了突出每路的信号特征，ReLU 激活函数如式(7-1)所示，当样本 x 大于 0 时保留其特征，否则舍去其特征。

$$\text{ReLU}(x) = \begin{cases} x, & x > 0 \\ 0, & x \leqslant 0 \end{cases} \tag{7-1}$$

由于 I/Q 信号只有两路，且整个网络的参数量不大，所以未对每层模块进行池化操作，以避免丢失有用信息。经过四次卷积后，使用 Flatten 函数展开得到嵌入函数提取的特征向量，作为注意力核函数的输入。此外，由于一般支持集与查询集输入的 I/Q 信号样本的形式相同，因此，嵌入函数 g 和 f 使用相同的结构。

假设将 n 个尺寸为 2×128 的 I/Q 信号样本(包含 k 个类别)作为输入，通道为 1，尺寸变形为 16×16，即初始输入尺寸为 $(n,\ 16{\times}16,\ \text{channels})$，其中 n 代表样本数量，channels 代表通道数。使用图 7-3 中的嵌入函数提取射频指纹特征，可以得到 n 个 16×16 的一维特征向量，具体结构内容见表 7-1[4]。

表 7-1　嵌入函数结构表

层名称	输入尺寸	输出尺寸	具体结构
Conv1	$(n,\ 16{\times}16,\ 1)$	$(n,\ 16{\times}16,\ 64)$	卷积核尺寸 3×3，步长 1，填充 1 批量归一化 非线性激活
Conv2	$(n,\ 16{\times}16,\ 64)$	$(n,\ 8{\times}8,\ 64)$	卷积核尺寸 3×3，步长 1，填充 1 批量归一化 非线性激活
Conv3	$(n,\ 8{\times}8,\ 64)$	$(n,\ 4{\times}4,\ 64)$	卷积核尺寸 1×3，步长 1，填充 1 批量归一化 非线性激活
Conv4	$(n,\ 4{\times}4,\ 64)$	$(n,\ 1{\times}1,\ 64)$	卷积核尺寸 1×3，步长 1，填充 1 批量归一化 非线性激活

7.1.3　注意力核函数

注意力核函数 $a(\hat{x},\ x_i)$ 用于计算查询集样本特征向量 $f(\hat{x})$ 与支持集样本特征向量 $g(x_i)$ 之间相似度的权重[5]。而评判向量之间的相似度一般使用距离公式，常用的距离公式有欧式距离和余弦距离。如图 7-4 所示，以二维坐标为例，对于向量 $A(x_A,\ y_A)$ 和向量 $B(x_B,\ y_B)$，其欧式距离为 A、B 坐标之间的绝对差值，如式 (7-2) 所示，而两者之间的余弦相似度则是两个向量之间的夹角的余弦值，见式 (7-3)，余弦距离为 1 时减去余弦相似度的值，见式 (7-4)。

$$d(A,B)=\sqrt{(x_A-x_B)^2+(y_A-y_B)^2} \tag{7-2}$$

$$\cos(A,B)=\frac{A\cdot B}{|A|\cdot|B|} \tag{7-3}$$

$$d(A,B)=1-\cos(A,B) \tag{7-4}$$

从图 7-4 中可以看出，从欧式距离角度看 A 与 B 差异较大，而从余弦距离角度看 A 与 B 相似。可见，选取不同的距离公式，样本之间的相似度评判结果也不相同。因此，在选取距离公式作为度量时，应考虑样本的实际应用场景。

欧氏距离更能体现样本特征在个体数值上的绝对差异，所以更多地用于需要从维度的数值大小上体现差异的分析。余弦距离更多体现的是样本特征在方向上的相对差异，而对绝对的数值不敏感，同时修正了样本之间可能存在的度量标准不统一的问题，所以更多地用于需要从维度方向上体现差异的分析。

匹配网络原文因为研究对象是图像，更关注图像特征方向上的分析，而不是单纯的像素分析，因此，采用经过 Softmax 函数归一化的余弦距离计算公式作为计算相似度权重的注意力核函数[6]。

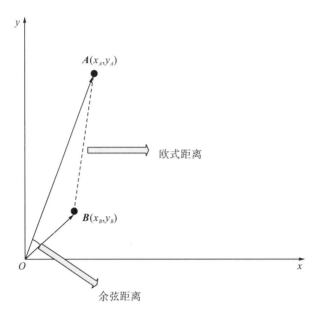

图 7-4 欧式距离与余弦距离的差异

本章射频指纹所使用的样本数据是 I/Q 信号，可以用复数形式表示，实数部分代表 I
路，虚数部分代表 Q 路。其具体的数值代表了信号的分布信息，说明数值的差异决定了
信号之间的差异。因此，根据计算样本特征之间相似度的方法，不再采用余弦距离计算公
式，而是采用欧式距离计算公式，如式(7-5)所示。

$$l(f(\hat{x}),g(x_i)) = \sqrt{\left[f(\hat{x}) - g(x_i)\right]^2} \tag{7-5}$$

改写注意力核函数 $a(\hat{x}, x_i)$，即对式(7-5)进行 Softmax 归一化，得

$$a(\hat{x},x_i) = e^{l(f(\hat{x}),g(x_i))} / \sum_{j=1}^{n} e^{l(f(\hat{x}),g(x_j))} \tag{7-6}$$

由此，将嵌入函数提取的特征向量 $f(\hat{x})$ 与 $g(x_i)$ 使用注意力核函数 $a(\hat{x}, x_i)$ 进行加权
和计算，即由式(7-7)计算出查询集样本在支持集上的概率分布，最终得到查询集样本的
分类标签，从而确认查询集信号样本属于哪台设备。

$$P(\hat{y}|\hat{x}) = \sum_{i=1}^{n} a(\hat{x},x_i)y_i \tag{7-7}$$

当然，这只是模型的一个批次训练任务完成，显然输出的结果不是最理想的。因此，
需要在模型训练完一轮之后，继续采样训练任务，对模型进行下一轮训练。此时，需要对
整个模型进行参数更新，而参数更新的方式通常采用损失函数进行梯度下降，得到一轮训
练的损失值，再将损失值反向传播，代入下一轮训练不断优化模型参数，直至模型收敛。

选取常用于二分类或多分类问题任务中的交叉熵损失函数(cross-entropy loss
function)作为匹配网络模型的损失函数[7]。交叉熵描述的是实际输出(概率)与期望输出
(概率)的差距，也就是交叉熵的值越小，两个概率分布就越接近。计算公式为

$$\text{Loss} = -\frac{1}{N}\sum_{i=1}^{N}\sum_{c=1}^{M} y_{ic}\log(p(\hat{y}_{ic})) \tag{7-8}$$

其中，M 代表类别数量；N 代表样本数量；y_{ic} 是一个符号函数，如果样本 i 的真实类别等于 c 则取 1，否则取 0；$p(\hat{y}_{ic})$ 代表观测样本 i 属于类别 c 的预测概率。

7.1.4　FCE 模块设计

FCE 模块主要采用了双向 LSTM 和基于注意力的 LSTM 网络模型分别对嵌入函数 g 和 f 进行加强。本节与匹配网络原文采用相同方法来设计 FCE 模块[8]。

与 RNN 不同，双向 LSTM 能够结合上下文信息，得到与上下文相关的输出结果，因此本节设计了双向 LSTM 结构。对于支持集 S 中的样本 x，其嵌入函数 g 对 x 进行编码后得到 $g'(x)$，输入到双向 LSTM 模型中得到前向输出的 A 与后向输出 A'，则最终的输出结果特征向量为 $g(x_i)$，由式(7-9)得到。经过双向 LSTM 模型后，支持集样本的特征向量能够包含特征空间中更多的信息。

$$g(x_i) = g'(x_i) + A(g'(x_i)) + A'(g'(x_i)) \tag{7-9}$$

对于查询集样本的嵌入函数 f，采用了一个具有注意力机制的 LSTM 网络模型。将上述由式(7-9)得到的 $g(x_i)$ 作为注意力机制的 LSTM 模型输入，通过式(7-10)计算得到隐藏层状态 h 和单元状态 c，进行 k 步(这里的步长视情况而定)注意力"读取"，得到最终的隐藏层状态 h_k，见式(7-11)，并将其作为查询集样本的特征向量。

$$\hat{h}_k, c_k = \text{LSTM}(f'(\hat{x}), [h_{k-1}, r_{k-1}], c_{k-1}) \tag{7-10}$$

$$h_k = \hat{h}_k + f'(\hat{x}) \tag{7-11}$$

$$r_{k-1} = \sum_{i=1}^{n} a_{\text{lstm}}(\hat{h}_{k-1}, g(x_i))g(x_i) \tag{7-12}$$

$$a_{\text{lstm}}(h_{k-1}, g(x_i)) = e^{h_{k-1}^{\text{T}} g(x_i)} / \sum_{j=1}^{n} e^{h_{k-1}^{\text{T}} g(x_j)} \tag{7-13}$$

其中，$\text{LSTM}(x, h, c)$ 遵循相同的 LSTM 实现定义，x 为输入，h 或者 r 为输出(即输出门后的单元)，c 为单元；a_{lstm} 为基于支持集样本特征内容的注意力，与注意力核函数类似，同样对其进行了 Softmax 归一化。这样对于支持集与查询集的特征提取就包含了整体的特征，可学到更多的知识，从而能够加快模型的学习效率。

7.2　基于元迁移学习的射频指纹小样本识别方法

7.1 节所用到的匹配网络模型，虽然在训练速度上能够保持不错的效果，但在准确率上差强人意。这是由于无线电设备 I/Q 信号样本数据量少的情况下，为了防止模型过拟合，元学习只能采用较为浅层的神经网络作为训练模型。而深度神经网络模型可以提取样本更多的特征，理论上准确率也会随之上升，但会面临过拟合问题[9]。

迁移学习可以在其他大型数据集上进行训练，然后将其训练出的模型应用到目标任务上，最后在目标任务上通过少量标注数据对模型进行微调，从而解决目标任务的小样本学习问题。虽然迁移学习可以使用深度神经网络模型，但是在新任务上依然需要很多的标注数据，且只在单个任务上进行优化。元学习通常在任务空间进行训练，而不是像迁移学习一样，在样本空间进行训练。元学习会在任务空间里采样多个任务，然后在多个任务上学习，所以元学习模型在未知任务上表现得更好一些[10]。

为了能够在元学习上引入深度神经网络，进一步提高元学习方法的准确率。受文献[11]中的元迁移学习算法思想启发，本节将尝试结合迁移学习与元学习方法的优点，设计一种元迁移学习模型，以解决射频指纹小样本识别在深度神经网络中产生的过拟合问题。

7.2.1　元迁移学习模型整体结构

该模型的主要思想是将预训练模型中学习到的深度神经网络模型特征提取器的相关参数，通过迁移学习应用到基于模型无关元学习（model-agnostic meta-learning，MAML）算法的元学习网络中，使元学习网络能够利用深度网络模型提取样本特征，挖掘样本更多有用信息，从而帮助提高模型的识别效果。如图 7-5 所示，整个模型可以分为预训练、元训练以及元测试三个阶段。每个阶段的具体工作如下[12]。

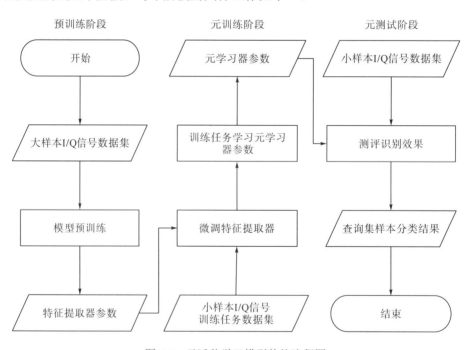

图 7-5　元迁移学习模型整体流程图

（1）预训练阶段：主要负责将大规模 I/Q 信号数据集输入深度神经网络中进行训练，得到模型的特征提取器（深度神经网络卷积层）和分类器（深度神经网络全连接层）参数。由于模型预训练的目的是学习深度神经网络特征提取的能力，然后迁移到元学习模型中，且预训练模型与元学习模型是不同分类任务，因此，只需要保留预训练模型的特征提取器参数，而分类器参数可以被舍去。

（2）元训练阶段：将预训练阶段深度神经网络模型的特征提取器参数迁移到元学习网络模型中，并训练元学习器模型。具体来说，就是将其在训练任务中进行微调，使其适配于小样本学习任务，提取 I/Q 信号样本特征并用于模型训练，学习小样本任务的分类器模型参数。

（3）元测试阶段：使用新任务支持集样本对元训练阶段得到的元学习器模型参数进行微调，使用查询集样本验证模型的识别效果，评测小样本分类模型的学习能力。

元迁移学习模型整体结构如图 7-6 所示，主要包含预训练分类器和元学习分类器，两个模块之间的训练过程相对独立。可以将整个过程看作是一个迁移学习，仅在微调阶段对元学习网络模型进行调整。

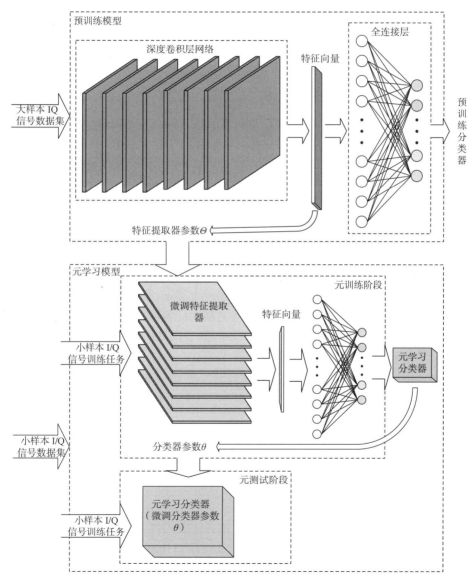

图 7-6　元迁移学习模型整体结构图

预训练网络模型主要采用一种深度神经网络以样本为单位进行训练和测试，如 ResNet。通过深层神经网络对大量 I/Q 信号数据进行特征提取，学习更多先验知识并应用到元学习模型中，如在训练过程中有关特征提取的模型参数 Θ，将其作为初始化参数之一输入到元学习网络模型中。

元学习网络模型采用微调后的深度神经网络，不过，与预训练网络模型不同的是，输入的数据是小样本 I/Q 信号数据集，以任务为单位进行训练和测试。因此，对参数 Θ 进行更新，使深度神经网络能够适应当前的小样本训练任务，提取 I/Q 信号特征，再采用一般元学习方法，如基于 MAML 算法的元学习模型，不断训练更新元学习器模型参数 θ，直到获取到适应所有小样本训练任务的最优初始化参数 θ。当新的任务来临时，元学习网络模型能够快速学习到适应新任务的模型参数 θ，以达到较好的射频指纹小样本识别效果。

需要注意的是，在迁移过程中，因为元学习是对所有任务学习一个"学会学习"的分类器参数 θ，而不是针对某一任务的分类器模型参数。因此，元学习网络模型与预训练网络模型的分类器参数没有必然联系，不需要对预训练网络模型产生的分类器参数进行更新。在元训练阶段开始时，应重新初始化元学习器模型参数 θ。

7.2.2　算法流程

在介绍本模型的算法之前，首先来看一下 MAML 算法流程。MAML 算法本质上是一种梯度下降算法，只不过为了适应小样本任务学习，防止模型过拟合，对模型参数进行了两次梯度下降。MAML 算法流程如图 7-7 所示，图中只展示了训练任务阶段的详细步骤。

MAML 算法简要步骤如下[13]。

步骤 1：准备 N 个训练任务，每个训练任务包含支持集和查询集，再准备几个测试任务，用于评估模型学习到的参数效果。

步骤 2：定义一个网络结构 meta，并初始化一个 meta 网络的参数 θ^0（上标代表参数的更新次数，下同），meta 网络是最终应用到新的测试任务中的网络，该网络中存储了"先验知识"。

步骤 3：开始执行迭代的训练任务：

（1）采样一批次训练任务 m。将 meta 网络的参数 θ^0 赋值给任务 m 自己的网络，得到 $\hat{\theta}_m$（下标代表任务编号，下同），初始时 $\hat{\theta}_m = \theta^0$。

（2）使用任务 m 的支持集，基于任务 m 的学习率 α_m 对每个任务的 $\hat{\theta}_m$ 进行 1 次优化，即使用式 (7-12) 更新 $\hat{\theta}_m$。

（3）基于优化后的 $\hat{\theta}_m$，使用查询集中的样本计算任务 m 的 LOSS——$l_m(\hat{\theta}_m)$，并计算 $l_m(\hat{\theta}_m)$ 对 $\hat{\theta}_m$ 的梯度。

（4）使用该梯度乘以 meta 网络的学习率 β，再使用式 (7-13)，更新 θ^0 得到 θ^1。

（5）采样一批次训练任务 n。将 meta 网络的参数 θ^1 赋值给任务 n 自己的网络，得到 $\hat{\theta}_n$，初始时 $\hat{\theta}_n = \theta^1$。

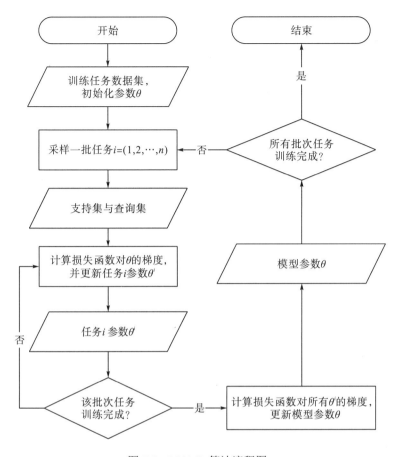

图 7-7　MAML 算法流程图

（6）使用任务 n 的支持集，基于任务 n 的学习率 α_n 对每个任务的 $\hat{\theta}_n$ 进行 1 次优化，即使用式（7-12）更新 $\hat{\theta}_n$。

（7）基于优化后的 $\hat{\theta}_n$，使用查询集中的样本计算任务 n 的 LOSS——$l_n(\hat{\theta}_n)$，并计算 $l_n(\hat{\theta}_n)$ 对 $\hat{\theta}_n$ 的梯度。

（8）使用该梯度，乘以 meta 网络的学习率 β，再使用式（7-13），更新 θ^1 得到 θ^2。

（9）在训练任务上，重复执行（1）～（8），直到任务训练完成。

步骤 4：经过步骤 3 得到 meta 网络的参数，该参数可以直接用于测试任务中，使用测试任务中的支持集对 meta 网络的参数进行微调。

步骤 5：使用测试任务中的查询集进行测试验证，评估基于 MAML 算法的元学习模型在射频指纹小样本识别上的效果。

需要注意的是，meta 网络与子任务的网络结构必须完全相同，换而言之，外层与内层梯度下降依赖的模型，都采用相同的网络模型。此外，每个任务的参数 $\hat{\theta}_i$ 一般只更新一次。

本章模型的算法思想正是基于 MAML 算法变化得来的。在元训练阶段,梯度下降公式是基于 MAML 算法的变形公式,将会在下文中介绍。

由于深度神经网络直接应用在小样本数据上会出现过拟合,因此,在迁移过程中元学习模型需要对预训练模型中的特征提取器参数 Θ 进行调整。具体操作是在元学习模型中学习一对缩放参数 $\{\boldsymbol{\Phi}_1, \boldsymbol{\Phi}_2\}$,作用于模型中的参数 Θ,从而减少深度神经网络需要学习的参数,进而避免过拟合现象出现。对于特征提取器参数 Θ,设 X 为输入,W 为权重,b 为偏置。则 Θ 的表达式为

$$\Theta = WX + b \tag{7-14}$$

则经过放缩后的 Θ 的表达式为

$$\Theta = (W \odot \boldsymbol{\Phi}_1)X + (b + \boldsymbol{\Phi}_2) \tag{7-15}$$

$$L_D([\Theta, \theta_{\text{pre}}]) = \frac{1}{|D|} \sum_{i \in D} l_i(f_{[\Theta, \theta_{\text{prc}}]}) \tag{7-16}$$

$$[\Theta, \theta_{\text{pre}}] = [\Theta, \theta_{\text{pre}}] - a\nabla_{[\Theta, \theta_{\text{pre}}]} L_D([\Theta, \theta_{\text{pre}}]) \tag{7-17}$$

$$\theta_i' = \theta - \beta\nabla_\theta L_{T_i}(f_{[\Theta, \theta]}, \boldsymbol{\Phi}_{i \in \{1,2\}}) \tag{7-18}$$

$$\boldsymbol{\Phi}_{i \in \{1,2\}} = \boldsymbol{\Phi}_{i \in \{1,2\}} - \gamma\nabla\boldsymbol{\Phi}_{i \in \{1,2\}} \sum_{T_i \in T} L_{T_i}(f_{[\Theta, \theta_i']}, \boldsymbol{\Phi}_{i \in \{1,2\}}) \tag{7-19}$$

$$\theta = \theta - \gamma\nabla_\theta \sum_{T_i \in T} L_{T_i}(f_{[\Theta, \theta_i']}) \tag{7-20}$$

通常,损失函数用来评估一个模型拟合程度。当损失函数达到极小值时,意味着拟合程度最好,对应的模型参数即为局部最优参数。而损失函数通常使用梯度下降算法寻找其极小值。模型中反向传播(back propagation,BP)方法的核心就是对每层的权重参数不断使用梯度下降来进行优化。本节公式中采用的损失函数均为适用于二分类或多分类的交叉熵损失函数[14]。

元迁移学习模型的具体算法流程如表 7-2 所示。

表 7-2 元迁移学习算法

输入:	大样本 I/Q 信号样本数据集 D,小样本 I/Q 信号任务集合 T,学习率 α、β、γ;
输出:	元学习分类器参数 θ;
1:	初始化特征提取器参数 Θ,预训练模型分类器 θ_{pre};
2:	**for** i in D **do**
3:	由式(7-16)计算 $L_D([\Theta, \theta_{\text{pre}}])$;
4:	由式(7-17)更新预训练模型参数 Θ 和 θ_{pre};
5:	**end for**
6:	保留参数 Θ,舍去参数 θ_{pre},为元学习器初始化参数 θ、$\boldsymbol{\Phi}_1$、$\boldsymbol{\Phi}_2$;
7:	**while** not done **do**
8:	从任务集合 T 中随机采样 n 个训练任务 T_i,每个任务包含支持集和查询集;
9:	**for** all T_i **do**
10:	计算 $L_{T_i}(f_{[\Theta, \theta]})$;

11:	由式(7-18)更新 θ'_i ;
12:	**end for**
13:	由式(7-19)更新 $\boldsymbol{\Phi}_1$、$\boldsymbol{\Phi}_2$;
14:	由式(7-15)更新 Θ ;
15:	由式(7-20)更新 θ ;
16:	**end while**

（1）确定模型输入，如数据集、超参数等。主要包含 I/Q 信号大样本数据集 D、小样本 I/Q 信号训练任务集合 T、预训练网络模型学习率 α、元学习网络模型的任务学习率 β、元网络学习率 γ。

（2）算法步骤 1～步骤 5 为预训练阶段。对数据集 D 进行训练，式(7-16)计算损失函数值 $L_D([\Theta, \theta_{\text{pre}}])$ 并对其梯度下降，并由式(7-17)更新模型参数，经过 n 轮训练后，得到特征提取器参数 Θ。

（3）算法步骤 6～步骤 16 为元训练阶段。在算法步骤 6 中，θ 的初始化是随机的，而 $\boldsymbol{\Phi}_1$ 初始化为全 1 向量，$\boldsymbol{\Phi}_2$ 初始化为全 0 向量，用于缩放参数 Θ 的权重与偏置。算法步骤 7～步骤 16 的过程，与 MAML 算法流程类似，只是在训练过程中，除了对参数 θ 使用式(7-20)进行更新，还需要对特征提取器参数 Θ 的缩放参数 $\{\boldsymbol{\Phi}_1, \boldsymbol{\Phi}_2\}$ 使用式(7-19)进行更新，并使用式(7-15)缩放 Θ，以适应元学习网络模型。最后得到模型参数 θ。

（4）在元测试阶段使用新任务支持集训练微调参数 θ，使用查询集 I/Q 信号样本验证模型识别效果。

7.2.3　预训练网络模块设计

单纯地增加神经网络的宽度和深度容易出现梯度消失或梯度爆炸等问题，而且随着网络的增大，所引入的激活函数(ReLU)越来越多，数据映射到更加离散的空间，导致数据很难回到原点，出现退化现象[15]。因此，为解决这个问题，本模型采用残差神经网络作为预训练网络模型。残差网络主要特点是容易优化，并且能够通过增加深度来提高准确率，其内部的残差块使用了跳跃连接，使得在线性转换和非线性转换之间寻求一个平衡，缓解了深度神经网络增加深度和宽度后带来的梯度消失问题[16]。图 7-8 所示为残差网络的单元结构示意图，一般残差模块包含两个卷积操作，降采样残差模块则会增加一个 1×1 的卷积操作。

ResNet 通过在卷积层的输入和输出之间添加快捷连接，实现层数回退机制，输入 x 通过两个卷积层，得到特征变换后的输出 $F(x)$，与输入 x 进行相加运算，得到最终输出 $H(x)$。$H(x)$ 叫作残差模块(residual block，ResBlock)。由于被快捷连接包围的卷积神经网络需要学习映射，如式(7-21)所示，故称为残差网络。

$$F(x) = H(x) - x \tag{7-21}$$

为了能够满足输入 x 与卷积层的输出 $F(x)$ 能够相加运算，需要 x 与 $F(x)$ 的尺寸完全一致。当它们不一致时，一般通过在快捷连接上添加额外的卷积运算，使得输入 x 变换到与 $F(x)$ 相同的尺寸，如图 7-8 (a) 中 identity(x) 函数所示，通常 identity(x) 以 1×1 的卷积运算居多，主要用于调整输入的通道数。

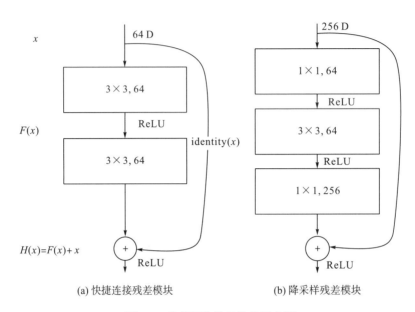

图 7-8　残差网络单元结构示意图

结合 I/Q 信号只有两路信息的特点，本模型的预训练网络模型如图 7-9 所示，具体卷积核参数如表 7-3 所示。首先对输入的 I/Q 信号进行一次 3×3 的卷积操作，通道数为 8，提取 I 路与 Q 路的基本特征信息。然后，将输出的中间结果经过批量归一化和非线性化，再将其作为输入 x 传递到残差神经网络模块中，这里的残差神经网络包含 3 个残差层，每个残差层又包含 4 个残差块，第一个残差块需要进行三次卷积操作，第一次使用 3×3、通道数为 8 的过滤器卷积后进行归一化和非线性化操作，第二次使用 3×3、通道数为 16 的过滤器卷积后，由于需要将第一层残差块的输出 $F(x)$ 与 x 相加得到 $H(x)$，为保证 $F(x)$ 与 x 的尺寸完全相同，需要对 x 进行一次 1×1 卷积调整通道数。再将 $H(x)$ 经过非线性激活函数以后，作为下一个残差块的输入，继续重复上述残差网络卷积操作。通过 3 个残差层的特征提取后，此时已经获取到 I/Q 信号上的许多特征，为了避免参数过多，需要采用平均池化层对其降参，得到的结果使用 Flatten 函数进行展开，到这一步就完成了预训练网络模型特征提取器的构建，即残差神经网络能够通过训练得到特征提取器参数 Θ。最后，将 Θ 输入全连接层进行分类，最终训练完成可以得到分类器模型参数。当然，这里更加注重的是特征提取器的设计与其参数 Θ。模型预训练完成后，将模型参数保存，作为下一阶段的元训练的初始化参数。

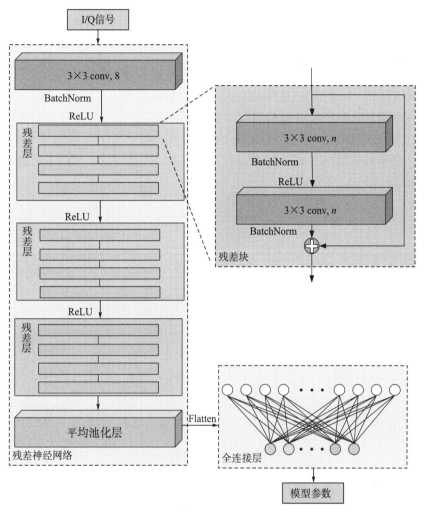

图 7-9 预训练模型结构

表 7-3 ResNet 结构表

层名称	ResNet
conv1	卷积核尺寸 3×3，8 通道，步长 1，1 填充
conv2_x	$\begin{bmatrix} 3\times3, & 8 \\ 3\times3, & 16 \\ 1\times1, & 16 \end{bmatrix}$ $\begin{bmatrix} 3\times3, & 16 \\ 3\times3, & 16 \end{bmatrix}\times3$
conv3_x	$\begin{bmatrix} 3\times3, & 16 \\ 3\times3, & 32 \\ 1\times1, & 32 \end{bmatrix}$ $\begin{bmatrix} 3\times3, & 32 \\ 3\times3, & 32 \end{bmatrix}\times3$
conv4_x	$\begin{bmatrix} 3\times3, & 32 \\ 3\times3, & 64 \\ 1\times1, & 64 \end{bmatrix}$ $\begin{bmatrix} 3\times3, & 64 \\ 3\times3, & 64 \end{bmatrix}\times3$
全连接层	均值池化，全连接，Softmax

7.2.4　元学习网络模块设计

元训练阶段会对预训练的模型参数进行缩放，具体实现过程如图 7-10 所示。即在每一步卷积操作中，加入一对缩放参数 $\{\Phi_1, \Phi_2\}$，对卷积核参数权重 W 和偏置 b 使用式 (7-15)缩放，使得特征提取器参数 Θ 能够适应元学习网络模型中的小样本学习任务[17]。缩放参数 $\{\Phi_1, \Phi_2\}$ 会在每一轮训练任务结束后，通过梯度下降随元学习器模型参数 θ 更新（见算法 7-1），更新后的放缩参数又应用到下一轮模型训练过程中，从而实现对特征提取器参数 Θ 的微调。

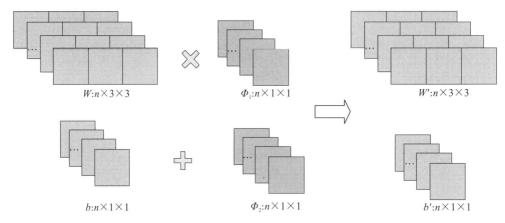

卷积核参数缩放公式：$\Theta=(W \times \Phi_1)X+(b+\Phi_2)=W'X+b'$

图 7-10　卷积核参数缩放示意图

因此，元学习网络模型与 7.2.3 节预训练网络模型结构相似，也采用残差神经网络进行特征提取，只是在构建残差块时，需要对网络的特征提取器参数进行缩放操作，残差神经网络结构的卷积操作略有不同。图 7-11 给出了元学习网络模型的结构图，与图 7-9 中预训练网络模型相比，主要差异在于卷积层。

预训练网络模型特征提取器的参数 Θ 会与 I/Q 信号一起被输入元学习网络模型中，此时的 I/Q 信号不再以样本为单位进行训练，而是以任务为单位，即一批任务作为一次元学习训练过程，而每个任务内包含支持集和查询集，可以看作一次子任务训练过程。首先，对训练任务支持集中的 I/Q 信号进行一次经过参数缩放的卷积操作，卷积核依旧为 3×3，通道数为 8，得到 I/Q 信号的基本特征，经过归一化和非线性激活函数之后，使用相同的三个残差层进行卷积操作，残差模块结构与预训练模型一样，只是每个模块中的卷积操作也会进行参数缩放；其次，采用平均池化层降参；最后，利用全连接层进行分类。这里的全连接层如图 7-12 所示，由 Linear 函数将 Flatten 函数展开的神经元数量映射为种类数，使用 Softmax 函数映射到 (0, 1) 区间得到概率分布，再使用概率计算交叉熵 Loss 值，由交叉熵 Loss 函数计算梯度，反馈给模型，进入下一轮训练，以更新模型参数。

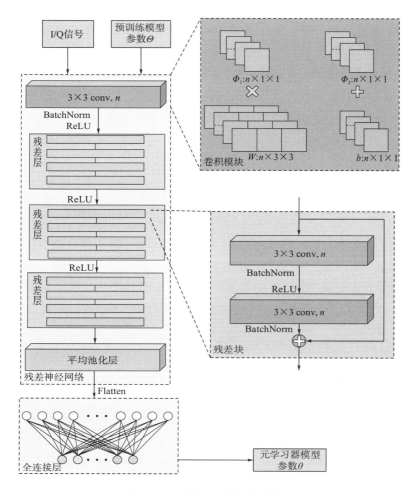

图 7-11　元学习网络模型结构图

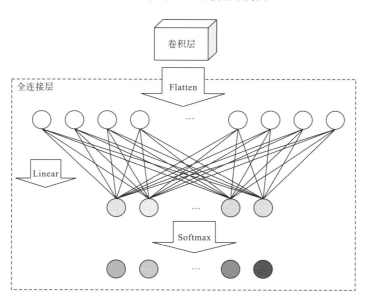

图 7-12　全连接层结构图

与 MAML 算法一样，子任务与元学习共用一个网络模型，每一个任务训练完毕以后得到任务的模型参数 θ_i'，一批任务训练完毕以后根据每个任务的模型参数 θ_i' 更新元学习器参数 θ。训练完成后得到一个适应所有训练任务的元学习分类器。当元测试阶段出现新任务时，使用元学习器的模型参数作为初始值，直接在新任务的支持集上训练微调参数 θ，使其能够识别查询集中属于支持集中 I/Q 信号对应的设备标签。

7.3　算法结果分析

7.3.1　射频指纹小样本学习验证

目前机器学习的评价指标有多种方式，对于分类模型，常见的评价指标有准确率、混淆矩阵、精确率、召回率、F1 值等，以二分类为例，表 7-4 给出了混淆矩阵。其中，TP 表示预测结果和真实结果都为正例的数量；FP 表示预测结果为反例而真实结果为正例的数量；FN 表示预测结果为正例而真实结果为反例的数量；TN 表示预测结果和真实结果都为正例的数量。

表 7-4　分类混淆矩阵

真实情况	预测结果	
	正例	反例
正例	TP(真正例)	FN(假反例)
反例	FP(假正例)	TN(真反例)

对于多分类问题，采用宏平均 F1(Macro F1)，将 n 分类的评价拆成 n 个二分类的评价，计算每个二分类的 F1 值后相加求平均值。微平均 F1(Miroc)则是将 n 分类的评价拆成 n 个二分类的评价，将 n 个二分类评价的 TP、FP、TN、FN 对应相加，计算评价准确率和召回率，由准确率和召回率计算得到 F1 值。

本节主要以准确率来评判模型的识别效果。此外，还将从模型性能方面，如模型训练速度、模型参数等作为参考指标，进而全方位地评价模型的实验效果。

7.3.2　仿真数据

为了测试前文设计的两个模型在射频指纹小样本数据集上的表现，本节选取真实的采集数据，对改进的匹配网络模型与元迁移学习模型进行测试。经过清洗和标注处理后，得到自建数据集。其中包含了 3 个相近频段的 12 个设备的原始 I/Q 数据，如表 7-5 所示。

图 7-13 展示了设备 I/Q 信号经过信道后的星座图。由于输入的 I/Q 信号实际上是采集样本的时间轨迹，需要进行适当的分割。本章提出的模型均是对固定长度的 I/Q 样本序列进行操作。一般来说，给定长度为 L 的 I/Q 信号序列，可以通过在 I/Q 样本序列上使用一个长度为 1 的滑动窗口来创建 $L-1$ 个子序列。子序列长度太短，提取出来的特征区别小，

不容易分类；子序列长度太长，提取的特征区别大，同一设备发射的信号可能被分类为两个设备。因此，本实验设置 $L=128$ 作为 I/Q 信号样本的序列长度。因为序列包含 I/Q 两路，所以每个 I/Q 信号样本的尺寸为 2×128。为了符合模型输入，在输入前对其进行变形为 16×16。

表 7-5　自建数据集数据情况

中心频点	频宽/kHz	设备名	数据量
1028MHz	25	device1_1	31809
		device1_2	166437
		device1_3	92867
		device1_4	43883
		device1_5	5754
1040MHz	25	device2_1	18110
		device2_2	77208
		device2_3	10514
1065MHz	28	device3_1	23384
		device3_2	19797
		device3_3	106738
		device3_4	21060

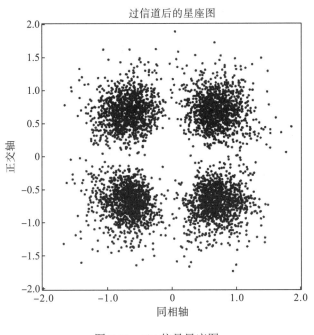

图 7-13　I/Q 信号星座图

7.3.3　仿真设计

将实验数据集划分为训练任务集和测试任务集。训练任务集包含 8 个设备，测试任务集包含 4 个设备。由于本节是模拟解决射频指纹小样本问题，因此，每个设备采样 600 个 I/Q 信号序列进行实验。如表 7-6 所示，训练任务集和测试任务集均包含 3 种中心频点的 I/Q 信号，以避免中心频点可能对实验结果产生的影响。接下来将对改进的匹配网络模型和元迁移学习模型进行实验设计。

表 7-6 数据集划分

任务集名称	中心频点/MHz	设备名
训练任务集	1028	device1_1
		device1_2
		device1_3
	1040	device2_1
		device2_2
	1065	device3_1
		device3_2
		device3_3
测试任务集	1065	device3_4
	1028	device1_4
		device1_5
	1040	device2_3

通过对元学习的训练任务和测试任务，以及任务的支持集与查询集的介绍，本节主要对模型进行 4-way 1-shot、4-way 5-shot、4-way 10-shot、4-way 15-shot 实验，其中，way 代表设备类别，shot 代表支持集的样本数量，即对于测试任务集，采样的每个任务的支持集包含 4 个类别，每个类别包含 1/5/10/15 个 I/Q 样本。元学习数据划分见表 7-7。使用训练任务进行元训练得到模型参数，使用测试任务进行元测试，验证元学习模型的学习效果。

表 7-7 元学习数据集划分

实验类型	任务名称	数据集名称	设备类别数	I/Q 样本数
4-way 1-shot	训练任务	支持集	4	1
		查询集	4	15
	测试任务	支持集	4	1
		查询集	4	1
4-way 5-shot	训练任务	支持集	4	1
		查询集	4	15
	测试任务	支持集	4	5
		查询集	4	1
4-way 10-shot	训练任务	支持集	4	1
		查询集	4	15
	测试任务	支持集	4	10
		查询集	4	1

实验类型	任务名称	数据集名称	设备类别数	I/Q 样本数
4-way 15-shot	训练任务	支持集	4	1
		查询集	4	15
	测试任务	支持集	4	5
		查询集	4	1

对于改进的匹配网络(matching nets(l2))模型,其比较模型包括:MAML 算法模型、改进前的匹配网络(matching nets(cosine))以及 FCE 模型。

对于元迁移学习(meta transfer learning,MTL)模型,需要使用预训练模型对上述 12 台设备的 I/Q 数据进行预训练,再进行元学习模型训练,然后与基于 MAML 算法的模型,以及上述的匹配网络模型进行对比实验,并记录最终的实验结果,对实验结果进行分析。

匹配网络模型部分参数设置如表 7-8 所示。

表 7-8　匹配网络模型部分参数设置

参数名	参数符号	参数值
学习率	lr	0.001
相似度计算公式	distance	COS/l2
迭代次数	epoch	50
是否使用 FCE	fce	True / False
初始通道数	input_channels	1

元迁移学习网络模型部分参数设置如表 7-9 所示。

表 7-9　元迁移学习网络模型部分参数设置

参数名	参数符号	参数值
预训练学习率	pre_lr	0.1
预训练迭代次数	pre_max_epoch	100
预训练学习步长	pre_step_size	30
预训练样本批次大小	pre_batch_size	128
任务学习率	inner_lr	0.01
元训练学习率	meta_lr	0.001
任务学习步长	inner_step_size	50
元训练学习步长	meta_step_size	10
元训练迭代次数	meta_max_epoch	100
元训练任务批次大小	num_batch	100

7.3.4 仿真结果与分析

1. 匹配网络模型识别结果与分析

实验结果证明，匹配网络模型可以应用于射频指纹小样本识别方法，并且有较为不错的识别效果。如表 7-10 所示，给出了改进前后的匹配网络模型与 MAML 算法模型的准确率对比结果。从表中可以看出，基于余弦距离相似度计算的匹配网络模型和 MAML 算法模型的识别准确率相差不大，而经过改进后的基于欧式距离相似度计算的匹配网络相较于前两者提高了 5%左右的准确率，验证了本章模型改进方案的有效性。

表 7-10　匹配网络模型准确率对比表(%)

模型名称	准确率			
	4-way 1-shot	4-way 5-shot	4-way 10-shot	4-way 15-shot
MAML	67.80	77.00	77.25	77.83
匹配网络(cosine)	69.25	78.50	78.63	78.70
匹配网络(cosine，fce)	70.75	79.75	—	—
匹配网络(l2)	74.50	84.63	84.25	84.50
匹配网络(l2，fce)	75.25	84.75	—	—

值得注意的是，无论匹配网络改进与否，全文嵌入(FCE)对于射频指纹小样本识别效果大约只有 1%的提升，如图 7-14 所示。可见 FCE 模块对于本章模型没有太多的帮助。这是因为对于图像识别，图片中存在很多无效的特征，特征空间较为复杂，全文嵌入能够帮助图像提取出有效的特征，而本章输入的 I/Q 信号数据每个点都是有效数据，特征空间比较简单，因此，FCE 模块对于匹配网络模型在射频指纹小样本上的识别效果提升不大。

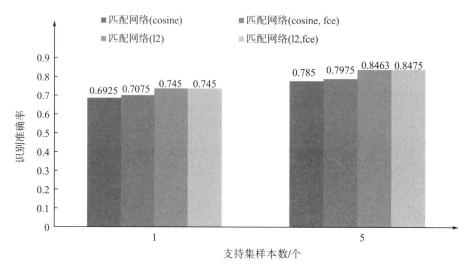

图 7-14　匹配网络模型是否使用 FCE 模块准确率对比图

此外，由图 7-15 可以看到，模型在 4-way 5-shot 任务上的识别准确率明显高于 4-way 1-shot 任务，但 4-way 10-shot 与 4-way 15-shot 任务的识别准确率基本与 4-way5shot 持平，可见，当 I/Q 信号类别不变时，随着支持集样本数量增加，模型的识别效果会有一定的提升，即适当增加测试任务支持集的样本数量，能够有效提高模型的识别效果。同理，当增加任务的类别，但支持集中每个类别数量很少时，模型的准确率识别效果也会有所下降。

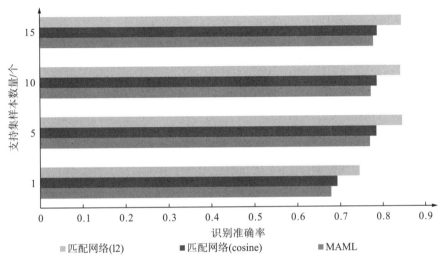

图 7-15　模型准确率对比图

除了对模型的准确率进行比较，本节还进行了训练时间与参数的对比。表 7-11 给出了各个模型的训练时长与模型参数量。MAML 与匹配网络均采用 4 层卷积进行特征提取，模型尺寸较小，所以参数量均在 11 万个左右，附加 FCE 模块的匹配网络模型参数量为 14 万个左右。虽然模型大小相同，但匹配网络模型比 MAML 算法模型的训练时间缩短了许多，这是因为 MAML 算法需要进行两次梯度下降计算，因此模型参数会进行两次运算，所以训练速度有所减慢。而匹配网络无须两次梯度下降，只需要计算特征之间的相似度距离，训练时间大幅度缩短。由此可见，匹配网络模型在射频指纹小样本识别上的性能优于 MAML 模型。

表 7-11　各模型 4-way 5-shot 任务训练时长与参数量对比表

模型名称	时间对比			参数对比
	每轮训练时长/s	总训练时长/s	推理时长/ms	参数量/个
MAML	50	2543	126	112196
匹配网络 (cosine)	6	311	16	111936
匹配网络 (cosine，fce)	7	424	21	148864
匹配网络 (l2)	6	309	16	111936
匹配网络 (l2，fce)	7	422	22	148864

由实验结果可知,本章改进后的匹配网络相较于 MAML 算法模型和原匹配网络模型,在射频指纹小样本识别上,无论是识别效果还是训练时长都有明显的优势,但准确率仍有提升的空间。

2. 元迁移学习模型识别结果与分析

任务设置在 4-way 5-shot 时就可以达到最好的识别效果,因此,本节只进行了 4 分类的 1shot 和 5shot 任务的测试实验。实验结果见表 7-12。

表 7-12　元迁移学习模型准确率与参数量对比表

模型名称	特征提取器	准确率/%		参数量/个
		4-way 1-shot	4-way 5-shot	
MAML	conv4	67.80	77.00	112196
匹配网络(12)	conv4	74.50	84.63	111936
MTL (pre)	ResNet	—	—	370735
MTL	ResNet	88.30	92.16	1408642

结合表 7-12 和图 7-16 可知,元迁移学习模型的射频指纹识别准确率远高于 MAML 算法和匹配网络的准确率,准确率可达 90%以上。实验结果证明,本章提出的元迁移学习模型,通过迁移学习将深度神经网络引入元学习模型中,来解决射频指纹小样本识别问题,是可行的,而且相较于传统的元学习模型有更优的识别效果。

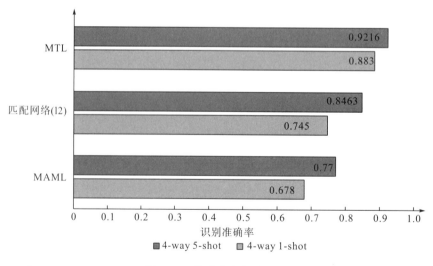

图 7-16　模型准确率对比图

虽然 MTL 模型在识别准确率上能够取得较好的效果,但是在训练时长和推理时长上的表现不如其余两个模型,如表 7-13 所示。这是因为 MTL 模型采用深度神经网络,所以参数量级是其余两个模型的十倍,模型参数越多,计算量越大,训练的时间也随之增加,可以理解为 MTL 模型是以时间为代价换取准确率的提升。因此，MTL 模型更适合离线训练后再应用到实际项目中。

表 7-13　各模型在 4-way 5-shot 任务上训练时间对比表

模型名称	特征提取器	每轮训练时长	总训练时长	推理时长
MAML	conv4	50s	2543s	126ms
匹配网络 (12)	conv4	6s	311s	16ms
MTL (pre)	ResNet	2.2min	3.7h	—
MTL	ResNet	2.7min	4.5h	2s

7.4　本 章 小 结

本章首先介绍了实验所需要环境以及数据集，然后根据匹配网络模型和元迁移学习模型进行实验设计。通过实验测试验证了本章提出的两个模型能够解决射频指纹小样本识别问题。经过实验结果对比，发现改进的匹配网络模型比未改进前提高了 5% 的准确率，最高识别准确率可达 84%，验证了改进的有效性，同时通过测试说明了 FCE 模块对射频指纹识别没有明显的提升效果。而元迁移学习模型的实验结果表明，通过结合迁移学习向元学习模型引入深度神经网络，能够提高模型的识别效果，最终的识别准确率可达 92%。最后通过对比本章提出的两个模型的实验结果发现，两者各有优点：匹配网络模型训练时长短，可用于在线实时射频指纹识别系统，而元迁移学习模型识别准确率高，可用于离线识别系统。

参 考 文 献

[1] Lukacs M, Collins P, Temple M. Classification performance using 'RF-DNA' fingerprinting of ultra-wideband noise waveforms[J]. Electronics Letters, 2015, 51(10): 787-789.

[2] Reising D R, Temple M A, Jackson J A. Authorized and rogue device discrimination using dimensionally reduced RF-DNA fingerprints[J]. IEEE Transactions on Information Forensics and Security, 2015, 10(6): 1180-1192.

[3] Hu S, Wang P, Peng Y, et al. Machine Learning for RF Fingerprinting Extraction and Identification of Soft-defined Radio Devices[M]. Singapore: Springer, 2020: 189-204.

[4] Merchant K, Revay S, Stantchev G, et al. Deep learning for RF device fingerprinting in cognitive communication networks[J]. IEEE Journal of Selected Topics in Signal Processing, 2018, 12(1): 160-167.

[5] Riyaz S, Sankhe K, Ioannidis S, et al. Deep learning convolutional neural networks for radio identification[J]. IEEE Communications Magazine, 2018, 56(9): 146-152.

[6] Wu Q, Feres C, Kuzmenko D, et al. Deep learning based RF fingerprinting for device identification and wireless security[J]. Electronics Letters, 2018, 54(24): 1405-1407.

[7] Youssef K, Bouchard L, Haigh K, et al. Machine learning approach to RF transmitter identification[J]. IEEE Journal of Radio Frequency Identification, 2018, 2(4): 197-205.

[8] Mendis G J, Wei-Kocsis J, Madanayake A. Deep learning based radio-signal identification with hardware design[J]. IEEE Transactions on Aerospace and Electronic Systems, 2019, 55(5): 2516-2531.

[9] Jian T, Rendon B C, Ojuba E, et al. Deep learning for RF fingerprinting: a massive experimental study[J]. IEEE Internet of Things Magazine, 2020, 3(1): 50-57.

[10] Peng K C, Wu Z, Ernst J. Zero-shot deep domain adaptation[C]//Proceedings of the European Conference on Computer Vision (ECCV), 2018: 764-781.

[11] Pal A, Balasubramanian V N. Zero-shot task transfer[C]//Proceedings of the IEEE/CVF Conference on Computer Vision and Pattern Recognition, 2019: 2189-2198.

[12] Ren M, Triantafillou E, Ravi S, et al. Meta-learning for semi-supervised few-shot classification[EB/OL]. (2018-03-02) [2023-09-01].https://arxiv.org/abs/1803.00676.

[13] Wang Y, Yao Q, Kwok J T, et al. Generalizing from a few examples: a survey on few-shot learning[J]. ACM computing surveys (csur), 2020, 53(3): 1-34.

[14] Creswell A, White T, Dumoulin V, et al. Generative adversarial networks: an overview[J]. IEEE Signal Processing Magazine, 2018, 35(1): 53-65.

[15] Zhang Y, Yang Q. An overview of multi-task learning[J]. National Science Review, 2018, 5(1): 30-43.

[16] 张钰, 刘建伟, 左信. 多任务学习[J]. 计算机学报, 2020, 43(7): 1340-1378.

[17] Zhang Y, Tang H, Jia K. Fine-grained visual categorization using meta-learning optimization with sample selection of auxiliary data[C]//Proceedings of the European Conference on Computer Vision(ECCV), 2018: 233-248.

第8章 资源受限环境下的射频指纹识别方法设计与实现

在射频指纹识别领域中，使用深度学习算法可以辅助科研人员进行设备的识别，通过深度学习的方式，可以减少在特征工程中的时间消耗，集中更多的精力在网络的设计与模型的部署上。目前对射频指纹识别的研究主要在复杂电磁环境和多设备等方向，对射频指纹部署应用的研究相对较少。5G 网络的发展导致越来越多的研究工作开始转向射频指纹识别方法的应用部署，随之而来的是更多新的挑战，如运行射频指纹识别模型的设备的计算、存储资源有限，如何在资源受限的设备上完成射频指纹的识别是亟待解决的一个问题。

目前的研究可以分为三个方向：一是对训练好的复杂模型进行压缩得到小模型；二是在模型的训练过程中引入量化节点，对模型的权重甚至激活值进行量化压缩，可以加快模型的训练速度和内存占用；三是对网络模型进行设计，通过直接训练一个小模型来达到预期的效果。无论如何，最终的目的都是在保持精度的前提下降低模型的大小，同时加快模型的收敛，提高模型的训练效率。

数字 I/Q 调制凭借高数据速率以及方便实现等特点，广泛应用于无线通信系统中，将原始数据比特流按照一定的调制规则映射到 I/Q 坐标中[1]。将完成数字调制后的数字 I 和 Q 信号，分别由 DAC 转换成模拟 I 和 Q 信号，最后经 I/Q 调制器上变频至射频频段，因此在 I/Q 信号中包含着一定的相位信息。

8.1 关键问题研究分析

目前射频指纹识别中常用的算法一般是基于 CNN 和 RNN 的相关方法，其中 RNN 类相关的方法由于会丢失 I/Q 信号的相位信息以及难以进行并行化加速，一般很少用于射频指纹的识别。因此大多数深度学习识别方法都是基于 CNN 或者其衍生算法，如 ResNet、VGG 等[2]。在本节中，将对 CNN 的计算流程进行分析，指出影响 CNN 计算速度和内存占用的主要原因。

假设模型输入的高度为 H_i、宽度为 W_i、通道数量为 M，输出层的高度为 H_o、宽度为 W_o、通道数量为 N，卷积核的尺寸为 $D_k \times D_k$，那么进行一次卷积运算的计算复杂度为

$$O_{stdConv} = D_k \times D_k \times M \times N \times H_o \times W_o \qquad (8\text{-}1)$$

对于全连接层来说，依然假设模型输入的高度为 H_i、宽度为 W_i、通道数量为 M，输出层的神经元的数量为 O，由于全连接层没有通道的含义，所以计算量会大大减少，那么全连接层的计算量为

$$O_{\text{fc}} = M \times O \times H_{\text{i}} \times W_{\text{i}} \qquad\qquad (8\text{-}2)$$

根据式(8-1)和式(8-2)可以看出，在卷积层的输入尺寸和输出尺寸一样的情况下，一般 $D_{\text{k}} \times D_{\text{k}} \times N$ 要大于 O 的数值，而且在常规的卷积神经网络中，卷积层的数量要高于全连接层的数量，全连接层的数量一般不会超过 3，因此模型训练的计算量将主要集中在卷积层的计算中。

在模型训练的过程中，除了模型计算需要消耗时间，对内存的访问、权重和激活值的存储也需要付出一定的代价，这里给出模型的参数数量的计算公式，其中卷积层和全连接层的参数计算方法分别为

$$(D_{\text{k}} \times D_{\text{k}} \times M + 1) \times N \qquad\qquad (8\text{-}3)$$

$$(H_{\text{i}} \times W_{\text{i}} \times M + 1) \times O \qquad\qquad (8\text{-}4)$$

式中，在括号内部的 1 代表权重计算公式中的偏置变量。

在卷积神经网络的结构中，输入层的尺寸是要远大于卷积核的尺寸的，同时全连接层神经元的数量也要远大于通道的数量，因此网络参数量的主要贡献来自全连接层。接下来将以表 8-1 中的网络为示例，对卷积神经网络的计算量和参数量进行定量分析[3]。

表 8-1　卷积神经网络的网络结果

层名称	输出尺寸	卷积核尺寸	步幅
Input	224×224×3	—	—
conv1	112×112×32	3×3×32	2
conv2	56×56×32	3×3×32	2
conv3	28×28×32	3×3×32	2
conv4	14×14×32	3×3×32	2
FC	1000	—	—
Softmax	10	—	—

表 8-1 中的神经网络只是一个简单的示例，真实的卷积神经网络要复杂得多，如 ResNet 的深度甚至可以达到 152 层，其中还包括池化层、ReLU 激活层等，这对模型的训练提出了更高的要求。接下来，将根据表 8-1 中的网络，对网络中的计算量和参数量进行定点分析，其中参数量和计算量的计算按照式(8-1)~式(8-4)进行计算。

根据表 8-2 中参数量和计算量的统计，可以计算出卷积层和全连接层中的资源消耗在整个网络中的比重，如表 8-3 所示。卷积层中的计算量占据了模型中的绝大部分，并且随着模型的加深，其占比将进一步增大，会使模型的计算规模进一步膨胀，同时参数的数量影响着模型的尺寸，可以在保证模型精度的前提下，尽可能地降低模型的尺寸，使其方便部署在更加轻量级的设备上。

表 8-2　网络中的参数量和计算量统计

层名称	参数量/个	计算量/百万个
conv1	896	10.80
conv2	9248	28.90

续表

层名称	参数量/个	计算量/百万个
conv3	9248	7.20
conv4	9248	1.80
FC	5409000	6.20
Softmax	10010	0.01

表 8-3　卷积神经网络中计算量和参数量的占比（%）

网络类型	计算量占比	参数量占比
卷积层	88.7	0.5
全连接层	11.3	99.5

8.2　对计算复杂度问题的研究

关于小型高效的神经网络的研究越来越多，常用的方法可以分为压缩预训练网络或者直接训练小型网络。文献[3]中搭建了一个扁平的完全分解卷积的网络，展示了极度分解网络的潜力。Factorized Networks[4]中引入了类似的分解卷积以及拓扑连接的使用，以此来构建一个轻量级的卷积神经网络。文献[5]中引入了一种深度可分离卷积（depthwise separable convolution，DSC）的思想，相对于标准卷积，深度可分离卷积可以大大降低计算量。这种思想在后来著名的轻量型网络 MobileNet 和 ShuffleNet 中都得到了应用并取得了很好的效果。因此，本章也同样将这种思想借鉴到了射频指纹识别模型中，达到模型对计算资源要求降低的效果。

获得小型网络的另一种方法是收缩、分解或压缩预训练网络，例如，通过基于乘积量化[6]、散列[7]、剪枝、矢量量化和霍夫曼编码[8]等方式进行压缩。除此之外，知识蒸馏也是一种常用的方法，它使用一个较大的网络来训练较小的网络，但是在资源受限的情况下，通过这种方式需要首先在本地训练一个较大型的网络或者通过网络接收一个中心服务器下发的大型网络，这是有一定困难的，所以这种方式一般用于在中心服务器中训练一个小模型，然后直接将小模型下发到需要进行识别分类任务的设备中。在本章中，主要是借鉴了模型量化中的一些思路，将 Float32 的浮点运算量化到 Int8 的定点运算，进而减少对算力资源的要求。

8.2.1　深度可分离卷积

深度可分离卷积是因子化卷积的一种形式，其将标准卷积分解为深度方向上的卷积，即深度卷积（depthwise convolution）和卷积核为 1×1 的点卷积（pointwise convolution）。深度卷积中的卷积核只应用于输入层的其中一个通道上，然后通过点卷积使用 1×1 的卷积核进行深度卷积的合并输出。标准卷积是在一个步骤中既完成卷积核的卷积工作又完成对于输入层中通道信息的合并交互。深度可分离卷积将其分为一个单独的过滤层和一个单独的组合层，这种分解的效果可以极大地减少计算量并缩减模型的大小。在图 8-1 中展示了标准卷积如何被分解为深度卷积和点卷积。标准卷积操作的目的是通过卷积核对特征进行过滤和组合，以产生一个新的表示。使用深度可分离卷积的方式将其拆分成了两个步骤，以打破计算量计算公式中的输出通道和卷积核之间的交互。

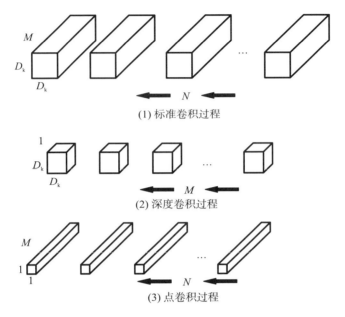

(1) 标准卷积过程

(2) 深度卷积过程

(3) 点卷积过程

图 8-1　深度可分离卷积分解过程

深度可分离卷积由两层组成：深度卷积和点卷积。使用深度卷积来为每个输入通道设置一个过滤器，点卷积使用了一个 1×1 的卷积核对深度卷积的结果进行线性组合，这两个卷积操作均使用 ReLU 函数进行激活。

基于深度可分离卷积的过程，可以类似地得到深度卷积和点卷积计算规模的计算公式，分别为式 (8-5) 和式 (8-6)。式中的符号含义与 8.1 节保持一致。

$$O_{\text{depthConv}} = D_k \times D_k \times M \times H_o \times W_o \tag{8-5}$$

$$O_{\text{pointConv}} = M \times N \times H_o \times W_o \tag{8-6}$$

进行深度卷积之后再使用点卷积是十分必要的，深度卷积相对于标准卷积，只是对输入通道进行过滤操作，并没有将不同的通道结合起来创造新的特征，因此需要一个额外的层，通过使用 1×1 的卷积核来对不同通道的输出进行线性组合的方式产生新的特征。深度卷积和点卷积共同组合成了深度可卷积，所以深度可分离卷积的成本可以写成

$$O_{\text{DSC}} = O_{\text{depthConv}} + O_{\text{pointConv}} \tag{8-7}$$

将标准卷积表达为过滤和组合的过程，可以实现计算量的显著降低，降低的比例可以按照式 (8-8) 进行计算。

$$C = \frac{O_{\text{DSC}}}{O_{\text{stdConv}}} = \frac{1}{N} + \frac{1}{D_k^2} \tag{8-8}$$

根据式 (8-8) 可以看出，当输出通道的数量较多时，降低的比例主要受卷积核尺寸的影响，例如，当使用 3×3 大小的卷积核时，深度可分离卷积的方式要比标准卷积的计算量

下降 88%左右，但是不可避免地会错失一些特征导致模型的准确率小幅下降，不过可以根据对应的训练任务进行模型的微调，将这种影响尽可能地降低。

8.2.2　模型量化

模型量化是指将 CNN 的权重或者激活值从 32 位浮点类型变成较低比特数字的表示。这种方法被三元权重网络[9](ternary weight network，TWN)、二元神经网络[10](binary neural network，BNN)等低比特量化方案使用。在许多对权重进行量化的方法[11]中，对实际的硬件并没有带来可验证性的效率的提高，因为这些方法主要关注的是这些权重在设备上的存储，而不是计算效率。但是像 TWN、BNN 和位移网络等的实现，采用的是将权重压缩到 2 的幂次的级别，甚至压缩到了 2 的 0 次幂的水平，这使得一些乘法计算可以通过比特位移的方法来进行识别。虽然位移操作在定制硬件中可能很有效，但对现有普通硬件上的乘加指令几乎没有帮助。此外，只有在操作数的比特位很宽的情况下，乘法的代价才会比较高，在当权重和操作都被量化的时候，避免出现乘法的必要性会随着量化后的比特位的加深而减少。

模型量化有很多种实现方法，但主要分为两大类：一类是在模型训练的过程中进行量化的量化感知训练方法；另一类是在模型使用全精度训练完成之后再进行量化的后训练量化方法。就目前的发展来说，虽然量化感知训练的收益比较明显，但是实际应用起来却比后训练量化的方法困难。目前主流的模型训练推理框架都支持后训练量化，用户只需要把模型和数据加载进来，然后使用量化模块进行微调，就可以完成模型的量化并直接应用于模型的部署。但目前却很少有框架支持量化感知训练。目前量化感知训练缺少业内定义的规范，各个训练推理引擎中使用的量化算法本质上是一致的，处理的细节却很难进行统一。目前训练推理所使用的前端框架是不统一的，不同的引擎生产厂商需要支持不同前端的量化感知训练，这就需要针对对应的前端框架，按照部署时的实现规则，重新再构建一套新的量化训练框架，这个工作量是十分惊人的。因此现有工业界应用较多的模型量化方法大多是基于后训练量化的方案进行构建的。

本章借鉴了文献[12]中采用的量化方案，在训练过程中使用浮点数进行运算，在推理过程中使用量化后的数值进行运算，同时保持这两种方式的对应关系。这里用 r 表示量化之前的浮点数，q 表示量化之后的定点整数，那么整数和浮点数之间的换算公式可以表示为

$$q = \text{round}\left(\frac{r}{S} + Z\right) \tag{8-9}$$

$$r = S(q - Z) \tag{8-10}$$

式中，S 是 scale，表示整数和浮点数之间的比例关系；Z 是量化后的零点，指的是量化前的零值经过量化后对应的整数。其计算公式分别为

$$S = \frac{r_{max} - r_{min}}{q_{max} - q_{min}} \tag{8-11}$$

$$Z = \text{round}\left(q_{max} - \frac{r_{max}}{S}\right) \tag{8-12}$$

式中，r_{min} 和 r_{max} 分别是 r 的最小值和最大值；q_{min} 和 q_{max} 分别是 q 的最小值和最大值。定点整数的零点代表的是量化前的浮点数中的 0，根据式(8-10)可以推断出两者之间不存在精度的损失，如当 $r=0$ 时，可以得到 $q=Z$，这样在卷积网络中发生零值填充时，填充的浮点数 0 和量化后的零值完全等价，进而保证定点数和浮点数之间的表征能够保持一致。

卷积神经网络中的卷积层和全连接层在本质上都是矩阵的乘法，假设 r_1、r_2 是量化前浮点数上的两个 $N \times N$ 矩阵，r_3 是 r_1、r_2 相乘后的矩阵，则有

$$r_3^{i,k} = \sum_{j=1}^{N} r_1^{i,j} r_2^{j,k} \tag{8-13}$$

同时，假设 S_1、Z_1 是矩阵 r_1 对应的 scale 和量化后的零值，q_1 是对 r_1 矩阵量化之后的矩阵，S_2、Z_2、q_2、S_3、Z_3、q_3 与之同理，则由式(8-13)可得

$$S_3(q_3^{i,k} - Z_3) = \sum_{j=1}^{N} S_1(q_1^{i,j} - Z_1)S_2(q_2^{j,k} - Z_2) \tag{8-14}$$

进行变形之后可得

$$q_3^{i,k} = \frac{S_1 S_2}{S_3} \sum_{j=1}^{N} (q_1^{i,j} - Z_1)(q_2^{j,k} - Z_2) + Z_3 \tag{8-15}$$

对式(8-15)进行分析之后可以发现，除了 $\frac{S_1 S_2}{S_3}$ 包含浮点数运算，其他的都是定点的整数运算。假设 $M = \frac{S_1 S_2}{S_3}$，根据大量的统计实验中的结果，M 通常是(0, 1)之间的浮点数，因此可以将其表示成 $M = 2^{-n} M_0$，其中 M_0 是一个待确定的定点实数，这里的定点实数并不意味着 M_0 是一个整数，而是指其小数点的位置是固定的。因此，可以通过对 M_0 的位移操作实现 $2^{-n} M_0$ 的计算，从而将计算 M 所需的浮点型的计算变换成整数运算。同时，将 $M = \frac{S_1 S_2}{S_3}$ 代入式(8-15)，就可以得到完全在整数域上的计算式。

$$q_3^{i,k} = M \sum_{j=1}^{N} (q_1^{i,j} - Z_1)(q_2^{j,k} - Z_2) + Z_3 = MP + Z_3 \tag{8-16}$$

式中，P 是在一个定点域上计算好的整数，M 可以通过对 S 进行事先的计算获得，通过一定的计算，可以获得 M_0 和 n 的数值。这样则将整个浮点型的矩阵运算转换成了整数型的矩阵运算，实现了浮点矩阵乘法的量化。

根据之前的分析，卷积层中的核心要素是卷积操作，也是 CNN 中贡献计算的核心部分，对卷积的操作也需要进行量化。假设输入向量为 x，可以在输入之前统计出输入样本中的最大值和最小值，然后计算出 S_x (scale) 和 Z_x (zero point)。同样地，假设 conv 层、FC 层的权重为 w_1、w_2，scale 和量化后的零值为 S_{w_1}、Z_{w_1}、S_{w_2}、Z_{w_2}，假设中间层的激活值为 a_1、a_2，并统计出其 scale 和量化后的零值为 S_{a_1}、Z_{a_1}、S_{a_2}、Z_{a_2}。因为卷积运算和全连接层的运算本质上都是矩阵运算，根据前面的理论，可以将卷积运算表示为

$$q_{a_1}^{i,k} = M \sum_{j=1}^{N} (q_x^{i,j} - Z_x)(q_{w_1}^{j,k} - Z_{w_1}) + Z_{a_1} \tag{8-17}$$

式中，$M = \dfrac{S_{w_1} S_x}{S_{a_1}}$。在推理过程中，不再需要将输出反量化回 a_1，直接用 q_{a_1} 执行后面的计算即可。

对于 ReLU 层的量化，计算公式从 $\boldsymbol{q}_{a_2} = \max\left(\boldsymbol{q}_{a_1}, 0\right)$ 转为 $\boldsymbol{q}_{a_2} = \max\left(\boldsymbol{q}_{a_1},\ Z_{a_1}\right)$ 并且 $S_{a_2} = S_{a_1}$、$Z_{a_2} = Z_{a_1}$。在得到 $\boldsymbol{q}_{a_2}$ 的值后，可以使用式(8-16)来计算全连接层。同时，假设网络的输出为 y，对应的 scale 和量化之后的零值为 S_y 和 Z_y，则全连接层经过量化之后可以用式(8-18)表示，再通过式(8-19)把量化之后的结果进行反量化，就可以得到近似全精度模型的输出。

$$\boldsymbol{q}_y^{i,k} = M \sum_{j=1}^{N} (\boldsymbol{q}_{a_2}^{i,j} - Z_{a_2})(\boldsymbol{q}_{w_2}^{i,k} - Z_{w_2}) + Z_y \tag{8-18}$$

$$y = S_y(q_y - Z_y) \tag{8-19}$$

可以看到，卷积网络的整个计算流程使用的都是定点的整数运算，在使用全精度对模型进行训练之后，可以统计出权重以及中间激活值的最大值、最小值，以此来计算 scale 和量化后的零值，再把整个网络的权重量化成 int8 型的整数后，便完成了对整个网络的量化工作，之后就可以进行模型的部署和推理工作。

8.2.3 BN 层

近年来，随着深度学习的迅猛发展，训练样本的数据量也逐年增加，将样本一次性参与运算是难以实现的，这种情况下，小批量(mini-batch)和随机梯度下降成为训练深度学习网络的主流方式。虽然随机梯度下降算法对于训练深度网络有很大的帮助，但是需要人为选择参数，比如权重衰减系数、学习率等，这些参数的选择，影响最终模型的训练结果。同时，深度网络一般是很多层的叠加，每一层参数的更新会导致前一层输入数据分布发生变化，经过网络的层层叠加，这种情况会更加明显，导致需要不断适应之前参数的更新。文献[13]中提出了一种批量归一化(batch normalization)算法来解决这个问题。

假设当前网络层的输入为 x，归一化的思想就是在将输入样本进行计算之前，先对其进行伸缩和平移变换，将输入样本的分布规范到固定区间范围的标准分布，其通用的变换公式为

$$h = f\left(g \cdot \frac{x - \mu}{\sigma} + b\right) \tag{8-20}$$

$$\hat{x} = \frac{x - \mu}{\sigma} \tag{8-21}$$

$$y = g \cdot \hat{x} + b \tag{8-22}$$

式中，μ 代表平移参数；σ 代表缩放参数，按照式(8-21)进行平移和缩放变换，得到符合均值为 0、方差为 1 的标准分布；b 代表再平移参数；z 代表再缩放参数，对式(8-21)中的 $\hat{x}$ 按照式(8-22)进行变换，最终得到符合均值为 b、方差为 g^2 的分布。

进行重新变换的原因在于防止模型的表达能力因为数据的规范化而下降，同时也是为了保证非线性函数的表达能力。非线性激活函数在神经网络中具有十分重要的作用，通过

饱和与非饱和的区分，让神经网络具有了非线性计算的能力，Normalization 中的归一化过程会将输入数据映射到激活函数的线性区，只将线性部分的能力向后进行了传递，导致神经网络表达能力的降低，通过再次变换，将数据从线性区变换到非线性区，还原模型的表达能力。

batch normalization 的规范化针对单个神经元，利用 batch 中的 mini-batch 样本来计算该神经元输入样本的均值和方差，对进行归一化时用到的均值和方差给出了新的计算方式，计算公式如下

$$\mu_i = \frac{1}{M} \sum x_i \tag{8-23}$$

$$\sigma_i = \sqrt{\frac{1}{M} \sum (x_i - \mu_i)^2 + \varepsilon} \tag{8-24}$$

式中，M 表示在训练时预先指定的 mini-batch 的大小。BN 对每个输入维度的 x_i 进行归一化，但用到的参数是每个 mini-batch 的一阶和二阶统计量。这要求每个 mini-batch 中的数据应该和整体的样本数据尽可能保持相同的分布，轻微的分布漂移可以认为是对数据的归一化操作和模型训练引入的噪声，可以增加模型的鲁棒性。如果每个 mini-batch 中的数据分布都与整体样本的分布差异较大，则会增加模型的训练难度。因此在使用 BN 层的时候，应该尽可能地让 mini-batch 的尺寸更大，使每个 min-batch 中的数据分布接近整体分布。

通过添加 BN 层，可以有效防止过拟合、控制梯度以及加快网络训练和收敛。如果每层的数据分布都有差异，会导致网络的训练变得困难，而且也需要经过多个轮次之后才能进行收敛，BN 层通过让数据的分布保持统一，加快了网络的收敛速度。如果网络的激活值很大，那么其对应的梯度就相对较小，网络的学习速率也会相对较慢，使用 BN 层进行归一化之后，网络的输出就会保持在可控的范围内，梯度就不会很小，可以有效地缓解梯度消失的问题。在网络的训练过程中，BN 层的使用，让同一个 mini-batch 内的样本关联在一起，因此一个样本的输出值不仅取决于当前样本的值，同样也取决于同 batch 内的其他样本，通过随机选取样本的方式，可以避免网络一直向错误的方向学习，进而在一定程度上起到了防止过拟合的效果。

需要注意的是，BN 层一般在卷积层之后，而不是放在激活层之后的，这主要是因为激活函数的输出会随着网络的训练发生变化，进行归一化操作无法消除掉其方差偏移。例如，当激活函数为 ReLU 时，假设上一层数据的输出是接近高斯分布的，但是经过激活函数的作用之后，小于 0 的激活值被抑制，变成一个非对称、非高斯分布函数。而卷积层和全连接层的输出矩阵一般是对称的、非稀疏的，更加类似高斯分布，因此对其进行归一化后会产生更加稳定的分布。

8.3　基于深度可分离卷积和模型量化的射频指纹识别模型

针对资源受限的场景，本节提出一个基于深度可分离卷积和模型量化的射频指纹识别模型。使用 8.2 节中提及的深度可分离卷积替代射频指纹识别模型中的常规卷积模块，

同时在每个卷积层之后加入一个 BN 层来对卷积层之后的输出进行归一化,以加快模型的收敛,之后将归一化后的输出输入到 ReLU 层中进行激活。本节参考了文献[14]中的研究,放弃了大型卷积网络,如 ResNet、VGG 等,改用较少的卷积层来进行训练。由于射频指纹数据相对于目标检测、图像处理等任务来说,输入数据是稠密的向量,本节将输入的射频信号分成 I/Q 两路,并截取成 2×128 的输入格式,在第一个卷积层使用 1×1 的卷积核进行标准卷积,达到通道增强的效果,以便可以学习到更多的特征。同时针对射频指纹中包含了 I/Q 两路的信息,本节首先使用横向的卷积核来对同路的输入进行信息交互,再使用纵向的卷积核对 I/Q 两路的信息进行交互,使得最后输入全连接层中的特征既包含了 I 路的信息、Q 路的信息,也包含了 I/Q 两路的交互信息。同时,本节针对射频指纹数据是稠密向量的特点,取消了使用池化层进行下采样的方式,因为池化层会损失掉大量的有益特征。本节设计的基于深度可分离卷积的射频指纹识别模型结构如图 8-2 所示。

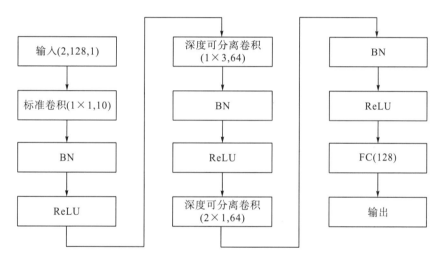

图 8-2　基于深度可分离卷积的射频指纹识别模型结构

　　图 8-2 中的识别模型结构中的深度可分离卷积模块中包含了深度卷积和点卷积两个部分,以射频指纹识别模型结构中的第一个深度可分离卷积模块为例,其内部的结构如图 8-3 所示。

　　本章中提到的基于深度可分离卷积和模型量化的射频指纹模型采用全精度的计算参与训练,并采用了训练后量化(post-training quantization,PTQ)的方式进行量化。当模型训练完成之后,选择具体的量化技术,根据 8.2.2 节中的方式对原始模型进行量化,量化完成之后的模型可以直接进行部署,以此来加快模型的推理过程。本节的射频指纹识别模型采用了动态范围量化(dynamic range quantization,DRQ)的方式进行量化,即会根据模型中激活值的范围,将其量化为 int8 类型,在和权重进行计算时也是基于 int8 类型进行计算的,虽然速度稍慢于全整型量化(full integer quantization,FIQ),但是准确度得到了保证。图 8-4 展示了该模型的训练量化流程。

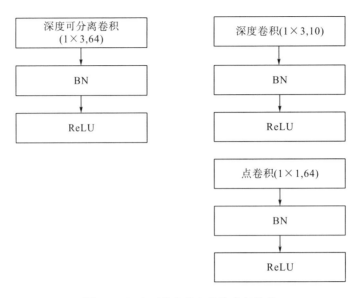

图 8-3   深度可分离卷积模块内部结构

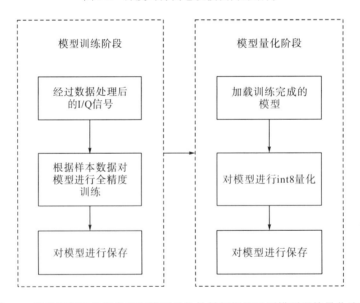

图 8-4   基于深度可分离卷积和模型量化的射频指纹识别模型训练量化流程

8.4   算法结果分析

搭建实验环境，对模型中提到的方法进行实验验证和分析。在本节中，首先对实验的环境与配置进行了阐述，然后对实验所涉及的数据集进行了介绍。同时，对本章提出的模型与基线模型做对比，证明了本节的改进是有效的。通过对比 8.3 节中提出的训练模型与基线模型的准确率和训练速度，发现本模型中使用的深度可分离卷积和卷积核的调整对射频指纹的识别效果有很大提升。

8.4.1　数据集

为了测试本章提出的基于深度可分离卷积和模型量化的射频指纹识别模型性能,本章所使用的真实数据均来自实验室采集的信号数据。对原始数据进行处理和清洗之后,得到自建数据集 RF_Dataset。其中包含了 3 个相近频段的 12 个设备原始 I/Q 数据,如表 8-4 所示。

表 8-4　自建数据集数据情况

中心频点	频宽/kHz	设备名	数据量
1028MHz	25	device1_1	31809
		device1_2	166437
		device1_3	92867
		device1_4	43883
		device1_5	5754
1040MHz	25	device2_1	18110
		device2_2	77208
		device2_3	10514
1065MHz	28	device3_1	23384
		device3_2	19797
		device3_3	106738
		device3_4	21060

对各个设备的数据进行均匀抽样,共约 25 万条数据。将数据按照 6∶2∶2 的比例划分为训练集、验证集和测试集用于模型的训练和性能测试。图 8-5 中展示了部分设备的信号星座图。

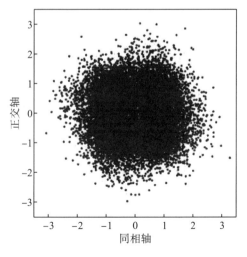

图 8-5　部分设备的信号星座图

8.4.2　评价指标

在射频指纹识别任务中,对识别模型的性能进行评估是十分必要的,本节采用了多分类任务中常用的评价指标准确率(accuracy),它表示的是分类正确的样本数量占据总样本数量的比例。由于该指标是对所有类别的准确率进行了平均,缺乏对某个类别的分类性能的评估,所以本节也使用了对所有类别的分类效果进行评估的评价方式。

具体步骤如下:首先,通过将多分类任务中的类别简化为自身类别和其他类别,变成二分类的任务;然后计算每个类别的精确率(precision)、召回率(recall)和 F1 值(F1-measure)。其中,precision 表示预测正确的正样本的数量占据所有正样本数量的比例;recall 表示预测正确的正样本的数量占据所有预测正确的样本数量的比例;F1 值一个相对综合的指标,综合考虑了 precision 和 recall,这三个评价指标的计算公式分别为

$$P_{\text{precision}} = \frac{\text{TP}}{\text{TP} + \text{FP}} \tag{8-25}$$

$$r_{\text{recall}} = \frac{\text{TP}}{\text{TP+FN}} \tag{8-26}$$

$$F = 2 \times \frac{r_{\text{recall}} \times p_{\text{precision}}}{r_{\text{recall}} + p_{\text{precision}}} \tag{8-27}$$

可以看到,F1 值综合考虑了精确率和召回率,可以作为本章的评价指标。其值越大,说明模型的性能越好。因此,本章统计了测试结果中全部类别的最大和最小的 F1 值,进而评价出在相近的模型精度下更具有鲁棒性的模型。

此外,本节对射频指纹识别模型进行了优化,降低了模型的计算量和参数量,模型的训练时间、占用的存储空间也是需要考虑的评价指标。同时,本节使用了模型量化方法对训练后的模型进行量化,以加速推理过程,因此模型的推理时间也是一个需要考虑的因素。

8.4.3　Loss 函数与实验参数

本节中的所有实验,均采用多分类任务中常用的交叉熵损失函数作为模型训练的损失计算函数,同时使用 Adam 作为训练的优化器进行训练,使用的学习率为 10^{-4},Batch Size 的大小设置为 512,具体的参数设置如表 8-5 所示。

表 8-5　实验参数设置

参数	值
Learning Rate	10^{-4}
Batch Size	512
Optimizer	Adam
Adam_beta_1	0.9
Adam_beta_2	0.999
Loss	交叉熵损失函数

此外，本章使用了早停法(early stopping)技术来避免训练过多轮次导致的模型过拟合现象，表 8-6 展示了具体的参数设置。

表 8-6　早停法参数设置

参数	值
Monitor	Val_accuracy
Min_delta	0.001
Patience	5

8.4.4　实验结果与分析

在本节中，所有的实验均在第 8.4.1 节中介绍的实验环境下进行实验对比，需要强调的是，由于对资源受限场景的考虑，所有的实验均在 CPU 上进行训练和测试。

现有的射频指纹识别模型大多考虑的是其他复杂环境下的识别，缺少对资源受限环境下射频指纹识别的研究。文献[15]中提出了一个两层 CNN 的网络结构(CNN-2)来实现对 Wi-Fi 信号的识别，同时文献[16]中同样提出了一个基于两层 CNN 结构的识别模型，它们的区别在于前者取消了池化层的设计，并取得了较高的准确率。因此使用文献[15]中的模型作为本章中的对比模型进行实验是可行的。同时将 CNN 中的经典模型 LeNet-5、ResNet-18 也作为对比模型进行识别，但是这两个模型的表现相对较差，训练时间很长，需要训练很久才能达到收敛，而且存在过拟合的现象，不适用于资源受限的场景，后续的对比中将不再使用，具体可以参照表 8-7 和表 8-8 中的结果。图 8-6 展示了 LeNet-5 的训练过程。

表 8-7　不同模型的实验性能对比

模型名称	准确率/%	最大 F1 值	最小 F1 值	参数量/百万个	模型尺寸/MB
DSCNet	98.7	1.00	0.979	1.03	12.9
CNN-2	91.2	0.96	0.868	1.54	18.5
LeNet-5	94.4	1.00	0.895	1.08	13.2
ResNet-18	91.7	1.00	0.827	0.20	2.5

表 8-8　不同模型的时间相关对比

模型名称	每轮次训练时间/s	总训练时长/s	推理时间/ms
DSCNet	23	564	51
CNN-2	24	635	53
LeNet-5	58	6024	55
ResNet-18	347	20548	67

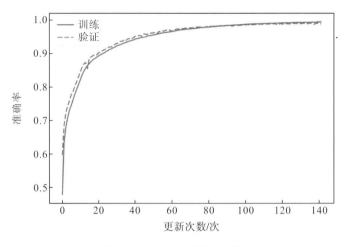

图 8-6   LeNet-5 的训练过程

　　将本章提出的 DSCNet 与其他的对比模型进行全面的性能对比评估。可以观测到，DSCNet 在 RF_Dataset 上的准确率明显高于其他模型，在模型的训练速度上，比其他模型快了约 70s，模型尺寸下降 32%。本章提出的 DSCNet 模型无论是在准确率、训练速度，还是在模型的尺寸、量化前推理速度上均优于 CNN-2。表 8-9 中给出了不同模型每轮次的训练时长、总的训练时间以及量化前推理时间的对比。

表 8-9   深度可分离卷积在不同模型上的表现

模型名称	模型准确率/%	每轮次时间/s	总训练时长/s
DSCNet	98.7	23	564
DSCNet-NoDSC	98.9	35	643
CNN-2	91.2	24	635
CNN-2+DSC	90.7	19	813

　　将 CNN-2 作为本章中提出的 DSCNet 的对比方法，验证了 DSCNet 中使用的通道增强、深度可分离卷积、不同卷积核的选择以及模型后训练量化等方法的有效性和局限性。
　　首先，本章通过实验证明了深度可分离卷积的必要性，通过对比 DSCNet 和 CNN-2，分析了使用深度可分离卷积对模型性能的影响。图 8-7 展示了深度可分离卷积对模型收敛的影响。表 8-9 展示了这四种模型对准确率、每轮次时间和总训练时长的影响。可以看出，模型在使用深度可分离模块进行改造之后，其收敛的轮次相对增加，这是因为深度可分离卷积的操作降低了模型的计算量，需要多几个轮次的训练才能达到模型收敛的要求。同时可以看出，使用深度可分离卷积之后，模型的精度发生了轻微的下降，但是模型整体的训练时长减少。不过 CNN-2 在使用了深度可分离卷积的方法之后，模型虽然单轮次的训练时长减少，模型的收敛速度却大大降低，也从侧面说明了在使用深度可分离卷积模块时，需要搭配其他加快模型收敛的方式。

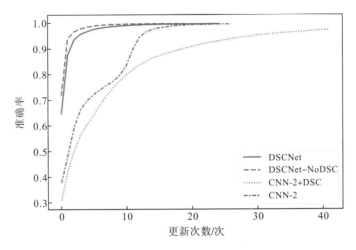

图 8-7　深度可分离卷积对模型收敛的影响

　　然后,通过实验证明了本章中使用的通过 1×1 卷积核对模型的输入进行通道增强可以加快模型的收敛并且提高模型的准确率,同时也会增加模型的计算量。通过整体对比来看,虽然增加了一定的单轮次计算量,但是换来了整体的训练时长的减少和模型精度的提升,是值得的。图 8-8 展示了通道增强对 DSCNet 和 CNN-2 的收敛情况的影响,表 8-10 中对比了通道增强对不同模型的精度和时间的干扰情况。

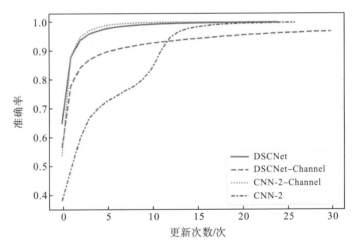

图 8-8　通道增强对模型收敛的影响

表 8-10　通道增强在不同模型上的表现

模型名称	模型准确率/%	每轮次时间/s	总训练时长/s
DSCNet	98.7	23	564
DSCNet-Channel	94.6	21	637
CNN-2	91.2	24	635
CNN-2-Channel	96.7	37	711

同时，本章还通过实验对比了不同大小的卷积核对模型准确率的影响，如图 8-9 所示，可以看出使用较小的卷积核可以提升模型的准确率，理论上来说，根据式(8-1)、式(8-5)和式(8-6)，使用较小的卷积核可以降低模型的计算复杂度，减少模型的计算量。

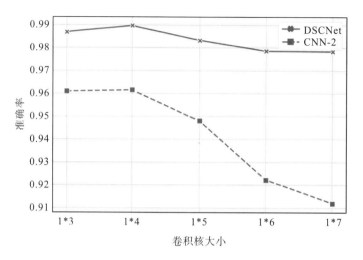

图 8-9　不同大小的卷积核对模型准确率的影响

最后，给出了经过量化之后的模型尺寸和推理速度，如表 8-11 所示，可以明显看出，经过量化之后，模型的尺寸大大降低，推理速度明显加快，但是准确率只下降了 0.1%，这点损失相对是可以忽略的。

表 8-11　模型量化对模型的性能影响

模型名称	量化前尺寸/MB	量化后尺寸/MB	量化前推理时间/ms	量化后推理速度/ms	量化后准确率/%
DSCNet	12.9	1	51	1.6	98.6

8.5　本章小结

本章通过对卷积神经网络中计算量和参数量的来源进行分析，对存在的问题设计了基于深度可分离卷积和模型量化的射频指纹识别模型，然后在射频指纹数据集上，进行了大量的对比实验，证明了本方法的有效性。

参 考 文 献

[1] Li S, Da Xu L, Zhao S. 5G internet of things: a survey[J]. Journal of Industrial Information Integration, 2018, 10: 1-9.

[2] Fu J X, Huang L F, Yao Y. Application of BP neural network in wireless network security evaluation[C]//2010 IEEE International Conference on Wireless Communications, Networking and Information Security. June 25-27, 2010, Beijing, China. IEEE, 2010: 592-596.

[3] Bihl T J, Bauer K W, Temple M A. Feature selection for RF fingerprinting with multiple discriminant analysis and using ZigBee device emissions[J]. IEEE Transactions on Information Forensics and Security, 2016, 11(8): 1862-1874.

[4] Dudczyk J, Matuszewski J, Wnuk M. Applying the radiated emission to the specific emitter identification[C]//15th International Conference on Microwaves, Radar and Wireless Communications. May 17-19, 2004, Warsaw, Poland. IEEE, 2004: 431-434.

[5] 彭林宁, 胡爱群, 朱长明, 等. 基于星座轨迹图的射频指纹提取方法[J]. 信息安全学报, 2016(1): 50-58.

[6] Merchant K, Revay S, Stantchev G, et al. Deep learning for RF device fingerprinting in cognitive communication networks[J]. IEEE Journal of Selected Topics in Signal Processing, 2018, 12(1): 160-167.

[7] LeCun Y, Bengio Y, Hinton G. Deep learning[J]. Nature, 2015, 521(7553): 436-444.

[8] Sun R Y. Optimization for deep learning: an overview[J]. Journal of the Operations Research Society of China, 2020, 8(2): 249-294.

[9] Chen C Y, Choi J, Gopalakrishnan K, et al. Exploiting approximate computing for deep learning acceleration[C]//2018 Design, Automation & Test in Europe Conference & Exhibition (DATE). March 19-23, 2018, Dresden, Germany. IEEE, 2018: 821-826.

[10] Sharify S, Lascorz A D, Mahmoud M, et al. Laconic deep learning inference acceleration[C]//Proceedings of the 46th International Symposium on Computer Architecture. Phoenix Arizona. ACM, 2019: 304-317.

[11] Liu J, Meng X. Survey on privacy-preserving machine learning[J]. Journal of Computer Research and Development, 2020, 57(2): 346.

[12] Yang Q, Liu Y, Chen T, et al. Federated machine learning: Concept and applications[J]. ACM Transactions on Intelligent Systems and Technology(TIST), 2019, 10(2): 1-19.

[13] Huang L, Yu J, Shen Z, et al. Radio individual identification via stable communication signals based on subordinate component analysis[C]//IET International Radar Conference 2015. Stevenage UK: IET, 2015.

[14] Yuan Y J, Huang Z T, Wang F H, et al. Radio Specific Emitter Identification based on nonlinear characteristics of signal[C]//2015 IEEE International Black Sea Conference on Communications and Networking (BlackSeaCom). May 18-21, 2015, Constanta. IEEE, 2015: 77-81.

[15] Ahmad K, Shresta G, Meier U, et al. Neuro-fuzzy signal classifier (NFSC) for standard wireless technologies[C]//2010 7th International Symposium on Wireless Communication Systems. September 19-22, 2010, York, UK. IEEE, 2010: 616-620.

[16] Mendis G J, Wei-Kocsis J, Madanayake A. Deep learning based radio-signal identification with hardware design[J]. IEEE Transactions on Aerospace and Electronic Systems, 2019, 55(5): 2516-2531.

[17] Wu Q, Feres C, Kuzmenko D, et al. Deep learning based RF fingerprinting for device identification and wireless security[J]. Electronics Letters, 2018, 54(24): 1405-1407.

第9章 实时射频指纹特征提取与 SVM 加速器设计

侦察监测设备的主要功能之一就是识别出现的信号可能是什么信号并采取相对应的措施，如干扰、欺骗或者截获等，在对抗环境中需要尽可能快地做出反应，这涉及多个环节，包括载波引导、调制识别、特征识别、分类等。本章针对实时处理，首先提出了一种射频特征提取实时硬件实现方法，将计算资源要求较高的特征提取用硬件方法实现，以提升对抗环境中的设备反应时间。支持向量机(SVM)是一种应用非常广泛的机器学习方法，其训练过程需要大量计算资源和训练时间，因此本章针对 SVM 参数训练提出一种加速器结构，重点讨论其硬件计算单元实现方法和结构。

9.1 基于 FPGA 的射频指纹特征提取系统

射频指纹，也被称为辐射源个体识别，源自发射机中射频器件差异性，即使是同一批次、同一型号的射频器件，也会具有一定的差异性，这使得发射信号具有唯一指向性、短时不变性的特征[1]。美国海军的国防电子系统提供商利顿公司在 20 世纪末就开始针对射频指纹识别进行了深入研究[2]。除了利用射频指纹进行设备的个体识别和验证，射频指纹识别技术也被用于维护无线蜂窝网络安全的新型机制[3]。特别是在万物互联的 5G 时代，基于射频指纹的识别技术可以为提高物联网安全提供一种新思路[4]。

射频指纹的提取本质上是一种通信信号的特征提取。很多学者利用变换域信号分析方法来提取射频指纹，取得了良好的效果。例如，时变滤波器方法[5]、短时傅里叶方法[6]、子空间分析方法[7]、基于相空间的变换域方法[8]、双谱方法[9]等，这些方法意在从多维度特别是在变换域分析信号特征，提取信号中由于硬件容差造成的杂散特性[10]。彭林宁等[11]、Zhou 等[12]基于信号星座图轨迹的轮廓特征构建了射频指纹识别系统，取得了 90%的识别率；提出了利用人工噪声添加(artificial noise adding, ANA)通过正则化和信道自适应增强时变信道下的射频设备识别鲁棒性[12]。黄渊凌和郑辉[13]则选取自回归滑动平均模型拟合信号的相位噪声，将模型阶数和各阶参数用于构造射频指纹特征，在 7dB 信噪比下取得了理想的识别效果。近年来，基于人工智能的辐射源个体识别技术得到了广泛研究并取得了较好的分类效果。例如，吴振强等[14]将概率神经网络融入射频指纹识别中，增加了雷达辐射源识别的可靠性。Pan 等[15]将接收的待识别信号转换为希尔伯特谱图像，并构建了一个新型深度残差网络，有效提高了识别效率和模型泛化能力。

目前，射频指纹识别技术还处于研究发展状态，暂未得到大规模应用，这主要是由于信号非线性的原因，具有唯一指向性的特征提取过程繁杂，需要消耗的计算和中间存储资源过多。同时，虽然联合多种特征进行识别可以达到较为理想的效果，但所造成的信息冗余会使得分类器负担过大，难以满足实时性要求。对此，本章在非协作通信应用场景下，利用有限的先验信息设计了一种易于硬件实现的射频指纹特征提取系统及实现结构，并进行了 FPGA 实现，利用上位机的分类器达到了在低信噪比下 90%以上的识别率。

9.1.1 面向实时处理非同步射频特征选取

射频指纹的提取目前主要有两种思路。一是提取接收信号的瞬态部分，一般指的是接收机所接收信号的起始位置，也就是信号功率从无到有、逐渐升高的位置；二是接收稳态信号，即接收信号功率稳定的部分。瞬态信号不包含传输的信息，持续时间短，持续时间一般在纳秒或亚微秒级别，但瞬态信号有大量的射频特征，需要接收机具有较高的灵敏度并进行有效地捕获和识别，检测精度对后期分类有极大的影响，实现难度很大[16,17]。而稳态信号持续时间长，更利于提取，故本章使用稳态信号进行射频指纹特征提取。

本章根据所接收的信号，对其在时域和频域分别进行特征提取。时域所提取的特征主要有分形维数、高阶矩特征、信号波形特征和统计特征；频域所提取的特征主要在功率谱上对 3dB 带宽内的频谱信息进行波形细节特征的提取。考虑到信号功率对信号特征的影响，需要在特征提取前对信号进行功率归一化的预处理。

1. 时域特征

1）分形特征

分形维数作为描述信号的一种有效方式，常用于描述信号的非线性固有特征。其基本思想是，一段时间的信号序列包含了信号幅度、频率和相位信息，通过解析信号波形的分形结构，可得到信号的分形特征[18]。维数表示集合占有空间的大小，分形理论中将欧式空间中的整数维度扩展到分数，用于描述信号的复杂度和不规则程度。以下给出盒维数和信息维数的测定方法。

(1)盒维数。盒维数主要用于表达空间内的尺度信息，其提取方法分为两个步骤。首先是对信号进行预处理，提取包络序列 $\{x(k), k=1,2,\cdots,N\}$，其中 N 为序列长度；然后，将信号序列置于单位正方形内，横坐标的最小间隔为 $d=1/N$，令

$$N(d) = N + \frac{\sum_{k=1}^{N-1}\max[x(k),x(k+1)]d}{d^2} - \frac{\sum_{i=1}^{N-1}\min[x(k),x(k+1)]d}{d^2} \tag{9-1}$$

$$= N\left(1 + \sum_{i=1}^{N-1}|x(k)-x(k+1)|\right)$$

则盒维数定义为

$$D_b = -\frac{\ln N(d)}{\ln d} \tag{9-2}$$

(2)信息维数。信息维数主要用于描述空间中分布情况，主要是借助信息熵的概念来表达。其提取过程为：首先对信号进行预处理，提取包络序列 $\{x(k), k=1,2,\cdots,N\}$，其中 N

为序列长度；然后对信号序列按照式(9-3)重构，以减弱部分带内噪声的影响。

$$x_0(k) = x(k+1) - x(k) \quad (k = 1, 2, \cdots, N-1) \tag{9-3}$$

定义中间变量：

$$X = \sum_{k=1}^{N-1} x_0(k) = \sum_{k=1}^{N-1} \left[x(k+1) - x(k) \right] \tag{9-4}$$

令，$p(k) = x_0(k) / X$，则可定义信息维数为

$$D_1 = -\sum_{k=1}^{N-1} \left\{ p(k) \times \lg \left[p(k) \right] \right\} \tag{9-5}$$

2) 信号波形特征和统计特征

实际的信号看作一个数字集，利用统计学的思想，通过计算幅度的统计特征，即方差，可得到一个较粗略的信号幅度特征的表征。除此之外，引入偏度和峰度的计算。

偏度可以衡量随机变量概率分布的不对称性，反映在通信信号上，可以描述信号的不对称程度，借由偏度可以判定数据分布的不对称程度和方向。以正态分布为例，其偏度值为 0，表明其数据分布按中心轴左右对称；若偏度小于 0，则数据分布向左偏移，若偏度大于 0，则分布向右偏移。偏度的绝对值的大小说明偏移的程度。

偏度的定义为

$$\gamma_x = \frac{\mu_{3x}}{(\mu_{2x})^{3/2}} = \frac{\dfrac{1}{N_x} \sum_{k=1}^{N_x} \left[|x(k)| - \overline{x} \right]^3}{\left\{ \dfrac{1}{N_x} \sum_{k=1}^{N_x} \left[|x(k)| - \overline{x} \right]^2 \right\}^{3/2}} \tag{9-6}$$

峰度是衡量数据分布陡峭与平滑程度的统计量，信号幅度的峰度可以表征信号时域分布的陡峭或平滑程度。根据峰度的概念，当信号数据分布的峰度陡峭，类似于脉冲形状时，其峰度值一般会大于 3；当信号变化平缓，峰态相对平滑时，峰度值会小于 3。

峰度的定义为

$$\kappa_x = \frac{\mu_{4x}}{(\mu_{2x})^2} = \frac{\dfrac{1}{N_x} \sum_{k=1}^{N_x} \left[|x(k)| - \overline{x} \right]^4}{\left\{ \dfrac{1}{N_x} \sum_{k=1}^{N_x} \left[|x(k)| - \overline{x} \right]^2 \right\}^2} \tag{9-7}$$

3) 高阶矩特征

高阶统计量主要用于分析辐射源信号的非平稳、非线性以及非高斯性等特征，它可以体现信号不规则的细微特征。

对信号求包络 $\xi(t)$ 后，对信号包络求二阶矩和四阶矩：

$$\begin{cases} m_2 = E[\xi^2(t)] \\ m_4 = E[\xi^4(t)] \end{cases} \tag{9-8}$$

将二阶矩和四阶矩按比值结构进行组合，以减少加性噪声和信号增益抖动的影响。利用 R、J 高阶矩特征值去凸显待识别信号的高维信息，并反映不同设备的实时杂散输出，

进而实现设备的识别和分类[19]。R、J 高阶矩定义为

$$R = \frac{\left|m_4 - m_2^{\ 2}\right|}{m_2^{\ 2}} = \left|\frac{E[\xi^4(t)] - E^2[\xi^2(t)]}{E^2[\xi^2(t)]}\right| \tag{9-9}$$

$$J = \frac{\left|m_4 - 2m_2^{\ 2}\right|}{4m_2} = \left|\frac{E[\xi^4(t)] - 2E^2[\xi^2(t)]}{4E[\xi^2(t)]}\right| \tag{9-10}$$

2. 频域特征提取

通信信号可以视为随机平稳过程，随机信号的频谱也是随机的，故利用信号的功率谱密度来表征信号频域。对信号用 Welch 周期图法求功率谱，并针对信号 3dB 带宽内的频域数据求统计特征：均值、方差、偏度和峰度。

假设用 $y(k)$ 表示功率谱数据，则频谱的偏度和峰度定义为

$$\gamma_y = \frac{\mu_{3y}}{\left(\mu_{2y}\right)^{3/2}} = \frac{\dfrac{1}{N_y}\sum_{k=1}^{N_y}\left[\left|y(k)\right| - \overline{y}\right]^3}{\left\{\dfrac{1}{N_y}\sum_{k=1}^{N_y}\left[\left|y(k)\right| - \overline{y}\right]^2\right\}^{3/2}} \tag{9-11}$$

$$\kappa_y = \frac{\mu_{4y}}{\left(\mu_{2y}\right)^2} = \frac{\dfrac{1}{N_y}\sum_{k=1}^{N_y}\left[\left|y(k)\right| - \overline{y}\right]^4}{\left\{\dfrac{1}{N_y}\sum_{k=1}^{N_y}\left[\left|y(k)\right| - \overline{y}\right]^2\right\}^2} \tag{9-12}$$

3. 系统仿真模型与结果

本章采用两台 USRP-RIO 设备作为信号发生器，每台 USRP-RIO 具有两组射频收发前端组件。不同射频前端会附带不同射频指纹信息，故两台 USRP-RIO 的四个不同的射频模组可模拟为四台待识别通信发射机。

利用同一台 USRP-RIO 接收机依次接收四台发射机的信号，并将接收信号传回上位机。每台设备循环发射 1000 帧数据，每帧数据采用 QPSK 调制，载波频率为 3GHz。利用 MATLAB 仿真平台对接收数据进行预处理和特征提取，使用 MATLAB 自带的统计与机器学习工具箱对数据进行分类和识别。

为了模拟实际硬件的数据处理，本章采用定点工具箱对所有特征的计算过程进行了定点化仿真。在仿真系统中研究了在不同信噪比下，利用决策树线性分类器分别对四类设备的时域特征组合、频域特征组合以及所有特征组合进行分类识别的仿真效果，其识别结果如图 9-1 所示。

由图 9-1 可以看出，时域特征组合和频域特征组合在信噪比大于 2dB 时，识别率可超过 90%；在信噪比大于-4dB 时，时频域所有特征组合的识别率均在 92%以上。由此可表明，本章所采用的时频域特征对射频器件具有一定的指向性，可以应用于射频指纹识别系统中。

接下来研究所有特征组合在不同分类器下的识别率，以验证在不同分类器下所选取特

征的识别效果。本章选取了常见的四类分类器，分别为决策树、精细高斯核 SVM、加权 KNN 和袋装树，仿真结果如图 9-2 所示。

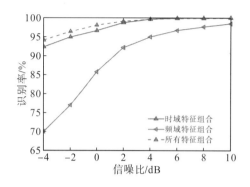 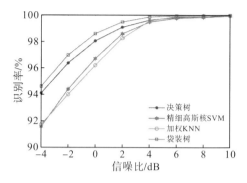

图 9-1　不同信噪比下四种特征组合的识别率　　图 9-2　不同信噪比下四种分类器的识别率

　　决策树分类模型适用于拟合和测试，并且内存占用率低，可以在类之间进行更加细微的区分；SVM 分类算法十分常见，在这里选择了高斯核函数，但 SVM 占用内存资源高，数据处理时间长；KNN 模型实现简单、高效，加权 KNN 模型是它的一种优化改进；袋装树是一种集成学习模型，是通过聚合多个分类器的预测结果来提高分类的准确率，从图 9-2 中可以看出袋装树的识别率是最高的。

　　综上，虽然识别率跟不同的分类器的性能有关系，但可以证明这些特征是可以有效指向信号源类别的。

9.1.2　系统硬件实现结构设计

　　经过仿真平台的验证后，可以证实所提取的特征是有效的。在这一小节会介绍仿真系统所对应的特征提取模块的搭建。

　　1. 整体架构

　　整体架构包括参数配置接口、FIFO 组、控制模块、缓存模块、DDC 模块(包括成帧模块)，以及时频域特征提取模块。可将整体模块划分为两块，分别为数据缓存部分和数据运算部分，整体链路结构如图 9-3 所示。

　　参数配置接口的功能是处理上位机下发的多个信号参数。FIFO 组有两个 FIFO，分别存储同一信号的两组参数。FIFO_0 中的信号参数下发给 DDC 模块，DDC 模块按照参数将指定信号下变频至零频，再输入成帧模块进行成帧，之后存入 SRAM 缓存模块；FIFO_1 中的信号参数下发给特征提取模块进行数据处理。与两个 FIFO 所对应的缓存模块也存在两块相同的区域，用于完成乒乓式读写操作。利用这种交互式处理可以实现流水线结构，减少了数据缓存部分和数据运算部分相互等待的时间，即在当前信号进入缓存的同时特征提取模块可以对上一信号进行运算，极大提高了数据处理的效率。无论是数据缓存还是特征运算都会消耗一定的时间，对于同一信号这两个部分的操作是具有时间先后顺序的，但可以利用逻辑控制模块进行乒乓式读写操作以节省数据处理的时间，具体如图 9-4 所示。

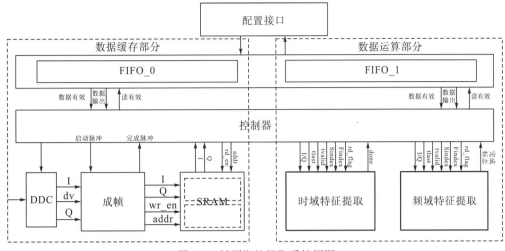

图 9-3 射频指纹提取系统框图

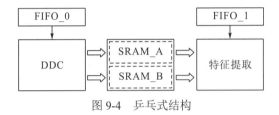

图 9-4 乒乓式结构

假设初始时刻，得到 FIFO_0 参数的 DDC 模块，将指定零中频信号写入到 SRAM_A，写入完毕后，特征提取模块读取 SRAM_A 中的数据进行特征运算，与此同时 DDC 模块将下一信号写进 SRAM_B。控制模块根据数据缓存部分和数据运算部分的状态下发指令去调度两部分的协作，具体流程可用两个对称的状态机 A、B 描述，如图 9-5 所示。状态

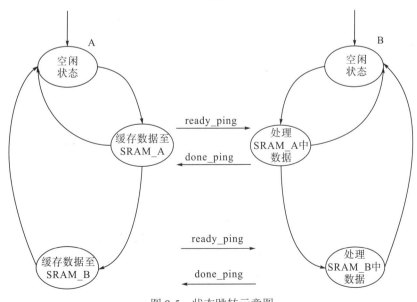

图 9-5 状态跳转示意图

机 A 表示数据缓存部分，当完成一次信号写入后，输出 ready 信号表示信号缓存完毕，等待数据运算部分处理；状态机 B 表示数据运算部分，当接收到 ready 信号后在 SRAM 指定位置中读取信号进行特征运算，计算完成后输出 done 信号表示操作完毕，缓存模块可以在该区域重新写入新的数据。

2. 特征提取计算单元设计与实现

1) 时域特征处理模块

时域特征提取模块的输入是由不同帧长、不同帧点数组成的数据块，具体情况由前端信号的带宽而定。数据块的时域特征提取处理遵循以下原则：先求每一帧数据的特征值，再对所有帧的特征值求平均。时域特征提取硬件结构如图 9-6 所示。

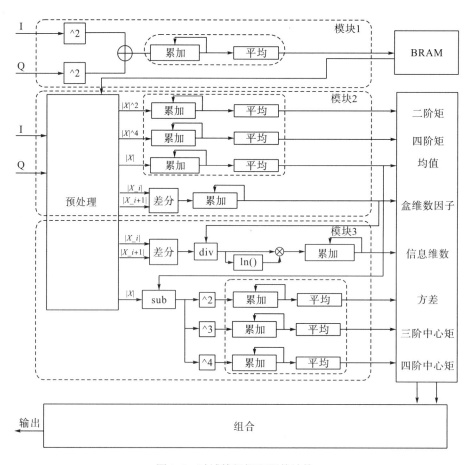

图 9-6　时域特征提取硬件结构

将时域特征算法进行结构划分，分别处理算式中的分子和分母部分，后续再进行合并运算。同时为了保证更快的处理速度，避免存储更多的中间数据，采用了三次从 SRAM 里依次读取原信号的处理。

第一次读取 SRAM 中的信号数据，计算每一帧的平均功率并存储在 BRAM 中。第二次读取缓存中的信号时，先做预处理操作。预处理操作包括：先对输入的复数取模，再读出 BRAM 中各帧的平均功率，之后分别对每一帧做功率归一化，输出到后续特征提取模块。特征算法中存在一些重复运算的部分，故可以将重复部分的值按帧存储下来，在后续需要时再读取。例如，均值既是时域特征输出，也是计算方差和中心矩过程中必需的输入，除此之外，信息维数和盒维数的运算中都有相邻差分值求和的处理。第三次读取缓存中的数据时，需要进行上述预处理操作，并利用第二次运算的部分结果进行运算。

2）频域特征处理模块

频域特征提取模块和时域特征部分实现思想相同，唯一不同的是操作域变换到了频域。采用 3dB 带宽范围内的频域数据进行特征提取。主要结构包括功率谱模块、幅度转 dB 模块、载波检测模块、缓存模块以及频域特征提取模块，具体结构见图 9-7 所示。

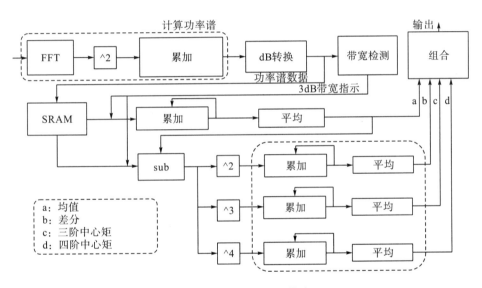

图 9-7　频域特征提取模块

功率谱模块采用 Welch 算法完成功率谱估计，考虑到经过加窗、平方等操作，数据位宽会成倍增加，会增加后续特征提取的计算资源，于是通过把幅度转成 dB 的操作来减少位宽。检测模块主要是对信号的 3dB 带宽进行检测，输出 3dB 带宽的索引指示。

9.1.3　测试结果

1. 硬件测试

本章特征提取模块集成在信号采集分析设备中，特征计算结果通过网口传至上位机显示，硬件测试环境如图 9-8 所示。

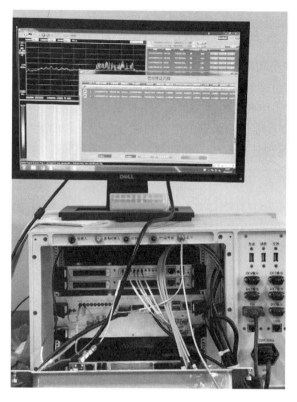

图 9-8　硬件测试环境

　　采用仿真测试中使用的 4 台模拟发射机作为待识别设备。信号采集设备依次接收 4 类设备的测试信号，每类设备发射 50 帧测试数据。硬件实测平台和 MATLAB 仿真平台在不同信噪比下的识别率如图 9-9 所示，分类器均选用袋装树模型。

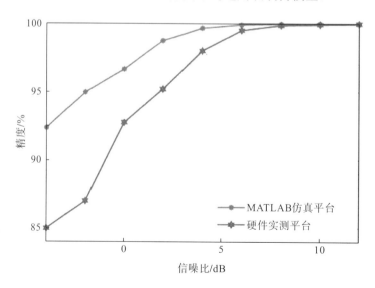

图 9-9　硬件实测与 MATLB 平台识别率

由图 9-9 中看出，当识别率为 95% 时，硬件实测平台的识别率较 MATLAB 仿真平台低 4dB，这是因为在硬件实测过程中，不可避免地会引入射频前端以及硬件器件的噪声影响，造成误差损失。在信噪比大于 2dB 时，硬件实测平台的识别率大于 95%。通过和 MATLAB 仿真平台结果的对比，可证明第 5 章所提出的特征提取系统结构是有效的。

2. 硬件资源评估

本章使用赛灵思（Xillinx）公司的 XCKU115 处理板完成射频指纹提取模块，其在 FPGA 中实现后的资源消耗如表 9-1 所示。根据表中的统计，FPGA 主要资源消耗占比不足 20%，可以看出特征算法硬件优化取得了一定效果。

表 9-1　FPGA 主要资源消耗情况

项目	LUT	DSP48E1	BRAM
逻辑单元	72486	221	98.5
占用率/%	10.93	4.00	4.56

本章构建了 4 个模拟硬件发送平台，设计了 12 种涵盖时频域物理层信息的特征向量，设计并仿真了整个特征提取模块和识别模块，根据仿真结果，所设计的特征向量在低信噪比的情况下也可以对硬件设备有较好的指向性。同时，设计了基于 FPGA 的特征提取模块，并使用了流水线设计，有效避免了中间参量的存储，提高了运算速度。在整个系统设计中，挑选了简单、易实现、有效的特征，通过时频域组合的方式，对待识别设备进行多维度标签，达到了良好的识别效果，为通信设备识别的硬件实现系统提供了一个简单有效的设计思路。

9.2　基于共享点积矩阵的搜索 SVM 最优训练参数组设计与实现

SVM[19] 作为对统计学习影响深远的理论之一，广泛应用于各式各样的分类及回归领域中，其实质是定义在特征空间上的间隔最大的线性分类器[20]。同其他监督学习[21]一样，SVM 的研究包含训练和应用两个阶段：训练阶段即通过大量的测试及验证找到最好的应用模型；应用阶段则将训练阶段生成的模型用于解决实际问题。SVM 在训练阶段生成应用模型包含两个步骤：①通过交叉验证训练[22]和网格搜索法[23]搜索最优训练参数组（optimal training parameter combination，OTPC）；②使用数据集在 OTPC 下生成应用模型。

SVM 在搜索训练数据集的 OTPC 时，如果训练数据集的类别数很大，采用一对一（one-to-one）的形式会涉及大量的类别组合；当选定某种类别组合时，训练参数的组合方式也是多种多样的；在选定某个训练参数组后，还需要将训练数据集进行折叠，这又涉及大量的交叉验证训练，而传统的交叉验证训练算法又是由多次迭代构成，且每次迭代都包含了相当多的计算量。SVM 在 OTPC 下构建应用模型时广泛使用的是 SMO[24]算法，同时 SMO 算法也是搜索 OTPC 过程中的交叉验证训练算法。如果能缩短 SMO 算法的迭代时间，相应的也就缩短了 SVM 搜索 OTPC 和构建模型的时长。对此，国内外研究者提出了多种方式实现或者改进 SMO 算法。文献[25]从理论、算法和 FPGA 实现三方面对此进行了较为全面的阐述。

在硬件实现方面，文献[26]采用可扩展的 FPGA 结构分别以浮点和定点两种方式实现了非线性 SVM；文献[27]在 GPU 上实现了 SMO 算法并对比了与 FPGA 实现的性能；文献[28]使用 FPGA 作协处理器，以大规模并行方式执行 SMO 算法中的乘法运算；文献[29]使用 Xilinx 芯片 FPGA 实现 SMO，使用微处理器 ARM926EJ 完成预处理过程，实现了语音识别的片上系统。在软件实现方面，文献[30]使用特定的方法减少训练集的长度，实现了与 SMO 相同的性能，但仅针对二维工作集；先进的软件库 LIBSVM[31]是公认的 SVM 最完善的实现库之一。为更好地改善 SMO 性能，很多人在算法上进行改进[32-35]。其中，文献[32]提出了一种不考虑 b 值的 KKT(Karush-Kuhn-Tucker)条件判别方法，并给出了一种选择新冲突对的计算公式；文献[33]和文献[34]提出了同时使用一阶导数信息及二阶导数信息选取工作集的方法；文献[35]提出了混合集选择方法，通过一次选取大于传统的两个工作集的方式，使用 FPGA 作协处理器计算高斯核函数，使得 SMO 的训练过程较之于软件有较大提升。

总的来说，在经典的以高斯函数为核函数的 C-支持向量[36]分类应用中，传统的基于软件实现 SVM 应用模型时面临的主要问题是，搜索 SVM 最佳应用模型的 OTPC 用时过久；而传统的基于硬件实现 SVM 应用模型面临的主要问题是，目前硬件实现单次交叉验证训练过程均是基于 SMO 算法，其效率较低且目前还没有基于改进 SMO 算法的有效硬件实现。

针对这些问题，本节首先提出了共享点积矩阵(shared dot product matrix，SDPM)算法，通过先并行计算所有训练点和整个训练数据集的点积并将结果存储为点积矩阵，在后续搜索时再从点积矩阵统一读取的方式，极大地减少了搜索 OTPC 过程中点积的计算量；然后，完成了基于 SDPM 算法的搜索 OTPC 的软件实现，称为 SDPM-S，其搜索速度较之于 LIBSVM 提升了 2 倍；最后，提出了基于 SDPM 算法的搜索 OTPC 的软硬件协同实现架构，称之为 SDPM-H&S。该架构采用 x86 处理器加协处理器协同实现的方式，在控制计算机中完成类别和数据的折叠处理；协处理器以大规模 FPGA 为核心，完成计算量较大的点积矩阵运算、核函数运算和交叉验证训练，并通过外置存储器存储点积矩阵，控制计算机和加速板卡之间通过高速总线完成数据交互，最终极大地缩短了 SVM 搜索 OTPC 的时长。实现和测试结果表明，SDPM-H&S 较之于 LIBSVM 有约 30 倍的速度提升。

9.2.1　共享点积矩阵算法

SVM 使用网格搜索法搜索 OTPC 时，在每组训练参数组合下的交叉验证训练都是独立的。交叉验证训练在数学上解决的问题如式(9-13)，该问题的约束条件为式(9-14)。

$$\min_{\alpha}\ W(\alpha) = \frac{1}{2}\alpha^{\mathrm{T}}Q\alpha - \beta^{\mathrm{T}}\alpha \tag{9-13}$$

$$\begin{cases} 0 \leqslant \alpha_i \leqslant C, & \forall i \in \{1,2,\cdots,N\} \\ \alpha^{\mathrm{T}}y = 0 \end{cases} \tag{9-14}$$

其中, N 是训练数据长度; C 是惩罚系数; α 是拉格朗日系数; β 是一个全为 1 的向量; Q 是正定矩阵, 且 $Q = \text{diag}(y) \cdot K \cdot \text{diag}(y)$, $y \in \{+1, -1\}$, 核矩阵 $K = (x_i, x_j)$ 通过核函数计算得到。核函数将训练数据映射到高维空间以实现非线性数据的分类, 本章选取的核函数如式(9-15)所示, 其中, $x_i \in \mathbf{R}^n, x_j \in \mathbf{R}^n$ 是两个不同的训练点, σ 是系统训练参数。

$$K(x_i, x_j) = \exp\left(-\frac{\|x_i - x_j\|^2}{2\sigma^2}\right) \tag{9-15}$$

式(9-13)所示的求极小值问题是一个多参数优化问题, 可使用 SMO 算法及其改进算法实现。SMO 算法可由多次迭代实现, 在单次迭代过程中, 先使用特定的工作集选择算法选取一组待优化的工作集索引 (i, j) ; 再按式(9-15)计算核函数 $K(x_i, x_j)$ 并以链表形式存储计算结果, 进而完成后续训练。链表存储的方式能有效地减少存储空间, 但通过网格搜索法搜索 OTPC 时在不同训练参数组下的交叉验证训练过程中, 其不同的迭代轮次很可能会重复选到相同的工作集索引 (i, j) , 观察式(9-15)可知这会造成 $\|(x_i - x_j)\|^2$ 的重复计算, 进而增加搜索过程的计算量。

为此, 本章在网格搜索法中提出共享点积矩阵算法, 其搜索 OTPC 的流程为: 首先, 处理器读取到所有的训练数据集并完成数据预处理; 然后, 计算每一个实例点和所有实例点(包括自己)的点积并存储为点积矩阵; 最后, 在后续搜索 OTPC 的交叉验证训练和迭代过程中, 当选定工作集索引 (i, j) 后无需再计算 $(x_i - x_j)^2$, 直接从点积矩阵中读取相应的点积向量完成后续训练。由于 SDPM 算法只需要在搜索之前计算点积并存储为点积矩阵, 后续的搜索过程在需要点积向量时统一从点积矩阵中读取向量结果, 因此称为共享点积矩阵算法。

理论计算表明, 在网格搜索法搜索 OTPC 时, 使用 SDPM 算法能极大地减少点积的计算量, 进而缩短搜索 OTPC 的时长, 提升搜索的速度性能。假设训练数据集的总长度为 N , 惩罚系数 C 的可选值个数为 m , 高斯核函数的参数 σ 的可选值个数为 n , 交叉验证的折叠次数为 s , 每次训练平均迭代次数因子为 γ 。其中, 平均迭代次数因子指一次交叉验证训练过程中迭代的平均次数与训练数据集总长度的比值。则传统方法搜索 OTPC 时点积 $(x_i - x_j)^2$ 的计算次数 Num_1 约为

$$\text{Num}_1 = (m \cdot n) \cdot k \cdot \left(N \cdot \frac{s-1}{s} \cdot \gamma\right) \cdot (2 \cdot N) \tag{9-16}$$

使用 SDPM 算法搜索 OTPC 时点积 $(x_i - x_j)^2$ 的计算次数 Num_2 约为

$$\text{Num}_2 = k \cdot \left(N \cdot \frac{s-1}{s}\right)^2 \tag{9-17}$$

设定 $N = 20000$, $m = n = 16$, $s = 5$, $\gamma = 0.1$, 分别代入式(9-16)和式(9-17), 则 $\text{Num}_1 = 8.2 \times 10^{10}$, $\text{Num}_2 = 1.3 \times 10^9$, 可见前者的点积计算量约为后者的 60 倍, 因此, 使用 SDPM 算法能极大地减少搜索 OTPC 过程中点积的计算量。

9.2.2 软硬件协同处理架构

基于前述的 SDPM 算法, 本章提出如图 9-10 所示的软硬件协同系统架构。控制平台

以 x86 处理器为核心,完成数据的辅助处理;加速器以大规模 FPGA 为核心,完成数据的核心处理。控制平台和加速器间通过高速总线 PCI-e 完成数据交互。

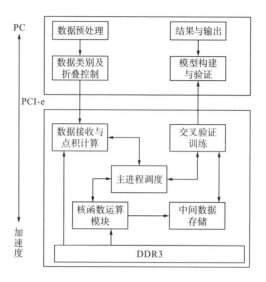

图 9-10   软硬件协同系统主架构

系统的整体数据流向为控制平台发送训练数据至加速器,加速器发送模型参数至控制平台。训练数据输入加速器前,控制平台完成训练数据读取、初始化、类别控制和折叠控制;加速器输出模型参数后,控制平台根据模型参数求解模型阈值并构建验证模型、统计验证数据集准确率、存储结果并输出 OTPC。数据输入加速板后,首先由 FPGA 的数据接收与点积计算模块接收训练数据集并存储至 FPGA 的内部 RAM 中;然后读取数据集、完成所有训练点的点积计算并输出至外置存储器进行存储;最后启动训练模块完成交叉验证训练,并向控制平台输出训练结果参数,训练过程中的核函数向量由核函数运算模块读取外置存储器中的点积向量进行计算后输出。中间数据存储模块存储搜索过程的中间值。

1. 主进程调度

主进程调度是 FPGA 内部实现有序运转的控制枢纽,采用如图 9-11 所示的状态机实现。状态机通过接收或者输出相应的指令实现对 SVM 搜索 OTPC 过程的稳定控制,最终得到整个训练数据集的 OTPC。

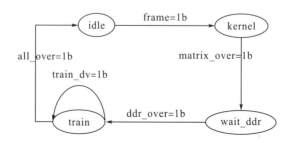

图 9-11   主进程调度状态转移图

　　主进程调度状态机共有四种状态：idle、kernel、wait_ddr 和 train。其中，idle 状态表示系统暂时没有搜索训练数据集 OTPC 的任务，当搜索 OTPC 指示信号 frame 值为 1 时进入 kernel 状态，该状态表示数据接收与点积计算模块正在完成训练数据的接收、存储和点积计算，当该进程结束指示信号 matrix_over 的值为 1 时进入 wait_ddr 状态，该状态表示外置存储器正在保存点积计算模块输出的点积数据，当点积存储完成指示信号 ddr_over 的值为 1 时进入 train 状态，该状态表示交叉验证训练模块正在执行交叉验证训练。当一次交叉验证训练结束指示信号 train_dv 值为 1 时，主进程调度重新输出一组训练参数至交叉验证训练模块，直到所有训练参数组的交叉验证训练结束指示信号 all_over 值为 1 时再次进入 idle 状态，完成一次 OTPC 搜索。

　　2. 数据接收与点积计算

　　数据接收与点积计算模块先将控制平台输入的训练数据按指定格式存储于 FPGA 的内部 RAM 中，存储完成后再从 RAM 中读取训练数据、计算其点积并将点积结果输出至外置存储器存储。其实现框图如图 9-12 所示。

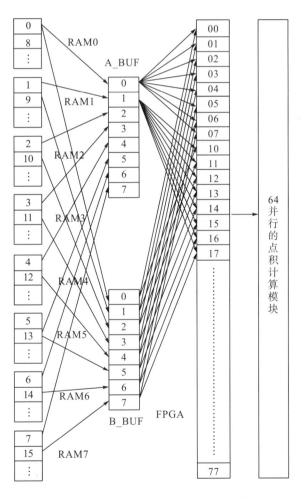

图 9-12　数据接收与点积计算实现框图

设置 8 个 RAM 用于存储所有的训练数据集，训练数据输入至 FPGA 后，第 0～7 个数据点按序存储在 8 个 RAM 的第 1 个地址中，第 8～15 个数据点按序存储在 8 个 RAM 的第 2 个地址中，后续数据的存储方式依次以该方式存储，直到完成所有训练数据的存储。完成数据存储后，便是计算数据的点积矩阵，在计算该矩阵时，硬件实现采用 64 并行的结构，在实现一次并行计算时，给定每个 RAM 相同的地址便能一次读到 8 个训练点，通过给定两个地址 A1 和 A2，便能读到两组数据 D1 和 D2，分别存储在缓存 A_BUF 和缓存 B_BUF 中，然后将 D1 内的每一个训练点与 D2 内的每一个训练点两两组合，再分别进行点积计算则可实现 $T = C_8^1 \cdot C_8^1 = 64$ 并行。

对于单个点积计算为

$$\mathrm{dot} = (x_i - x_j)^2 \tag{9-18}$$

对于具有 100 维度的样本点，其点积计算分两个步骤进行。首先完成 20 个维度的点积计算，具体实现时先将样本点对应的 20 个维度分别相减，再将结果平方，最后将平方后的结果相加即可得到 20 个维度的点积；然后，依次完成第一部分所述的 20 个维度的点积计算，保存每次的计算结果并累加 5 次，即可得到 100 个维度的点积。

3. 核函数运算

核函数运算模块从外置存储器中读取点积向量，将点积向量通过计算变为核函数向量并存储于 FPGA 的内部 RAM 中，供交叉验证训练模块调用，其实现框图如图 9-13 所示。

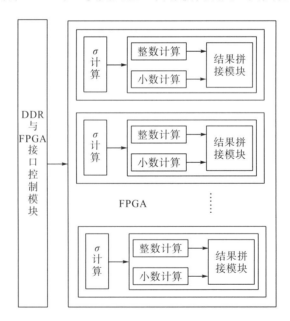

图 9-13 核函数运算模块实现框图

核函数运算模块采用 64 并行的电路结构，单个核函数为

$$y = \exp(-\sigma * \mathrm{dot}) \tag{9-19}$$

对指数的运算本章采取如式(9-20)所示的方式，其中，$\mathrm{res} = \sigma * \mathrm{dot}$。

$$\exp(-res) = \cosh(res) - \sinh(res) \tag{9-20}$$

采用坐标旋转数字计算(coordinate rotation digital computer，CORDIC)算法分别计算式(9-20)的 $\cosh(res)$ 和 $\sinh(res)$，然后将两者结果相减即可计算出 $\exp(-res)$。然而 CORDIC 算法 IP 核对于输入输出数据的范围有限定，其输入 Phase_in 被限定在[-pi/4，pi/4]。而 res 的范围为[0,16)，远远大于 Phase_in 的输入范围，为解决这个问题，将指数运算进一步分解为

$$\exp(-res) = \exp(-int) * \exp(-fraction) \tag{9-21}$$

其中

$$res = int + fraction$$
$$fraction\_1 = fraction/2 \tag{9-22}$$

将 res 拆分为整数 int(部分)和小数 fraction(部分)分别进行计算。由于整数部分的取值仅有 16 种情况，可通过选择器实现来完成。将小数部分除以 2 后，由于 0<fraction_1<0.5，满足 CORDIC 算法 IP 核对输入数据范围的要求，可通过调用 IP 核求解。最后将整数部分与小数部分相乘作为核函数运算模块最终的输出。

4. 交叉验证训练

交叉验证训练包含多次迭代，单次迭代由四个分进程构成，受训练进程主调度控制。四个分进程分别为搜索工作集 i 索引进程、搜索工作集 j 索引进程、更新拉格朗日系数 α 进程及更新梯度 G 进程，其实现框图如图 9-14 所示。

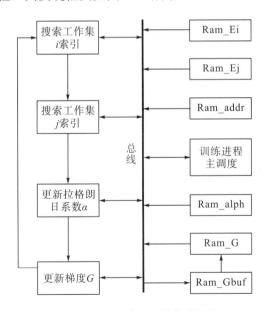

图 9-14　交叉验证训练实现框图

图 9-14 中，总线右边的训练进程主调度是交叉验证训练模块的控制中心。它通过发送总线命令和分配总线数据，保证一次迭代的有序进行，同时检查迭代收敛条件以保证不同迭代的有序更替。Ram_Ei 和 Ram_Ej 是存储核函数值的 RAM，Ram_addr 和 Ram_alph

分别是存储索引值和 α 值的 RAM，Ram_G 和 Ram_Gbuf 是存储梯度值的 RAM。

总线左边的分进程详述如下。

1）搜索工作集 i 索引

搜索工作集 i 索引在数学上的形式表达为

$$i \in \arg\max_{t} \left\{ -y_t G_t \,\middle|\, t \in I_{\text{up}}(\alpha^k) \right\} \tag{9-23}$$

其中，I_{up} 是满足如下条件的 α 的子集：

$$I_{\text{up}}(\alpha) = \left\{ t \,\middle|\, \alpha_t < C, y_t = 1 \text{ or } \alpha_t > 0, y_t = -1 \right\} \tag{9-24}$$

G 是梯度，长度为 N。搜索工作集 i 索引是在满足条件 I_{up} 的子集里选择 $-y_t G_t$ 的最大值，且 α 的长度为 N，可使用并行结构加流水线实现。实际设计时，两类训练数据是交替输入至搜索工作集 i 索引模块的，指定第一类数据类别 y_t=+1，则只需要考虑 $-G_t$ 的最大值；第二类数据类别 y_t=-1，则只需要考虑 G_t 的最大值。本模块单路基本电路如图 9-15 所示，addr0、alph0 和 G0 分别是第一类数据的索引、α 及梯度，addr1、alph1 和 G1 分别是第二类数据的索引、α 及梯度，Gi_max 是 G0 和 G1 中的较大值，addr_i 是输入索引的较大值。

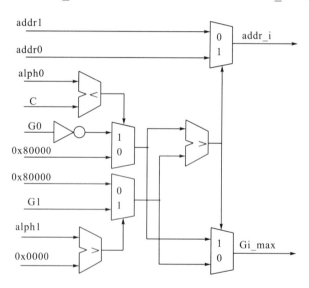

图 9-15　搜索工作集 i 索引基本电路

图 9-15 所描述的基本电路可一次计算两个工作集索引值里的较佳值，将其扩展到 64 并行，则经过第一级计算后可从 128 个工作集里找到 64 个待定工作集索引。将 64 个工作集索引两两比较作为第二级计算，可得到 32 个待定工作集索引。后级采用类似的比较方法，最终会以菊花链结构找到初始 128 个工作集里的待定工作集索引。再采用流水线结构，可找到最终的工作集的 i 索引并输出。

2）搜索工作集 j 索引

搜索工作集 j 索引在数学上的表达式为

$$
\begin{cases}
j \in \underset{t}{\arg\min}\{-\dfrac{b_{it}^2}{a_{it}} \mid t \in I_{\text{low}}(\alpha^k), -y_tG_t < -y_iG_i\} \\
a_{ts} = K_{tt} + K_{ss} - 2K_{ts} \\
b_{ts} = -y_tG_t + y_sG_s > 0, \\
\bar{a}_{ts} = \begin{cases} a_{ts}, & a_{ts} > 0 \\ \tau, & \text{其他} \end{cases}
\end{cases}
\tag{9-25}
$$

其中，I_{low} 满足：

$$
I_{\text{low}}(\alpha) = \{t \mid \alpha_t < C, y_t = -1 \text{ or } \alpha_t > 0, y_t = 1\}
\tag{9-26}
$$

其中，K_{ts} 表示训练数据里第 t 个训练点和第 s 个训练点经核函数计算后的值；$-y_iG_i$ 即搜索工作集 i 索引模块的输出 Gi_max。硬件设计时，同样使用并行结构加流水线实现，其数据输入格式及 y 值的处理与搜索工作集 i 索引模块相同。搜索工作集 j 索引硬件设计较为复杂，其基本电路分成多个部分实现。第一部分实现约束条件 I_{low}、a_{it} 及 b_{it}^2，其电路结构如图 9-16 所示。

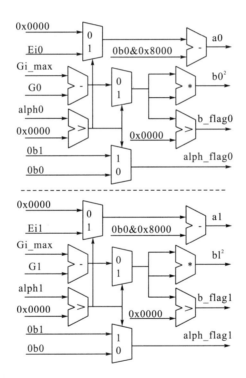

图 9-16　搜索工作集 j 索引基本电路第一部分

　　基本电路的第二部分可直接得到 j 索引。式(9-25)的约束条件具有最高优先级，式(9-26)里的约束条件具有次优先级。由于 K_{tt}、K_{ss} 实际值为 1，可化简 $a_{ts} = 2(1-K_{ts})$，本模块只是比较目标值大小，倍数关系可进一步忽略，最终只需计算 $a_{ts} = 1 - K_{ts}$ 即可。由于硬件量化为有限位宽，中间过程的计算值需作防溢出处理，基本电路第二部分电路结构如图 9-17 所示。图 9-16 和图 9-17 构成搜索工作集 j 索引模块的基本电路。同搜索工作集

i 索引模块一样, 将此基本电路扩展为 64 并行, 然后两两组合比较它们的 o_res, 可得到 32 组结果向量(o_res, o_addr_j, Gj$_{max}$), 后续采用类似的比较方法, 最终会以菊花链及流水线结构, 找到最终的 j 索引 o_addr_j。

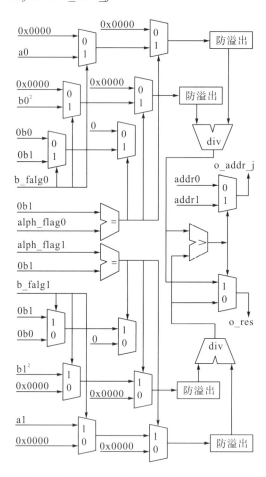

图 9-17　搜索工作集 j 索引第二部分基本电路

3) 更新拉格朗日系数 α

拉格朗日系数更新模块完成索引 i、j 对应的拉格朗日系数的更新。由式(9-24)可知拉格朗日系数值在 0~C 的范围内。本模块的实现分为两部分: 第一部分是计算需要更新的拉格朗日系数的变化量; 第二部分是更新拉格朗日系数并检查更新后的拉格朗日系数值是否符合限定的范围, 如果不符合则需要做一定修改。在完成本模块第一部分的硬件设计时, 由于改变量 delta 和修正量 sum_diff 的计算方式因 y_i、y_j 是否相等而有差异, 故具体实现时需要同时考虑 $y_i = y_j$ 和 $y_i \neq y_j$ 两种情况下 delta 和 sum_diff 的硬件实现。当 $y_i = y_j$ 时, delta 和 sum_diff 计算方法为

$$\begin{cases} \text{delta} = \dfrac{G[i] - G[j]}{\text{quad}} \\ \text{sum\_diff} = \text{alpha\_i} + \text{alpha\_j} \end{cases} \tag{9-27}$$

当 $y_i \neq y_j$ 时，delta 和 sum_diff 计算方法为

$$\begin{cases} \text{delta} = \dfrac{-G[i] - G[j]}{\text{quad}} \\ \text{sum\_diff} = \text{alpha\_i} - \text{alpha\_j} \end{cases} \quad (9\text{-}28)$$

其中，

$$\text{quad} = 2 \times (1 - E_i[j]) \quad (9\text{-}29)$$

式中，alpha_i 和 alpha_j 分别是工作集索引 i 和 j 对应的原拉格朗日系数；$E_i[j]$ 是指数运算模块输出的第 i 个核函数向量 E_i 中的第 j 个值。由于硬件实现乘以 2 相当于将结果左移一位，故式(9-28)中的乘以 2 没有具体的硬件实现，只需在后面的结果中标定好定点格式下小数点的位置即可。在更新拉格朗日系数时，修正量 sum_diff 使第二部分检查更新后的拉格朗日系数值符合。本模块第一部分的基本电路实现框图如图 9-18 所示。

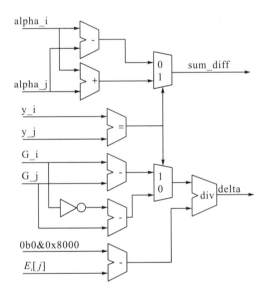

图 9-18　更新 α 系数模块基本电路第一部分

当得到改变量 delta 和修正量 sum_diff 后，即可更新拉格朗日系数，更新算法为
若 $y_i = y_j$，则有

$$\begin{cases} \text{alpha\_i}^{\text{new}} = \text{alpha\_i}^{\text{old}} - \text{delta} \\ \text{alpha\_j}^{\text{new}} = \text{alpha\_j}^{\text{old}} + \text{delta} \end{cases} \quad (9\text{-}30)$$

若 $y_i \neq y_j$，则有

$$\begin{cases} \text{alpha\_i}^{\text{new}} = \text{alpha\_i}^{\text{old}} + \text{delta} \\ \text{alpha\_j}^{\text{new}} = \text{alpha\_j}^{\text{old}} - \text{delta} \end{cases} \quad (9\text{-}31)$$

更新好拉格朗日系数后，该模块第二部分就是检查更新后的拉格朗日系数是否在限定的范围内。如果在限定范围内，则不做任何修改；如果超出限定范围，则修改新系数值使之符合约束要求。

4）更新梯度 G

梯度更新模块是根据核函数向量 $E[i]$、$E[j]$ 及拉格朗日系数真正的改变量 delta_ai 及 delta_aj 完成梯度值的更新，其更新算法为

$$G[k]^{\text{new}} = G[k]^{\text{old}} + Q_i[k] \cdot \text{delta\_ai} + Q_j[k] \cdot \text{delta\_aj} \tag{9-32}$$

为完成流水线设计，本模块首先设置 Ram_G 和 Ram_Guf 分别用于保存梯度原值（梯度更新前的值）和梯度新值（梯度更新后的值），其硬件实现包括两部分：一是从 Ram_G 中读取梯度原值完成更新，并将梯度新值保存在 Ram_Guf 中；二是从 Ram_Guf 中读取梯度新值转移至 Ram_G 中，以备下一次的更新。其基本电路一次更新两个梯度值，具体设计时，先通过核函数 K_i 和 K_j 的值计算出 Q_i 和 Q_j 的值，将结果分别与 delta_ai 及 delta_aj 相乘，再将结果相加，最后加上原梯度值即可，其基本电路结构如图 9-19 所示。

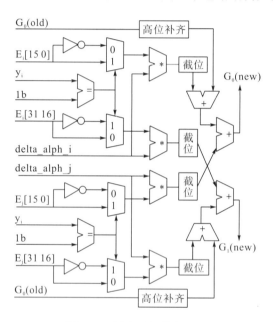

图 9-19　梯度更新基本电路

将梯度更新基本电路 64 并行，即可一次完成 128 个梯度值的更新，使用流水线结构最终可实现所有梯度值的更新。当完成所有梯度值的更新后，梯度值的转移就比较简单了，硬件上使用两个同步 FIFO 即可实现。

9.2.3　性能评估与测试结果

1. 评估平台简介

本节首先基于 SDPM 算法完成 SVM 搜索 OTPC 在软件上的仿真与测试，测试平台为基于英特尔核 i5 的台式机，CPU 运行频率为 3.3GHz，单线程执行指令。同时设计了基于 SDPM 算法的 SVM 搜索 OTPC 的软硬件协同处理架构，包括一台台式机和一块协处理器板卡，台式机硬件及配置环境和软件仿真相同；协处理器板卡包括 Xilinx 的 Virtex 7 系列

芯片 XC7VX690T、速度等级-2，还包括内存条 DDR3 DRAM、时钟频率 400MHz。Xilinx 芯片内部逻辑代码的编写、仿真、综合及布局布线均基于 Xilinx 公司的自动化开发工具 vivado 完成。

2. 测试数据集

为评估 SVM 在 LIBSVM、基于 SDPM 算法的软件实现(SDPM-S)及基于 SDPM 算法的软硬件协同实现(SDPM-H&S)三种不同方式下搜索 OTPC 的速度性能，从 UCI 机器学习库选取三组数据集(Pendigits，Iris，SPECTF)及在现实应用中采集到的两组数据集(TestD1，TestD2)总计五组数据集用于测试及分析结果。这些数据集的类别、长度及特征向量均不同，具体信息如表 9-2 所示。

表 9-2　测试数据集表

数据集	类别	长度	特征向量
Pendigits	3	2145	16
Iris	3	150	4
SPECTF	2	80	44
TestD1	2	500	100
TestD2	2	400	100

进行性能评估的关键是搜索 OTPC 的时长，进行具体测试时，对测试数据集进行必要的筛选，保证两类数据集的长度是相等的。对于要搜索的训练参数组(C,σ)，C 的取值范围为$[2^{-16},2^{15}]$，σ 的取值范围为$[2^{-16},2^{15}]$，搜索的指数阶步进值为 1，交叉验证的折叠次数为 5。

3. 性能评估与结果分析

1) 资源消耗评估

FPGA 内部各模块使用资源如表 9-3 所示。

表 9-3　软硬件协同实现硬件部分资源使用

模块	Register	LUT	DSP48	BRAM
PCI-e	13022	12201	0	57
DDR3	5814	3952	0	154
主调度	145	749	0	0
数据接收	94843	94858	0	892
点积计算	169152	175360	1280	0
核运算	136866	145773	384	0/24
交叉训练	448350	256522	512	204
总计	868192	689415	2176	1330

数据接收模块存储训练数据集，消耗了一定的 BRAM 资源；点积计算模块采用大规模并行结构计算数据点积，消耗了较多的乘法器；交叉验证训练模块是搜索 OTPC 的核心，消耗了最多的逻辑资源。然而资源的消耗换取搜索速度的极大提升，满足了实时应用的需求。

2) 参数误差评估

参数误差评估包括两部分，分别是对交叉验证训练参数误差的评估及搜索 OTPC 参数误差的评估。

对交叉验证训练参数误差的评估，主要是衡量 (α^*, b) 及迭代次数在 LIBSVM 及 SDPM-H&S 两种训练方式下的差异。α^* 误差计算方式为 $\alpha_{LIBSVM} - \alpha_{SDPM-H\&S} | / \alpha_{LIBSVM}$，$b$ 的误差计算方式为 $b_{LIBSVM} - b_{SDPM-H\&S} | / b_{LIBSVM}$。交叉验证训练在数据集 Iris（Iris-setosa & Iris-versicolor）、TestD1 和 TestD2 下的 α^* 参数误差分别如表 9-4～表 9-6 所示，数据集 Pendigits 和 SPECTF 由于得到的 α^* 数量过多，故不以表格形式统计，对交叉验证训练在不同实现方式下阈值及迭代次数的统计如表 9-7 所示。由表 9-4～表 9-6 可知，不同数据集下，LIBSVM 和 SDPM-H&S 训练得到的模型中的 α^* 参数索引值完全一样，而 α^* 参数值的最大误差不超过 10^{-3}。由表 9-7 可知，阈值 b 最大误差不超过 10^{-2}。显然，由于 SDPM-H&S 采用定点格式表示中间数据，且中间有防溢出处理，故其执行结果与采用全浮点运算的 LIBSVM 存在一定的误差，然而这个误差不会影响最终的生成模型。同时，从表 9-7 还可以看出，在可接受的误差范围内，SDPM-H&S 大大减少了迭代次数，迭代次数的减少意味着训练时间的缩短。

表 9-4   交叉验证训练在 Iris 下的 α^* 参数误差

LIBSVM		SDPM-H&S		索引误差	α^*值误差
α^*索引	α^*值	α^*索引	α^*值		
15	-4.000000	15	-4.000000	0	0.0
46	4.000000	46	-4.000000	0	0.0
48	2.598229	48	2.599380	0	4.4×10^{-4}
82	1.401771	82	1.400620	0	8.2×10^{-4}
97	-4.000000	97	-4.000000	0	0.0

表 9-5   交叉验证训练在 TestD1 下的 α^* 参数误差

LIBSVM		SDPM-H&S		索引误差	α^*值误差
α^*索引	α^*值	α^*索引	α^*值		
353	-0.427900	353	-0.429764	0	4.3×10^{-3}
356	3.116950	356	3.118530	0	5.0×10^{-4}
451	-2.689050	451	-2.688766	0	1.0×10^{-4}

表 9-6　交叉验证训练在 TestD2 下的 α^* 参数误差

LIBSVM		SDPM-H&S		索引误差	α^* 值误差
α^* 索引	α^* 值	α^* 索引	α^* 值		
57	-0.376618	57	-0.377767	0	3.1×10^{-3}
93	-0.271477	93	-0.272451	0	3.6×10^{-3}
148	0.514288	148	0.512930	0	2.6×10^{-3}
211	-0.366889	211	-0.364644	0	6.1×10^{-3}
384	0.500695	384	0.501932	0	2.5×10^{-3}

表 9-7　交叉验证训练的阈值和迭代次数统计

数据表	LIBSVM		SDPM-H&S		b 值误差	迭代次数差异
	b 值	迭代次数	b 值	迭代次数		
Pendigits	0.075811	568	0.075906	323	1.3×10^{-3}	-245
Iris	-0.132300	92	-0.132282	8	1.4×10^{-4}	-84
SPECTF	1.049607	324	1.044293	191	5.1×10^{-3}	-133
TestD1	0.003356	37	0.003203	6	4.5×10^{-2}	-30
TestD1	0.002298	11	0.002337	14	1.7×10^{-2}	+3

对搜索 OTPC 参数误差的评估，主要是衡量(C, σ)在 LIBSVM、SDPM-S、SDPM-H&S 三种搜索方式下的差异。表 9-8 列出了不同测试数据集在三种方式下搜索 OTPC 的参数误差，搜索参数的方式是按指数阶步进的，最后两列的数值代表了指数阶的绝对值差异。LIBSVM 使用双精度浮点表示数据，SDPM-S 只是在搜索算法上做改进，并不改变数据的精度，故两者搜索 OTPC 的结果几乎完全一样，而 SDPM-H&S 是以定点格式表示数据，数据位宽有限且中间有防溢出处理，故相比于浮点表示存在一定的精度损失，但由表 9-8 可以看出，这种误差完全在可接受的范围内。使用硬件搜索出 OTPC 后，只需要在该 OTPC 的指数阶一个绝对值内做更细致的搜索即可找到浮点格式下的 OTPC。

表 9-8　不同方式的 OTPC 对应的参数搜索结果

数据集	LIBSVM	SDPM-S	SDPM-H&S	SDPM-S	SDPM-H&S
	C, σ	C, σ	C, σ	精度损失	精度损失
Pendigits(1&2)	2-5, 2-2	2-5, 2-2	2-5, 2-1	0, 0	0, 1
Pendigits(1&3)	2-16, 20	2-16, 20	2-15, 21	0, 0	1, 1
Pendigits(2&3)	22, 22	22, 22	22, 22	0, 0	0, 0
Iris(1&2)	2-16, 2-16	2-16, 2-16	2-15, 2-15	0, 0	1, 1
Iris(1&3)	2-16, 2-16	2-16, 2-16	2-15, 2-15	0, 0	1, 1
Iris(2&3)	2-1, 2-6	2-1, 2-6	2-2, 2-6	0, 0	1, 0
SPECTF	29, 22	29, 22	28, 22	0, 0	1, 0
TestD1	2-7, 20	2-7, 20	2-7, 20	0, 0	0, 0
TestD2	2-7, 22	2-7, 22	2-7, 22	0, 0	0, 0

3) 运行时间评估

运行评估包括两部分，分别是对交叉验证训练运行时间的评估及搜索 OTPC 的运行时间评估。表 9-9 列出了不同测试数据集下 LIBSVM 和 SDPM-H&S 执行交叉验证训练过程的时长，同时列出了 SDPM-H&S 相比于 LIBSVM 的加速增益。对于数据集 Pendigits 和 Iris，选取其第 1 类和第 2 类用于测试和评估。由于 Iris 在 LIBSVM 下的训练时长不足 1ms，无法统计，故对搜索 OTPC 参数误差的评估，主要是衡量 (C, σ) 在 LIBSVM、SDPM-S、SDPM-H&S 三种搜索方式下的差异。

表 9-9　交叉验证训练的运行时间对比

数据集	LIBSVM 训练时长/ms	SDPM-H&S 训练时长/ms	SDPM-H&S 加速增益
Pendigits	304	7.4	41.1
Iris	—	0.1	—
SPECTF	46	2.2	20.9
TestD1	124	3.2	38.8
TestD2	78	2.4	32.5

由表 9-9 可知，对于单次的交叉验证训练，SDPM-H&S 相比于 LIBSVM 在生成 SVM 应用模型时，有最大超过 40 倍的速度提升。此外，由于数据集长度 $N_{\text{SPECTF}} < N_{\text{TestD2}} < N_{\text{TestD1}} < N_{\text{Pendigits}}$，而训练速度提升倍数 $M_{\text{SPECTF}} < M_{\text{TestD2}} < M_{\text{TestD1}} < M_{\text{Pendigits}}$，因此交叉验证训练速度倍数的提升是随着数据集长度渐进增长的。硬件实现时，SDPM-H&S 较之于 LIBSVM 速度的提升表现在两个层面：在单次迭代层面，由于硬件采用的并行结构加流水线，该设计方式使得硬件可在单时钟周期内完成大数据量的更新，另外，LIBSVM 在数据集长度很大的时候，频繁地对内存进行读取和存储一定程度上限制了其执行的速度，而 SDPM-H&S 存在专用的 RAM 存取中间数据，进一步加速了训练过程；在不同迭代层面，由表 9-7 可知，SDPM-H&S 减少了迭代次数，从而有效缩短了交叉验证训练时间。

本章设计 SDPM-H&S 的目的是最大限度地提升 SVM 搜索 OTPC 的速度性能，因此搜索 OTPC 的时长是关键指标。表 9-10 列出了不同测试数据集在 LIBSVM、SDPM-S、SDPM-H&S 下搜索 OTPC 的时长及 SDPM-S 和 SDPM-H&S 相比于 LIBSVM 在搜索速度上的增益。由表 9-10 可知，SDPM-S 搜索 OTPC 的速度相比于 LIBSVM 平均提升了 2 倍，这是由于 SDPM 算法减少了搜索过程中点积的计算量，这个结果与 SDPM 算法性能评估的理论推导结果吻合。同时，SDPM-H&S 搜索 OTPC 的速度相比于 LIBSVM 最大提升超过 30 倍。SDPM-H&S 搜索速度的提升来源于三方面：一是引入 SDPM 算法极大地减少了点积的计算量；二是 SDPM-H&S 显著地缩短了单次迭代平均时间；三是 SDPM-H&S 有效地减少了单次交叉验证训练的迭代次数。同时，训练数据长度越长，这种速度提升的效果越显著。

表 9-10　不同算法下搜索 OTPC 的运行时长对比

数据集	LIBSVM/ms	SDPM-S/ms	SDPM-H&S/ms	SDPM-S/加速增益	SDPM-H&S/加速增益
Pendigits	7521492	3130930	45806	2.4	164.2
Iris	42374	20934	3214	2.0	13.2
SPECTF	9188	7599	2375	1.2	3.8
TestD1	281526	138803	8721	2.0	32.2
TestD2	170820	85478	6973	2.0	24.4

　　构建 SVM 应用模型需搜索最优训练参数组，然而传统软件执行该过程耗时过长且交叉验证训练均是基于 SMO 实现。针对以上问题，本章首先提出了 SDPM 算法，以减少搜索过程中点积的计算量，基于此算法的软件实现与 LIBSVM 相比可以提升 2 倍的搜索速度。为进一步提升性能，本章提出了基于 SDPM 算法的搜索 OTPC 的软硬件协同处理架构，该架构以大规模 FPGA 为核心，通过与控制平台合理分担计算任务，极大地提升了 SVM 搜索 OTPC 的速度。测试结果表明，本章提出的软硬件协同实现架构较 LIBSVM 有超过 30 倍的速度提升。本章提出的基于 SDPM 算法的搜索方法和软硬件实现结构可以满足小样本容量下 SVM 在实时场合的应用。

9.3　本 章 小 结

　　在非合作信号侦收中，实时处理可以在强对抗环境中加快设备的反应速度，从而赢得时间先机。以此为出发点，本章针对射频指纹特征提取、训练与分类的实时性和高效性需求，选取了 20 余种射频指纹特性并提出了一种实时射频指纹特征提取硬件实现结构，同时提出了基于共享点积矩阵搜索 SVM 最优训练参数组的算法、软硬件实现架构以及关键核心电路实现结构。

参 考 文 献

[1] Langley L E. Specific emitter identification（SEI）and classical parameter fusion technology[C]//Proceedings of WESCON '93. September 28-30, 1993, San Francisco, CA, USA. IEEE, 1993: 377-381.

[2] Williams M D, Temple M A, Reising D R. Augmenting bit-level network security using physical layer RF-DNA fingerprinting[C]//2010 IEEE Global Telecommunications Conference GLOBECOM 2010. December 6-10, 2010, Miami, FL, USA. IEEE, 2010: 1-6.

[3] Nouichi D, Abdelsalam M, Nasir Q, et al. IoT devices security using RF fingerprinting[C]//2019 Advances in Science and Engineering Technology International Conferences（ASET）. IEEE, 2019: 1-7.

[4] 胡国兵, 刘渝. 基于最大似然准则的特定辐射源识别[J]. 系统工程与电子技术, 2009, 31（2）: 270-273.

[5] Kawalec A, Owczarek R. Radar emitter recognition using intrapulse data[C]//15th International Conference on Microwaves, Radar and Wireless Communications. May 17-19, 2004, Warsaw, Poland. IEEE, 2004: 435-438.

[6] Talbot K I, Duley P R, Hyatt M H. Specific emitter identification and verification[J]. Technology Review, 2003, 113: 113-130.

[7] Carroll T L. A nonlinear dynamics method for signal identification[J]. Chaos on Interdisciplinary Journal of Nonlinear Science, 2007, 17(2): 623109.

[8] Zhang X D, Shi Y, Bao Z. A new feature vector using selected bispectra for signal classification with application in radar target recognition[J]. IEEE Transactions on Signal Processing, 2001, 49(9): 1875-1885.

[9] 高伟. 通信电台信号指纹识别技术研究[D]. 北京: 北京邮电大学, 2018.

[10] 崔正阳, 胡爱群, 彭林宁. 一种基于轮廓特征的射频指纹识别方法[J]. 信息网络安全, 2017, 17(10): 75-80.

[11] 彭林宁, 胡爱群, 朱长明, 等. 基于星座轨迹图的射频指纹提取方法[J]. 信息安全学报, 2016, 1(1): 50-58.

[12] Zhou X, Hu A Q, Li G, et al. A robust radio-frequency fingerprint extraction scheme for practical device recognition[J]. IEEE Internet of Things Journal, 2021, 8(14): 11276-11289.

[13] 黄渊凌, 郑辉. 一种基于相噪特性的辐射源指纹特征提取方法[J]. 计算机仿真, 2013, 30(9): 182-185.

[14] 吴振强, 张国毅, 常硕, 等. 基于神经网络与信息融合的雷达辐射源识别 [J]. 电子信息对抗技术, 2015, 30(6): 1-4.

[15] Pan Y, Yang S, Peng H, et al. Specific emitter identification based on deep residual networks[J]. IEEE Access, 2019, 7: 54425-54434.

[16] 俞佳宝, 胡爱群, 朱长明, 等. 无线通信设备的射频指纹提取与识别方法[J]. 密码学报, 2016, 3(5): 433-446.

[17] 刘文涛, 陈红, 蔡晓霞, 等. 信号特征对分形维数的影响[J]. 火力与指挥控制, 2014, 39(9): 69-71.

[18] 徐扬. 辐射源信号指纹识别技术[D]. 成都: 电子科技大学, 2014.

[19] Vapnik V N, The Nature of Statistical Learning Theory[M]. New York: Springer-Verlag, 1995.

[20] 李航. 统计学习方法[M]. 北京: 清华大学出版社, 2012.

[21] Budhiraja M. Multi label text classification for untrained data through supervised learning[C]//2017 International Conference on Intelligent Computing and Control(I2C2), Coimbatore, 2017: 1-3.

[22] 范永东. 模型选择中的交叉验证方法综述[D]. 太原: 山西大学, 2013.

[23] 王健峰, 张磊, 陈国兴, 等. 基于改进的网格搜索法的 SVM 参数优化[J]. 应用科技, 2012, 39(3): 28-31.

[24] Platt J C. Fast Training of Support Vector Machines Using Sequential Minimal Optimization. Advances in Kernel Methods: Support Vector Learning[M]. USA: MIT Press, 1998.

[25] Anguita D, Boni A, Ridella S. A digital architecture for support vector machines: theory, algorithm, and FPGA implementation[J]. IEEE Transactions on Neural Networks, 2003, 14(5): 993-1009.

[26] Papadonikolakis M, Bouganis C S. A scalable FPGA architecture for non-linear SVM training[C]//2008 International Conference on Field-Programmable Technology. December 8-10, 2008, Taipei, China. IEEE, 2008: 337-340.

[27] Papadonikolakis M, Bouganis C S, Constantinides G. Performance comparison of GPU and FPGA architectures for the SVM training problem[C]//2009 International Conference on Field-Programmable Technology. December 9-11, 2009, Sydney, NSW, Australia. IEEE, 2009: 388-391.

[28] Cadambi S, Durdanovic I, Jakkula V, et al. A massively parallel FPGA-based coprocessor for support vector machines[C]//2009 17th IEEE Symposium on Field Programmable Custom Computing Machines. April 5-7, 2009, Napa, CA, USA. IEEE, 2009: 115-122.

[29] Wang J F, Peng J S, Wang J C, et al. Hardware/software co-design for fast-trainable speaker identification system based on SMO[C]//2011 IEEE International Conference on Systems, Man, and Cybernetics. IEEE, 2011: 1621-1625.

[30] Hussain A, Shahbudin S, Husain H, et al. Reduced set support vector machines: Application for 2-dimensional datasets[C]//2008 2nd International Conference on Signal Processing and Communication Systems. December 15-17, 2008, Gold Coast, QLD, Australia. IEEE, 2008: 1-4.

[31] Chang C C, Lin C J. LIBSVM: a library for support vector machines[J]. ACM Transactions on Intelligent Systems and Technology, 2001, 2(3): 27.

[32] Keerthi S, Shevade S K, Bhattacharyya C, et al. Improvements to platt's SMO algorithm for SVM classifier design[J]. Neural Computation, 2001, 13(3): 637-649.

[33] Fan R E, Chen P H, Lin C J. Working set selection using second order information for training support vector machines[J]. Journal of Machine Learning Research, 2005, 6(12): 1889-1918.

[34] Glasmachers T, Igel C. Maximum-gain working set selection for SVMs[J]. Journal of Machine Learning Research, 2006, 7(7): 1437-1466.

[35] Scholkopf B, Smola A J. Learning with Kernels: Support Vector Machines, Regularization, Optimization, and Beyond[M]. Cambridge: MIT Press, 2001.

[36] Frank A, Asuncion A. UCI Machine Learning Repository[J/OL]. (2012-07-18)[2023-09-01]. University of California.http://archive.ics.uci.edu/ml.